工程管理年刊2016（总第6卷）

中国建筑学会工程管理研究分会
《工程管理年刊》编委会
编

中国建筑工业出版社

图书在版编目（CIP）数据

工程管理年刊2016（总第6卷）/中国建筑学会工程管理研究分会，《工程管理年刊》编委会编. —北京：中国建筑工业出版社，2016.7

ISBN 978-7-112-19558-9

Ⅰ.①工…　Ⅱ.①中…②工…　Ⅲ.①建筑工程-工程管理-中国-2016-年刊　Ⅳ.①TU71-54

中国版本图书馆CIP数据核字（2016）第146502号

责任编辑：赵晓菲　朱晓瑜
责任校对：李美娜　刘　钰

工程管理年刊2016(总第6卷)

中国建筑学会工程管理研究分会
《工程管理年刊》编委会　编

*

中国建筑工业出版社出版、发行(北京西郊百万庄)
各地新华书店、建筑书店经销
北京红光制版公司制版
北京同文印刷有限责任公司印刷

*

开本：880×1230毫米　1/16　印张：12　字数：283千字
2016年7月第一版　2016年7月第一次印刷
定价：**40.00**元
ISBN 978-7-112-19558-9
(29069)

前　言

随着计算机、网络、通信等技术的发展，信息技术在工程建设领域的应用与发展突飞猛进。数字技术正改变着当前工程建造的模式，推动工程建造模式转向以全面数字化为特征的数字建造模式。数字建造的提出旨在区别于传统的工程建造方法和管理模式，代表着以数字信息为代表的新技术与新方法驱动下的工程建设的范式转移，包括组织形式、管理模式、建造过程等全方位的变迁。数字建造将极大地提高建造效率，促使工程管理的水平和手段发生革命性的变化。

同济大学袁烽、胡雨辰认为建筑数字化建造是在数字时代下，引导社会生产朝着高效、节能、环保迈进的重要抓手；是支撑建筑工业产业升级重要基础理论方法；是建筑本体与设计范式革新的重要出发点。来自英国的诺丁汉特伦特大学的 Benachir Medjdoub 教授在其文章中提到一种使用约束条件程序处理吊顶式风机盘管系统空间布局的通用设计方法。以每一个方案的设计约束条件图为基础重新定义案例方案库，使用户在保证所有设计约束条件的同时可以完成进一步的交互式修改。作者王军、赵竹生等提出了一种新型装配式建筑——模块建筑，结合首个 3D 模块建筑技术应用示范项目对模块建筑的概念、发展历程及工程应用进行分析研究，对促进传统建筑模式的转变和推动新型建筑工业化发展具有重大意义。作者董春山、金戈等提到通过无人机三维扫描成像以及土方平衡多方案的施工模拟对比，选择最优和最切合项目实际的土方开挖及土方平衡方案，实现土方平衡计算的精确化和精细化，对项目成本管控发挥了重要作用。作者李迥基于智能安全巡检技术在工程项目的应用，实现对进出施工现场人员和施工现场违章方面动态智能管理，对施工现场安全管理的方便性，实时性和高效性有广阔的推广应用价值。

BIM 技术是数字建造技术体系中的重要构成要素。BIM 技术成为数字建造模式的支撑技术，并最终体现在 BIM 技术对整个建设周期各阶段、多要素的集成以及参与各方协同的支持上。BIM 技术在工程建造中的应用，支撑了工程建造全过程、各要素和各实施主体的集成，实现了工程施工的物质产品交付与数字产品交付。

来自日本京都大学的金多隆、古阪秀三等在文章中提出在日本 BIM 的应用为 Stand-alone 模式、由大型建筑施工企业主导、一般设计公司普及推行，私人设计公司相对实行困难的现状，究其原因是在日本的建筑工程承发包及签约模式下，大型建筑企业始终处于主导地位，造成BIM的优势无法在建筑全领域得以推广。作者方琦、骆汉宾在文中提出基于BIM的地铁建养一体化管理平台作为信息化技术的载体，用三维可视化的信息模型驱动工程分析、设备管理、商业空间管理、应急管理以及知识库等多个功能模块。作者任世贤从数据信息的角度阐述了BANT模型（BANT计划）和BIM模型（BIM模拟）的基本概念和特性，指出了BIM多维模拟管理软件开发的技术路径。作者仲江民、黄东兵在文中以工程造价精细化管理研究为基础，分析BIM的应用价值和在造价管理上的具体应用，构建基于BIM技术的建设项目工程造价精细化管理框架，有助于实现精细化、标准化、流程化的造价管理，有效解决信息不对称的问题。谭震寰在文中通过调查上海项目管理企业开展基于BIM技术的工程管理项目的应用现状入手，深入分析了其中的推进难点和应用障碍，提出尽快完善"BIM标准"等基础，完善政策法规等条件的发展思路。作者朱早孙、程志军等介绍了BIM技术在深圳腾讯滨海大厦的应用，利用BIM的可视化技术来促进本项目的设计施工流程，以及各个工种之间如何相互协作。

此外，本次年刊中作者梁化康、张守健采用文献分析的方法，深入分析建设工程领域安全研究，梳理研究的区域分布、研究主题及工具/方法应用三个方面的内容，识别出4类建设工程领域安全研究的前沿知识领域，即安全管理方案、行为安全管理、风险管理及职业伤害保护。作者余立佐等介绍了香港地区《竞争条例》的主要特点和对建筑条例的影响，并提出建议避免违反该条例的风险。作者孙家盈等探索了香港借鉴外地立法经验来解决香港建筑业支付的问题。作者龙江英 、于泉等提出基于"互联网＋大数据＋建筑"背景下，对各个阶段CO_2核算边界确定、排放因子选取、活动数据采集进行研究分析，建立建筑全生命周期CO_2排放量数据库。作者刘建浩、龚鐳以贵州大学花溪校区的建筑风貌规划为例，通过风貌规划的整体布局与"三环"分区模式，探讨高校园区风貌规划的管理与控制。作者赵璐、周文兵等提出建立项目经理分级管理体系的思路，从知识、能力和素质三个维度构建了项目经理胜任能力素质模型与项目经理的人力资源管理工作相结合，以促进项目经理职业化进程。

2016年，工程管理研究分会继续紧跟科学技术发展的步伐，跟踪建筑行业数字化管理及建造前沿问题，特别将"工程管理创新与数字建造"确定为今年《工程管理年刊》的主题，希望对我国建筑业数字化研究与应用、工程管理创新与人才培养等起到推动和促进作用。

目　录

Contents

前沿动态

行业发展

海外巡览

典型案例

专业书架

前沿动态

Frontier & Trend

建设工程领域安全科学研究前沿

梁化康　张守健

（哈尔滨工业大学工程管理研究所，哈尔滨，150001）

【摘　要】 本文选取安全科学研究领域国际权威期刊 *Safety Science* 为代表，展现安全领域科研动态及前沿课题。采用文献分析的方法，从研究的区域分布、研究主题及工具/方法应用三个方面梳理、归纳出安全科学研究的整体情况。深入分析建设工程领域安全研究，在内容分析的基础上，识别出4类建设工程领域安全研究的前沿知识领域，即安全管理方案、行为安全管理、风险管理及职业伤害保护。最后，给出了目前建设工程领域安全研究存在的不足，为该领域的研究深化提供参考。

【关键词】 安全科学；建设工程；研究主题；研究方法

Research Frontiers of Construction Safety Science

Liang Huakang　Zhang Shoujian

(Institute of Construction Management, Harbin Institute of Technology, Harbin, 150001)

【Abstract】 The paper selected from the journal of *Safety Science*, one of the international top-level journals in the safety area, as the object of the research, to unfold the research forntiers for the field of safety science. Based on the Literature Analysis method, the paper focused on the country/region distribution, research themes and research tools/methods application, to provide an overview of this field. In order to better capture construction safety research trend, in-depth content analysis was conducted. Four groups of construction safety research were indentified, including safety program, safety behavior, risk management and occupational injury protection. Finally, the paper discussed research gaps and limitations, serving as guidance for future construction safety research.

【Keywords】 Safety Science; Construction Engineering; Research Themes; Research Methods

1 引言

随着社会发展和高新技术的采纳，物质文化生活逐步改善，人们对于安全和健康也有了更高的需求。安全是人类活动的最基本前提。在信息化、智能化技术的推动下，社会生产、生活呈现出更加复杂的人、机、环境交互过程，安全科学也已具有新时代的特点和内涵。安全科学不断融合组织行为学、心理学、信息科学、系统科学等学科优势，其科学理论和方法正不断地发展创新。有必要识别安全科学研究前沿领域，把握研究领域的最新趋势和概念状况。

在我国，建设工程是社会生产活动的重点领域，无论是房屋建设还是轨道交通、市政工程都处在高速发展时期。建设活动固有的动态性、不确定性及分散性特点，造成建设活动过程中高处坠落、物体打击、触电等职业伤害风险大，施工任务安全需求高。我国的建设企业已经执行了各类技术导向或行为导向的安全控制措施，建设行业的安全水平在近几年得到了一定的改善，但是行业安全管理形式仍然严峻，比如，2015年7月10日，西藏自治区林芝地区巴宜区鲁朗镇“7·5”模板支架坍塌事故致8人死亡；2015年11月6日，新疆生产建设兵团天北新区“11·6”土方坍塌事故致4人死亡。作为世界最大的发展中国家，我国每年的建设体量大，工期紧张，安全事故的频发带来了严重的经济损失和社会影响。与发达国家相比，我国建设工程领域安全科学技术和管理实践水平仍存在一定差距，特别随着近年来新生产技术、新工艺方法的应用，暴露出的安全问题也呈现出更为复杂化的趋势。

为满足国内建设工程领域安全生产实践的需求，加快国内建设领域安全技术和安全管理研究创新，本文采用文献研究的方法，展现安全科学发展的难点、热点以及发展趋势。以2015～2016年度安全科学领域国际权威期刊*Safety Science*所发表的科技文献为研究对象，对安全科学领域的相关研究的行业和区域分布进行详尽归纳的基础上，利用文本分析的方法系统归纳了安全科学研究领域的前沿动态和热点领域。通过对建设领域重点分析，为建设工程领域安全科学研究人员提供最新的科研动态和前沿课题。

2 *Safety Science* 总体介绍

本文选取安全科学领域国际权威期刊*Safety Science*近一年发表的242篇科技论文为研究对象，展现建设工程领域安全科学研究的前沿动态（图1）。*Safety Science*被SCI检索，由挪威的Elsevier Science B.V出版，最初刊名为*Journal of Occupational Accidents*（1976～1990）。收录文章范围涵盖交通、医疗、能源、建设行业等领域。最新统计该刊2014～2015年度的影响因子为1.831，图1反映近五年影响因子的浮动情况。相对于安全科学领域的另外5本重要期刊*Journal of Safety Research*、*Accident Analysis and Prevention*、*Reliability Engineering and System Safety*、*Journal of Loss Prevention in Process Industries*及*Injury Prevention*[1]，*Safety Science*收录的建设工程领域文献最多。按照Zhou et al.等人整理的结果，*Safety Science*收录的有关建设工程领域安全研究的文献数量仅次于工程管理国际顶级期刊*Journal Construction Engineering and Management*[2]。考虑到*Safety Science*在安全领域的权威性及内容的多样性，该刊最能够代表建设工程领域安全科学的发展方向。

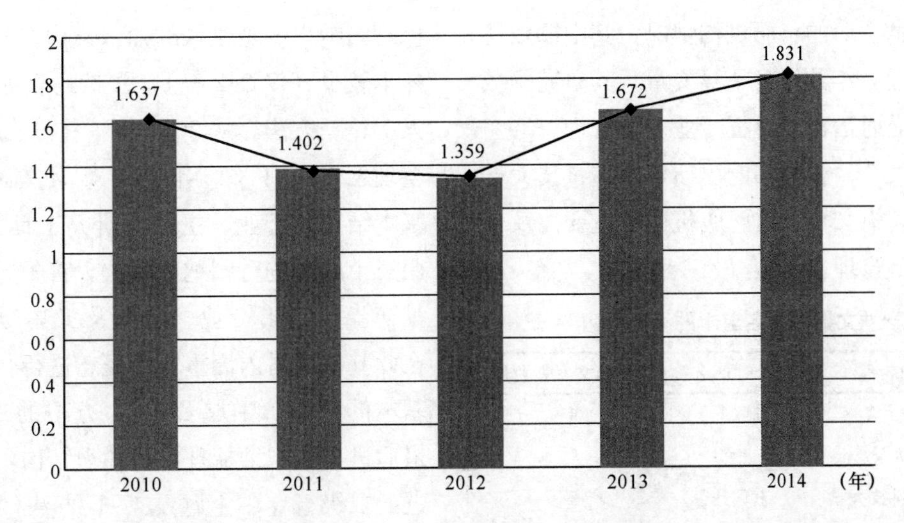

图 1　*Safety Science* 近五年影响因子

3　国家及机构载文分布情况

国家及机构的发文情况的梳理，有助于明确安全科学研究力量的分布。考虑到工作量的因素，本文以每篇文章通信作者所在的科研机构及国家、地区，代表该研究的区域分布。经整理，2015 年 5 月到 2016 年 5 月期间，*Safety Science* 共收录了来自世界 41 个国家及地区共计 181 家科研机构的 242 篇科技文献。从国家发文数量来看，中国（包含港、澳、台）近一年来对该领域的文献产出贡献最大，共发表文章 47 篇，占全球总数量的 19.42%。发表文章数量较多的国家还有美国、澳大利亚及挪威，分别为 27 篇、25 篇及 21 篇。图 2 反映发表科技论文数量排名前十位国家的文章数量分布情况，可以看到近一年来安全科学领域研究的区域不均衡状况，中国、美国、澳大利亚及挪威四国发表文章数量占全球总量的 49.59%，排名前十位国家发文总数更是占到了 71.49%。从世界范围来看，安全科学前沿研究只分布在少部分国家，大部分地区安全科学的科研能力相对较弱。作为一个发展中国家，中国近一年来的安全领域科研成果突出，表明中国具备较强的安全科学研究能力。2011 年 2 月 12 日国务院学位委员会第 28 次会议通过了《学位授予和人才培养学科目录》，将安全科学单列为一级学科，从而确立了国家高等教育层面的安全人才培养的独立序列，促进国内安全科学研究的发展[3]。

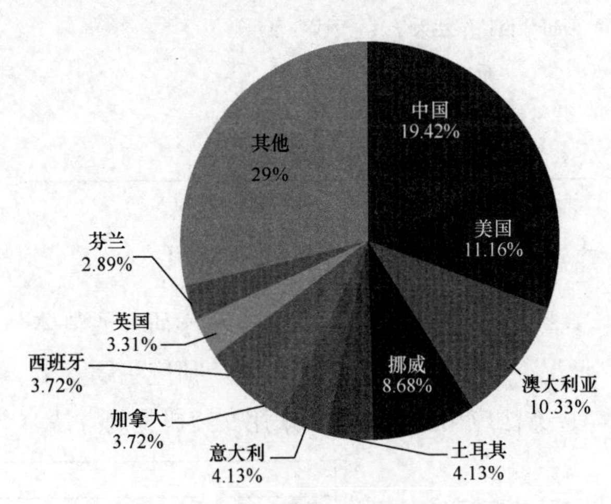

图 2　安全科学研究的区域分布

来自中国的 23 家科研机构在近一年里为该领域贡献研究成果，其中香港理工大学文章数量最多（4 篇），主要涉及建设工程领域职业安全行为及信息技术应用研究[4~7]。其次是东南大学和中国矿业大学（各 3 篇），其中东南大学主要涉及基础设施网络可靠性[8, 9]及建设工程风险管理领域[10]，中国矿业大学主要涉及煤矿行业职业安全行为[11]、安全监管[12]及安全文化领域[13]。表 1 列举了近一年来发文数量超过 3 篇的科研机构情况，其中挪威科技大学在近一年共发表 9 篇文章，其研究领域主要涉及交通运输及过程行业安全管理。芬兰的阿尔托大学、土耳其的伊斯坦布尔科技大学各发表了 5 篇文章，这两所机构也主要涉及交通运输安全管理。

安全科学发文数量排名前十的科研机构　　表 1

科研机构名称	国家、地区名称	科技论文发表数量
挪威科技大学	挪威	9
阿尔托大学	芬兰	5
伊斯坦布尔科技大学	土耳其	5
香港理工大学	中国（香港）	4
皇家墨尔本理工大学	澳大利亚	4
挪威斯塔万格大学	挪威	4
东南大学	中国	3
中国矿业大学	中国	3
昆士兰科技大学	澳大利亚	3
西班牙格拉纳达大学	西班牙	3
伊斯坦布尔大学	土耳其	3
代尔与特理工大学	荷兰	3
塞浦路斯欧洲大学	塞浦路斯	3

4　安全领域研究情况统计分析

为系统展现近一年来安全科学研究的整体情况，本文从文章的行业领域、研究主题及工具/方法应用三个方面，采用文献研究的方法，梳理归纳出安全领域的知识架构。考虑到文献样本较少（仅 242 篇），文献的整理工作采用人工整理方法。从 2016 年 4 月 10 日开始文献整理工作，到 2016 年 5 月 25 日文献整理工作基本结束，行业、主题及研究工具/方法均采用三个层次进行归纳的方法。首先通过阅读文献初步识别出行业、主题及工具/方法类型，在此基础上对内涵重复的概念进行合并，形成基本的行业、主题及工具/方法的二级概念，最后进一步归纳梳理出的知识结构，合并了相近的二级行业、主题及工具/方法，形成最终的一级概念。整个归纳分类的过程参考相关文献[14]及专家建议。

4.1　行业分析

图 3 反映了安全科学研究领域的大致分布情况。交通运输类共计 67 篇，涵盖海洋交通运输（18 篇）、河道交通运输（1 篇）、轨道交通运输（10 篇）及航空运输（9 篇），占各行业文章总量的 27.8%。交通运输类研究在 *Safety Science* 期刊占据重要地位，因此该刊被 Elsiver 当作安全和运输类期刊[1]。建设工程领域的文章共计 24 篇，是单个行业（合并前）中收录文献数量最多的行业。采矿、能源类（15 篇）涵盖煤矿行业（8 篇）及能源开采

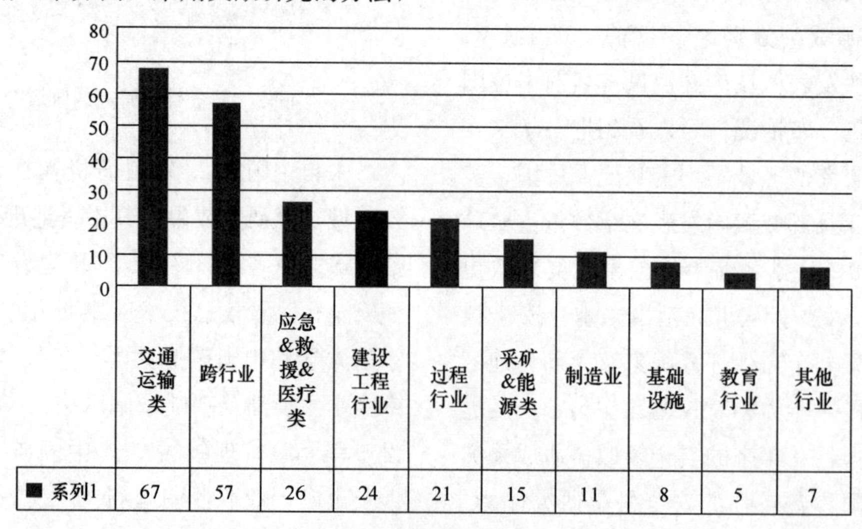

图 3　安全科学研究行业分布情况

行业（7 篇）。过程行业（21 篇）包括核电站（8 篇）、化工厂（5 篇）、石化企业（7 篇）及其他过程行业（1 篇）。制造业（11 篇）包括木材加工（5 篇）、造船业（2 篇）及其他制造业（4 篇）。应急 & 救援 & 医疗类（26 篇）包括应急 & 救援类（16 篇）及医疗类（10 篇）。基础设施（8 篇）主要关于电力行业、城市管道网络及交通网络等。教育行业（5 篇）主要关于校园职业健康与安全以及安全专业教育。其他行业（7 篇）包括农业、餐饮、国防、森林采伐等等。本文将未明确行业的文献综述（15 篇）及跨行业研究（42 篇）合并为跨行业类（57 篇）。

4.2 主题分析

本研究主题的归纳是通过三层的归纳梳理得到，由于篇幅的原因，本文只展现一级研究主题及部分二级研究主题。经过最终整理，发现近一年来安全科学领域的研究主题主要包括：安全管理方案（Safety Program）、行为安全管理（Behavior-Based Safety）、风险管理（Risk Management）、事故分析 & 管理（Accident Analysis and Management）、职业伤害保护（Occupational Injuries）、安全管理理论（Safety Theories）及基础设施可靠性（Reliability of the Infrastructure）（图 4）。安全管理方案指的是组织安全管理工作方法的集合[15]，图 5 反映所梳理的安全管理方案类型。行为安全管理及风险管理虽然也是两种常用的安全管理工作方法，考虑这两种主题在同类型研究中的比重较大，故将之单独列出，这也能反映出行为安全管理和风险管理是两种重要的安全管理理论方法。事故分析 & 管理主要包括在大量事故记录报告的基础上采用文本分析和数理统计方法，识别关键因素，或者针对某一事故案例（比如韩国的“岁月号”沉船事故、中国的“7.23”甬台温铁路事故等）采用事故的系统理论模型（System Theoretic Accident Modeling and Processes，STAMP）的方法找出事故致因[16, 17]。职业伤害保护主要研究特定风险因素对职业安全的影响，比如高温、缺氧、狭小作业空间、性别及种族差异等。安全管理理论主要研究当前安全科学研究方法的缺陷，比如风险信息的模棱含糊（ambiguity）、自报告研究方法的可靠性、风险矩阵的不确定性（uncertainty）、风险可接受水平的确定等。基础设施可靠性主要包括轨道交通网、电网等基础设施的脆弱性，或者外部破坏对基础设施带来的影响评价，比如恐怖袭击。

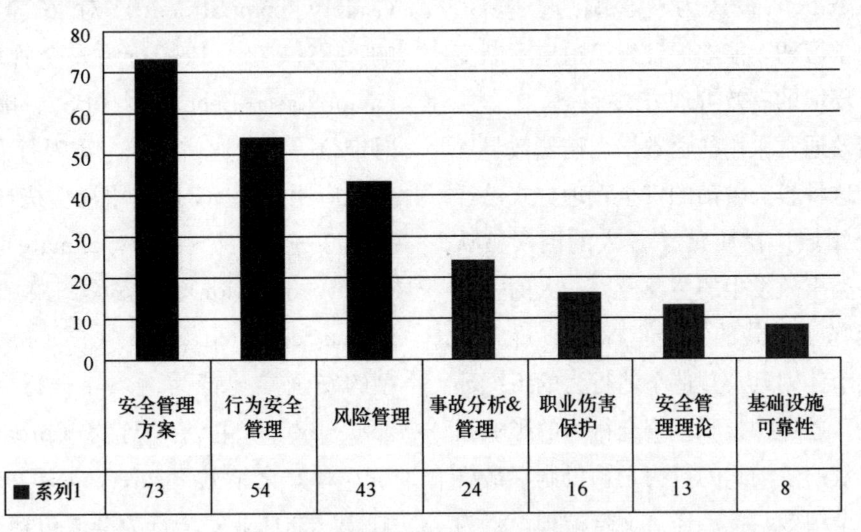

	安全管理方案	行为安全管理	风险管理	事故分析&管理	职业伤害保护	安全管理理论	基础设施可靠性
■系列1	73	54	43	24	16	13	8

图 4 安全科学研究主题分布情况

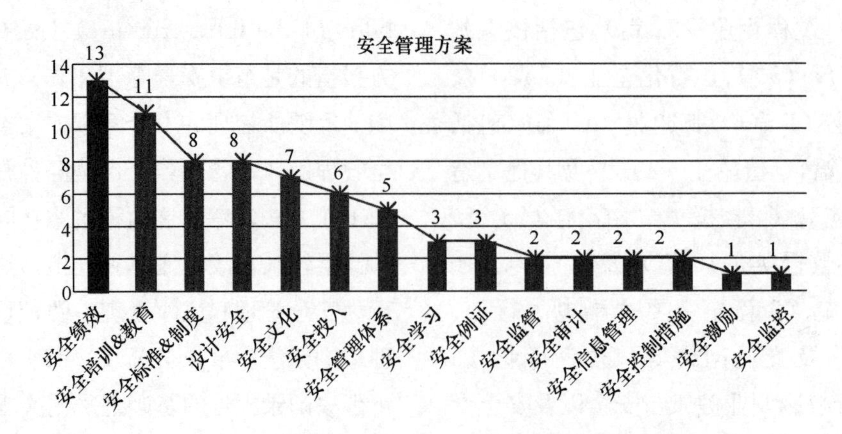

图 5 安全科学涉及的安全管理方案类型

图 5 反映安全科学领域近一年常用的安全管理方案类型，主要包括安全绩效、安全培训 & 教育、安全标准 & 制度、设计安全、安全文化、安全投入及安全管理体系等。安全绩效研究主要包括：(1) 研究企业安全管理体系运行效率的衡量办法，混合的数学模型包括层次网络模型（ANP）及模糊的逼近理想点法（Fuzzy TOPSIS）[18]、改进熵权法及逼近理想点法（Improved Entropy TOPSIS）[19] 及模糊层次分析法（Fuzzy AHP）[20]；(2) 探索企业安全绩效的影响因素，基于社会网络理论（Social Net Analysis，SNA）及弹性工程理论（Resilience Engineering）探索企业弹性与安全绩效的联系[21, 22]。其中弹性工程（Resilience Engineering）被认为包含响应、监督、预测及组织学习的，能够保证组织适应不断变化及不确定环境的有效管理方法[22]。

安全绩效通常采用伤亡数据、赔偿数量等数据评估，这种较为被动的安全管理方式已经引起了安全领域广泛质疑[23]。人的因素被认为是导致各类事故发生的主要原因，人的安全行为已被当作主动式的安全指标[24]。行为安全管理，从个体因素及塑造个体行为的组织环境因素出发，通过探索职业安全行为的影响因素，制定有效的主动式的行为干预机制，最终实现改善安全绩效目标。经过文献梳理，行为安全管理主要研究安全行为的心理认知过程及可靠性、组织层面及个体层面的影响因素探究以及行为演化的仿真模拟。安全科学领域的行为安全研究大致分为职业安全行为领域及非职业安全行为领域（图 6）。职业安全领域主要包括：（1）依托心理学领域计划行为理论（Theory of Planned Behavior，TPB）或者其他行为理论，比如健康提升模型（Health Promotion Model，HPM），应用访谈法[24]、社会学统计分析[25] 或贝叶斯网络理论[26] 等，探究决定职业安全行为（比如，安全遵守、安全参与、PPE 的使用等）的组织和个体层面的因素[27~29]，尤其是基于 TPB 理论研究员工安全信念（safety belief）或者安全承诺（safety commitment）对安全行为的影响[11, 24]；（2）依托行为安全管理理论（Behavior-Based Behavior，BBS）、虚拟现实及实时定位等信息通信技术，实现行为安全管理的实践应用[5, 6]；(3) 应用社会统计分析，直接探索安全氛围（safety climate）、安全行为（safety behavior）及安全绩效（safety performance）之间的关系[30]；（4）探索不同类型的安全参与行为、亲社会行为（Prosocial behavior）和主动式行为（proactive Behavior）对安全绩效（safety performance）的影响[31]。非职业安全行为领域包括交通 & 驾驶

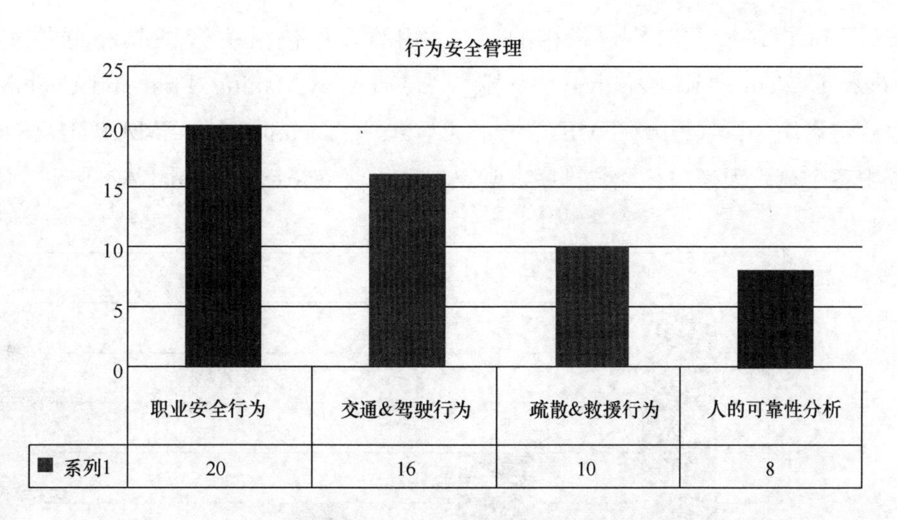

图 6 安全科学涉及的行为安全研究类型

行为及疏散 & 救援行为。交通 & 驾驶行为主要研究研究驾驶员及行人对不安全行为的风险认知，比如走神、使用手机，同时也包括探索影响驾驶的行为的影响因素，比如驾驶员的教育程度及经验等。疏散 & 救援行为主要对极端事件中群体行为的仿真建模，探索疏散及救援效率优化。人员绩效或者人的可靠性已经是安全和可靠性工程中重要的主题[32]，人的可靠性分析兼具风险评价及行为安全研究的特点，本文将之单独列出。人的可靠性（Human Reliability）指的是操作人员在一定的时间内无故障工作的概率。人的可靠性分析主要包括人的关键行为识别、行为建模及行为评价。根据 NUREG－6634，操作者涉及的主要认知任务包括监督和观察（monitoring and detection）、情境评价（situation assessment）、响应计划（Response Planning）、响应执行（Response Implementation）[33]。经文献梳理，安全科学领域人的可靠性分析研究包括：(1) 基于模糊理论与认知可靠性理论构建人的可靠性评价模型，比如模糊的认知可靠性及失误分析方法[32, 34]（Fuzzy Cognitive Reliability and Error Analysis Method, Fuzzy CREAM）；(2) 利用布尔网络（Boolean Network, BN）表达操作人员认知过程的四个阶段[35]，并应用贝叶斯网络理论（Bayesian Network, BN）预测认知过程中的情境评价阶段的可靠性[33]；(3) 基于复杂性科学理论，研究任务复杂性对人员可靠性的影响[36]。

风险分析和评价方法作为一种决策支持工具广泛应用于工程领域，以实现风险的识别和控制[37]。然而，学术界对于什么是风险、如何定义风险、如何在决策过程中使用、衡量风险并未达成统一，风险既作为系统的客观存在，又被当作风险分析人员的主观的思想构念[38]。经过文献梳理，风险建模及决策支持工具开发相关的研究占有很大比重（图 4），风险管理类的文献主要包括风险评价、风险分析和识别、风险预测 & 预警、风险感知（图 7）。风险评价流程通常包括：(1) 采用事故记录调查法、头脑风暴法、Delphi 及专家访谈法整理风险清单，借助蝴蝶结模型（Bow-Tie）、事件树分析（Event Tree, ET）及故障树分析法（Fault Tree, FT）构建风险事件的逻辑关系；(2) 确定故障模式的发生率、严重性，有时还要包括可观测度，一般采用预先定义的风险矩阵进行打分，考虑到数据的限制，通常采用贝叶斯网络（Bayesian Network, BN）[38]，或者利用模糊理论或灰色理论改进传统的风险评估工具，比如模糊故障树分析（Fuzzy Fault Tree，FT）[39]、模糊的证据推理（Fuzzy Evidential Reasoning）[40]及模糊的故障模式与影响分析（Fuzzy FMEA）[41]；(3) 对系统中各个风险因素进行优先排序，常用的方法包括决策试验和评估实验室技术（Decision Making Trial and Evaluation Laboratory Technique，DEMATEL）[37]、灰色关联分析法（Grey Rational Analysis，GRA）[42]。

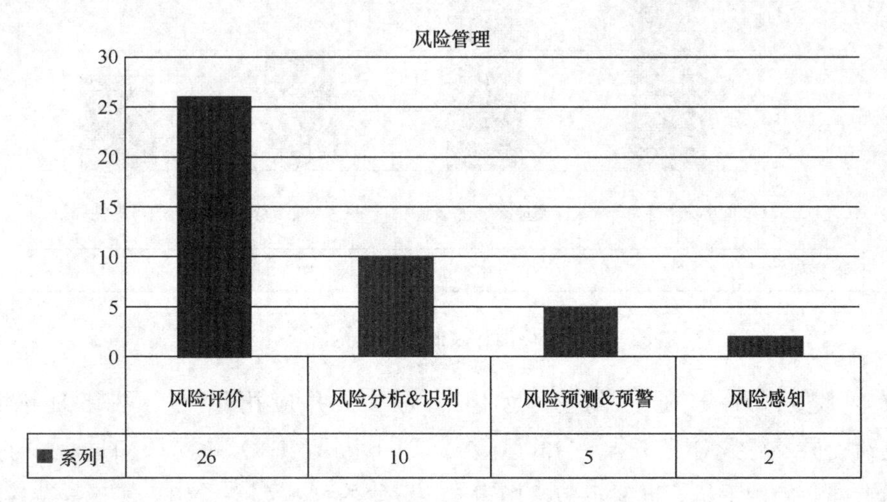

图 7　安全科学涉及的风险管理类型

4.3　研究工具/方法分析

安全科学和其他科学研究一样包括：定性研究、定量研究以及定性和定量相结合的综合研究方法。定量研究立足搜集事实，强调测量程序的信度和效度，是对事物量方面的分析与研究，强调研究结果的一般性和可重复性。而定性研究强调研究过程性、情境性和具体性，通常依赖于人的经验和主观判断[43]。整合定性与定量研究优势的综合研究方法具备更好的系统性、客观性和定量性[44]。图 8 反映近一年安全科学领域定量、定性及综合研究方法的分布情况，目前安全科学领域的研究以定量研究为主（57.43%），定性研究次之（29.75%），综合类研究（12.8%）所占比重相对较少。定量研究是对安全构念及作用关系的“量”的规定性分析和把握，主要包括：(1) 针对系统安全风险、绩效水平等构建数学模型分析；(2) 基于问卷/量表及数理统计方法的组织及个人安全相关假设的实证研究；(3) 基于仿真建模、试验研究、现场观察法的疏散 & 救援群体行为的优化。定性研究主要用于探究性研究，把握安全科学领域“质”的规定性，主要包括：(1) 采用本文分析的方法、扎根理论（Grouned Theory）[45]对经多种途径，比如非结构化访谈及问卷法、档案记录收集的案例研究基础上，整理出的多种类型资料（视频、音频、文本），经三角验证及最终转化、编码，归纳总结出关键信息[46]，归纳过程通常要包括自然主义分析（Naturalistic Analysis）和主题分析（Thematic Analysis）等[24, 47]两次或以上的归纳过程；(2) 以特定案例为背景，比如“岁月号沉船”事件、“7.23”甬台温铁路事故等，研究相关理论及模型的应用，比如系统理论事故模型及方法（System Theoretic Accident Modeling and Processes，STAMP）等系统安全模型[16, 17]；(3) 采用文献资料法，针对特定问题系统筛选文献资料，比如导致某些男性为主工厂酗酒事件的影响因素[48]，渔业自报告事故调查形式的局限性[49]等，通过文献综述对问题进行归纳总结。图9反映了安全科学领域常用的分析工具及方法，包括数学建模、案例调查、问卷调查、实验研究、数据分析&统计、文献资料法、概念模型及仿真建模等。

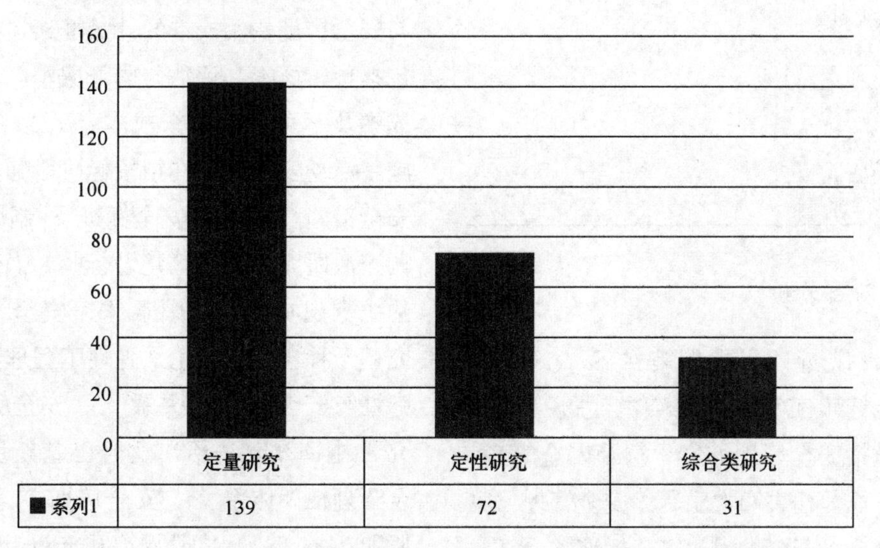

图8　安全科学领域定性与定量研究分布情况

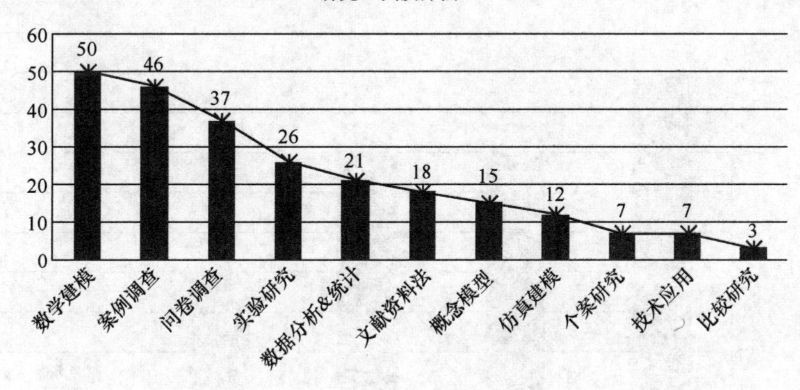

图9　安全科学领域常用的研究工具及方法

5　建设工程领域安全科学研究情况统计分析

5.1　作者区域分布

Safety Science 近一年共收录了来自全球10个国家有关建设工程领域的24篇科技论文。表2反映了这24篇科技论文的国家分布，其中美国和中国发表文章最多，分别为8篇和7篇。建设工程领域安全科学研究同样反映出区域的不平衡问题，美国和中国就占全球发文总量的62.5%。特别是中国的香港理工大学在近一年就贡献了4篇相关的科技论文，这4篇文章同属行为安全管理及信息技术应用主题的系列研究，反映该机构在这领域内的科研实力[4-7]。

建设工程领域安全研究的区域分布情况　表2

国家、地区	科技论文数量
美国	8
中国（包含港、澳、台地区）	7

续表

国家、地区	科技论文数量
黎巴嫩	2
澳大利亚	1
韩国	1
西班牙	1
新西兰	1
泰国	1
土耳其	1
伊朗	1

5.2 研究内容分析

图 10 反映近一年来发表在 *Safety Science* 期刊上建设工程领域研究的主题分布情况，主要包括安全管理方案、行为安全管理、风险管理、职业伤害四类主题。安全管理方案包括设计安全、安全投入、安全标准 & 制度、安全绩效、安全管理体系及安全培训 & 教育。设计安全包括通过实验方法设计健康风险低的钻机工具[50]，通过实验方法验证设计人员通过设计文件识别施工风险因素的程度[51]；安全投入研究主要给出了建设工程领域职业健康与安全措施费用成本的计量框架，将安全成本包括预防成本、评估与监督成本、可见的事故成本及不可见的安全成本[52]，以及如何根据施工活动安全风险在招投标阶段确定出项目的安全措施费用[53]。安全标准 & 制度通过访谈调查法研究中东地区建设行业施工劳动安全法的执行现状及影响因素[54]。安全绩效主要研究基于社会网络理论及弹性工程理论研究安全弹性与安全绩效的关系[21]。安全管理体系研究通过 Delphi 法给出适合巴基斯坦的施工安全管理框架体系[55]。安全培训 & 教育评估了职业安全健康管理局（Occupational Safety and Health Administration，OSHA）针对建设领域的 10 小时职业安全培训的效果[56]。

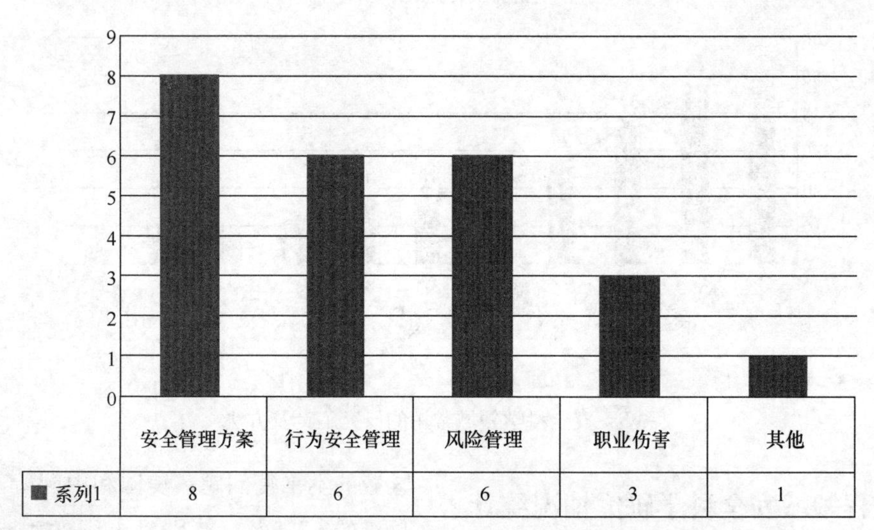

图 10　建设工程领域安全科学研究主题分布

行为安全管理研究主要包括：(1) 通过贝叶斯网络或者数量统计分析，探索组织因素及个体因素对行为安全影响[26~28]；(2) 基于实验研究及信息通信技术设计施工工人不安全行为的干预机制[4~6, 57]。风险管理主要包括：(1) 提出了风险源（risk source）及风险驱动因素（risk driver）的概念，通过事故报告识别出风险驱动因素，设计出建筑信息模型（BIM）风险自动检测工具[58]；(2) 提出事故险兆（precursor）的概念，通过安全制度规范识别出险兆因素检测规则，设计出施工安全自动检测基于本体的知识模型[10]；(3) 基于眼动实验（eye-tracker）识别经验丰富的工人与新员工风险识别的差别[59]，或者采用实验研究探索项目不同利益相关者，包括设计人员、工程师、承包商及安全专业人员，对项目风险感知的差异[60]。职业伤害研究主要包括：(1) 采用记录和访谈法调查特定施工群体职业伤害的影响因素，比如美国建设行业的西班牙工人群体[61]；(2) 探索特定的职业伤害的影响因素，比如中暑[45]、触电[62]。

图 11 梳理了建设工程领域安全科学研究常用的工具/方法，建设工程领域安全科学研究偏重实验研究、案例调查、问卷调查、技术应用及数据分析 & 统计的方法。与图 9 安全研究整体情况相比，建设工程领域的安全研究缺乏数学 & 仿真建模方面的研究，量化研究主要依赖于数理统计方法，同时建设工程领域还缺少文献综述类的文章。

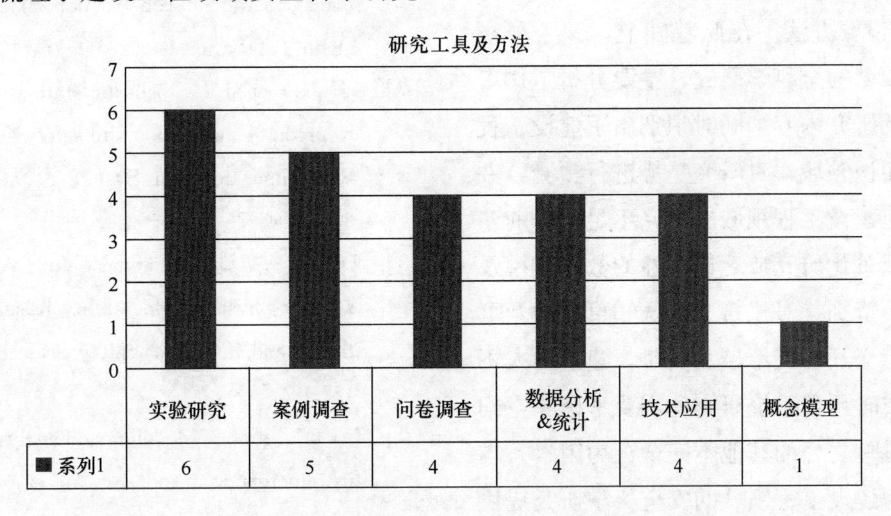

图 11　建设工程领域安全科学研究常用的工具及方法

5.3　研究趋势分析

根据前面的研究内容分析，安全管理方案、行为安全管理、风险管理及职业伤害是建设工程领域四类主要的研究主题。安全成本测算延伸到招标投标阶段，提出了基于风险视角的成本测算方法，同时还关注了建设工程企业安全成本计量体系的构建问题。为了解决传统安全绩效评价的滞后性特点，安全绩效研究开始关注弹性工程与安全绩效关联。事故预防更加关注施工活动中大量存在的不安全行为及事故未遂事件的监控机制，比如行为安全管理开始关注将行为安全理论（BBS）与虚拟现实以及信息通信技术的结合，实现针对施工现场施工人员位置相关风险的实时预警。风险管理更加强调 BIM 及其他知识工具模型对建设工程安全风险的自动化识别，同时关注了项目的利益相关者对风险感知的差别。建设工程领域安全研究普遍专注于具体的安全问题，比如关注特殊群体的职业风险问题，以及特定类型的职业伤害问题，比如中暑、触电及高处坠落。眼动实验（eye-tracker）等实验方法开始用来研究建设活动参与者的心理认知及风险感知。

然而，目前建设工程领域行为安全研究仍主要依托计划行为理论（TPB）的建筑工人行为假设的实证研究，缺乏对施工任务认知需求分析及施工人员认知可靠性的数学建模及仿真研究。同时，行为安全研究主要关注于个体层次及项目层次，对施工团队或群体层次交互机理及仿真建模研究不足。针对事故预防，虽然已经提出了基于信息技术的主动式行为监控及危险预警机制，但由于技术的局限性，目前只能针对施工活动中空间位置移动相关的危险识别，无法应对建筑工人其他不安全操作相关的行为管理，比如PPE的穿戴问题。

6 总结

本研究通过文献研究的方法梳理了发表在安全科学领域国际顶级期刊 *Safety Science* 的科技文献。首先从研究的区域、主题、工具/方法应用的分布情况，呈现了安全科学的全貌，归纳总结了安全科学领域的热点主题及常用的研究工具/方法。在此基础上，深入分析建设工程领域安全科学研究，主要分析了作者区域分布及研究内容，同时识别出了建设工程领域前沿知识领域，对研究趋势进行预测，并给出了当前建设工程领域的研究不足。目前建设工程领域量化研究缺乏针对性的数学建模及仿真研究，特别是对建筑工人认知可靠性及群体层次行为交互研究不足。同时，建筑工人不安全行为实时预警系统研究还需要考虑除空间位置移动风险之外的其他不安全行为因素。本研究虽然为建设工程领域的安全科学研究提供了指导性的建议，但毕竟只针对安全领域的特定期刊进行代表性分析，不可避免地会受到期刊文章收录偏好性的影响。在以后的研究中，会扩大样本数量，并借助文献计量工具，以更客观、全面地把握建设工程领域安全研究的整体情况。

参考文献

[1] Li, J. and A. Hale. Output distributions and topic maps of safety related journals. Safety Science, 2016. 82: 236-244.

[2] Zhou, Z., Y.M. Goh, and Q. Li. Overview and analysis of safety management studies in the construction industry. Safety Science, 2015: 72: 337-350.

[3] 李杰，郭晓宏，姜亢，吕鹏辉. 安全科学知识图谱的初步研究：以 Safety Science 期刊数据为例. 中国安全科学学报，2013（第 4 期）：152-158.

[4] Luo, X., et al.. A field experiment of workers' responses to proximity warnings of static safety hazards on construction sites. Safety Science, 2016. 84: 216-224.

[5] Heng, L., et al.. Intrusion warning and assessment method for site safety enhancement. Safety Science, 2016. 84: 97-107.

[6] Li, H., et al.. Proactive behavior-based safety management for construction safety improvement. Safety Science, 2015. 75: 107-117.

[7] Li, H., et al., Stochastic state sequence model to predict construction site safety states through Real-Time Location Systems. Safety Science, 2016. 84: 78-87.

[8] Deng, Y., Q. Li, and Y. Lu. A research on subway physical vulnerability based on network theory and FMECA. Safety Science, 2015. 80: 127-134.

[9] Li, Q., et al.. Modeling and analysis of subway fire emergency response: An empirical study. Safety Science, 2016. 84: 171-180.

[10] Lu, Y., et al.. Ontology-based knowledge modeling for automated construction safety checking. Safety Science, 2015. 79: 11-18.

[11] Wei, J., H. Chen, and H. Qi. Who reports low safety commitment levels? An investigation based on Chinese coal miners. Safety Science, 2015. 80: 178-188.

[12] Liu, Q., X. Li, and M. Hassall. Evolutionary game analysis and stability control scenarios of coal mine safety inspection system in China based on system dynamics. Safety Science, 2015. 80: 13-22.

[13] Lu, H. and H. Chen. Does a people-oriented safety culture strengthen miners' rule-following behavior? The role of mine supplies-miners' needs congruence. Safety Science, 2015. 76: 121-132.

[14] 卫晓军. 工程管理的研究方法分析. 天津：天津大学，2010.

[15] 傅贵，陆柏，陈秀珍. 基于行为科学的组织安全管理方案模型. 中国安全科学学报，2005(第9期)：21-27.

[16] Fan, Y., et al.. Applying systems thinking approach to accident analysis in China: Case study of "7.23" Yong-Tai-Wen High-Speed train accident. Safety Science, 2015. 76: 190-201.

[17] Kim, T.-e., S. Nazir, and K.I. Overgard. A STAMP-based causal analysis of the Korean Sewol ferry accident. Safety Science, 2016. 83: 93-101.

[18] Chang, Y.-H., -C. Shao, and H.J. Chen. Performance evaluation of airport safety management systems in Taiwan. Safety Science, 2015. 75: 72-86.

[19] Chen, F., J. Wang, and Y. Deng. Road safety risk evaluation by means of improved entropy TOPSIS-RSR. Safety Science, 2015. 79: 39-54.

[20] Hsu, W.-K.K., S.-H.S. Huang, and R.-F.J. Yeh. An assessment model of safety factors for product tankers in coastal shipping. Safety Science, 2015. 76: 74-81.

[21] Wehbe, F., M. Al Hattab, and F. Hamzeh. Exploring associations between resilience and construction safety performance in safety networks. Safety Science, 2016. 82: 338-351.

[22] Pecillo, M.. The resilience engineering concept in enterprises with and without occupational safety and health management systems. Safety Science, 2016. 82: 190-198.

[23] Hinze, J., S. Thurman, and A. Wehle. Leading indicators of construction safety performance. Safety Science, 2013(No.1): 23-28.

[24] White, K.M., et al.. Identifying safety beliefs among Australian electrical workers. Safety Science, 2016. 82: 164-173.

[25] Lu, L.M., et al.. Individual and organizational factors associated with the use of personal protective equipment by Chinese migrant workers exposed to organic solvents. Safety Science, 2015. 76: 168-174.

[26] Jitwasinkul, B., B.H.W. Hadikusumo, and A.Q. Memon. A Bayesian Belief Network model of organizational factors for improving safe work behaviors in Thai construction industry. Safety Science, 2016. 82: 264-273.

[27] Guo, B.H.W., T.W. Yiu, and V.A. Gonzalez. Predicting safety behavior in the construction industry: Development and test of an integrative model. Safety Science, 2016. 84: 1-11.

[28] Seo, H.-C., et al.. Analyzing safety behaviors of temporary construction workers using structural equation modeling. Safety Science, 2015. 77: 160-168.

[29] Jimmieson, N.L., et al.. The role of time pressure and different psychological safety climate referents in the prediction of nurses' hand hygiene compliance. Safety Science, 2016. 82: 29-43.

[30] Liu, X., et al.. Safety climate, safety behavior, and worker injuries in the Chinese manufacturing industry. Safety Science, 2015. 78: 173-178.

[31] Curcuruto, M., et al.. The role of prosocial and proactive safety behaviors in predicting safety performance. Safety Science, 2015. 80: 317-323.

[32] Akyuz, E. and M. Celik. A methodological extension to human reliability analysis for cargo tank cleaning operation on board chemical tanker ships. Safety Science, 2015. 75: 146-155.

[33] Zou, Y., L. Zhang, and Li. Reliability forecasting for operators' situation assessment in digital nuclear power plant main control room based on dynamic network model. Safety Science, 2015. 80: 163-169.

[34] Akyuz, E.. Quantification of human error probability towards the gas inerting process on-

board crude oil tankers. Safety Science, 2015. 80: 77-86.

[35] Zou, Y. and L. Zhang. Study on dynamic evolution of operators' behavior in digital nuclear power plant main control room - Part I: Qualitative analysis. Safety Science, 2015. 80: 296-300.

[36] Rasmussen, M., M. I. Standal, and K. Laumann. Task complexity as a performance shaping factor: A review and recommendations in Standardized Plant Analysis Risk-Human Reliability Analysis (SPAR-H) adaption. Safety Science, 2015. 76: 228-238.

[37] Mentes, A., et al.. A FSA based fuzzy DEMATEL approach for risk assessment of cargo ships at coasts and open seas of Turkey. Safety Science, 2015. 79: 1-10.

[38] Goerlandt, F. and J. Montewka. A framework for risk analysis of maritime transportation systems: A case study for oil spill from tankers in a ship-ship collision. Safety Science, 2015. 76: 42-66.

[39] Ramzali, N., M. R. M. Lavasani, and J. Ghodousi. Safety barriers analysis of offshore drilling system by employing Fuzzy Event Tree Analysis. Safety Science, 2015. 78: 49-59.

[40] Zhang, D., et al.. Use of fuzzy rule-based evidential reasoning approach in the navigational risk assessment of inland waterway transportation systems. Safety Science, 2016. 82: 352-360.

[41] Zhou, Q. and V. V. Thai. Fuzzy and grey theories in failure mode and effect analysis for tanker equipment failure prediction. Safety Science, 2016. 83: 74-79.

[42] Mentes, A. and E. Ozen. A hybrid risk analysis method for a yacht fuel system safety. Safety Science, 2015. 79: 94-104.

[43] 周明洁，张建新. 心理学研究方法中"质"与"量"的整合．心理科学进展，2008(第1期)：163-168.

[44] 孙瑞英. 从定性、定量到内容分析法——图书、情报领域研究方法探讨．现代情报，2005(第1期)：2-6.

[45] Rowlinson, S. and Y. A. Jia. Construction accident causality: An institutional analysis of heat illness incidents on site. Safety Science, 2015. 78: 179-189.

[46] Johansson-Hiden, B.. Discourses on municipal protection and safety work prior to the introduction of the 'Civil Protection Act Against Accidents' and five years later. Safety Science, 2015. 76: 1-11.

[47] Fyffe, L., et al.. A preliminary analysis of Key Issues in chemical industry accident reports. Safety Science, 2016. 82: 368-373.

[48] Roche, A. M., et al.. Alcohol use among workers in male-dominated industries: A systematic review of risk factors. Safety Science, 2015. 78: 124-141.

[49] McGuinness, E. and I. B. Utne. Identification and analysis of deficiencies in accident reporting mechanisms for fisheries. Safety Science, 2016. 82: 245-253.

[50] Rempel, D. and A. Barr. A universal rig for supporting large hammer drills: Reduced injury risk and improved productivity. Safety Science, 2015. 78: 20-24.

[51] Hallowell, M. R. and D. Hansen, Measuring and improving designer hazard recognition skill: Critical competency to enable prevention through design. Safety Science, 2016. 82: 254-263.

[52] Ibarrondo-Davila, M., M. Lopez-Alonso, and M. C. Rubio-Gamez. Managerial accounting for safety management. The case of a Spanish construction company. Safety Science, 2015. 79: 116-125.

[53] Gurcanli, G. E., S. Bilir, and M. Sevim. Activity based risk assessment and safety cost esti-

mation for residential building construction projects. Safety Science，2015. 80：1-12.

[54] Awwad，R.，O. El Souki，and M. Jabbour. Construction safety practices and challenges in a Middle Eastern developing country. Safety Science，2016. 83：1-11.

[55] Raheem，A. A. and R. R. A. Issa. Safety implementation framework for Pakistani construction industry. Safety Science，2016. 82：301-314.

[56] Taylor，E. L.. Safety benefits of mandatory OSHA 10 h training. Safety Science，2015. 77：66-71.

[57] Jebelli，H.，C. R. Ahn，and T. L. Stentz. Fall risk analysis of construction workers using inertial measurement units：Validating the usefulness of the postural stability metrics in construction. Safety Science，2016. 84：161-170.

[58] Malekitabar，H.，et al.. Construction safety risk drivers：A BIM approach. Safety Science，2016. 82：445-455.

[59] Dzeng，R.-J.，C.-T. Lin，and Y.-C. Fang. Using eye-tracker to compare search patterns between experienced and novice workers for site hazard identification. Safety Science，2016. 82：56-67.

[60] Zhao，D.，et al.. Stakeholder perceptions of risk in construction. Safety Science，2016. 82：111-119.

[61] Hallowell，M. R. and I. F. Yugar-Arias. Exploring fundamental causes of safety challenges faced by Hispanic construction workers in the US using photovoice. Safety Science，2016. 82：199-211.

[62] Zhao，D.，et al.. Control measures of electrical hazards：An analysis of construction industry. Safety Science，2015. 77：143-151.

约束性参数模型在建筑设备工程系统设计中的研究与应用

Benachir Medjdoub[1]　钟　华[1]　钟波涛[2]　黎赫东[2]

（1. 诺丁汉特伦特大学建筑学院，英国；2. 华中科技大学土木工程与力学学院，武汉 430074）

【摘　要】本文介绍了一种使用约束条件程序处理吊顶式风机盘管系统空间布局的通用设计方法。本文是基于之前 Medjdoub 等[1][2]所做的工程的工作结果。在参考文献[3]中提到的旧有方法，曾通过使用基于案例论证和约束条件求解的方法来处理建筑中吊顶式风机盘管系统空间布局和管道布置的复杂设计问题。但上述方法的一个局限性是方案的产生仅仅基于几何学定义来设计。本文则通过将每一个案例方案描述成设计约束条件图以重新定义案例方案库。这种案例的全新定义支持参数模型问题，并且用户在保证所有设计约束条件的同时可以完成进一步的交互式修改。就提高方案的水准而言，这种方法为设计者利用其专业知识和实践经验来优化最终方案提供了可能性和便利性。此外，本文介绍的方法是依据实际工程项目来进行设计模拟的。

【关键词】最优化；交互性；参数化模型；建筑设备；约束条件

A constraint-based parametric model to support building services design exploration

Benachir Medjdoub[1]　Zhong Hua[1]　Zhong Botao[2]　Li Hedong[2]

（1. School of Architecture，Nottingham Trent University，Britian；
2. School of Civil Engineering and Mechanics，Huazhong University of Science and Technology，Wuhan 430074）

【Abstract】 In this paper，we present a generative design approach using constraint-based programming to handle the space configuration for ceiling mounted fan coil systems in buildings. This work utilises and builds on the result from previous projects presented in Medjdoub et al. and Medjdoub. In Medjdoub，we have presented a hybrid approach using case-based reasoning and constraint satisfaction problem approach to deal with the space configuration and pipe routing of complex design problems for ceiling mounted fan coil systems in buildings. One of the limitations of the aforementioned approach is that the solution generated is defined only geometrically. In this work, we have redefined the case library by describing each case as a graph of design constraints. This new definition of the cases supports the generation of parametric solutions, where further interactive modification can be done by the user while maintaining all the design constraints. This brings benefits in terms of increasing the quality of the solution by providing the user the possibility to make the appropriate modifications using his/her heuristic knowledge. Finally, this approach has been benchmarked using real scenario design projects.

【Keywords】 optimization; interactivity; parametric model; building services; constraints

1 引言

通常我们将设计的标准化视为减少设计时间、削减设计开支、确保准确设计方案的关键元素。如果任何复杂的人工设计通过遵循预定义不同组件和细部装配的数据库适当加以限制，大量的繁琐设计过程便有实现自动化生成设计的可能。

在吊顶式风机盘管系统的案例中，组件和细部装配设计的标准化对工程设计有着诸多有价值的因素。Medjdoub、Richens 和 Barnard[4]认为定义和生成标准的系统设计与实践经验设计对比结合来制定最终解决方案是可行的。由于工程成本开支减少，工程管理执行力提高，工程师、厂商、供应商、业主和管理者都将成为标准化方案主要的受益者。

本文提出了一种新的途径来处理建筑设备设计中的复杂的组合性问题（NP-Complete：非确定多项式-完备问题），使吊顶式风机盘管系统的空间布局更加准确合理。目前，建筑设备工程师们是基于个人经验和手工调整的设计方式来解决这类问题的。工程师首先计算新风负荷，接下来绘制系统原理图，从而进行具体设备系统选型和设备定位，接着是根据设计标准进行管道的设计与布置（例如表面积最小化，管道长度最小化，拐弯次数最小化等）。总之，吊顶式风机盘管系统设计就是在吊顶的三维空间里，通过合理布置管道的路径来连接如风机盘管和风口扩散器等设备的规划布局设计。本文是基于 Medjdoub 等[5]和 Medjdoub[6]之前所做的研究结果之上的。在文献[7]中，我们提出了一种基于案例论证（CBR）和约束条件求解（CSP）的方法来处理建筑中吊顶式风机盘管系统的空间布局和管道布置。上述方法的一个局限性是生成方案不是基于参数化定义的。而本文的工作则是通过将每一个案例描述成设计约束条件图以重新定义案例图库。这种新的案例库诠释支持参数化方案的生成，并且用户可以在维持所有设计约束条件不变的同时进行进一步的交互式修改。交互性是完善系统设计的主要决定因素之一，它能够让工程师利用其本身的实践经验知识对设计方案进行进一步的辅助性改进，为提高设计方案的品质带来了便利。

本文在第 2 部分和第 3 部分介绍了有关的设计研究工作及吊顶式风机盘管系统设计过

程。然后，在第 4 部分描述了基于约束条件而改进的案例库。在第 5 部分和第 6 部分描述了交互式参数化模型和实例设计的对比性分析。最后，在第 7 部分阐述了本研究结论。

2 有关工作

支持布局设计的计算机技术已经进行了 30 多年的研究，研究包括，如数学程序[8]、遗传进化算法[9]、约束条件求解法[10]，这些常用空间布局方法通常都是列举出定位方案，方案彼此较为类似，只是在模数网格中元素的定位精度有所不同，便被认为是两种不同的几何方案。因此会产生大量的不同方案，设计者们并不能从宏观层面区分开几何相近的方案，并且在初步设计中，区分开这些几何相近的方案是没有必要的。Medjdoub 和 Yannou[11] 提出了一种将拓扑图形和几何图形分离的基于约束条件的求解方法，由于约束定义与解析算法分离，约束定义仅仅处理中间阶段的组合问题，从而使约束条件的使用更具灵活性。上述绝大部分的常用空间布局方法的另一个不足之处是它们试图在整个设计过程中全部自动模拟化设计。近年来关于空间计划的研究中，使用 CBR 方法越来越多，在建筑设备设计实践中，CBR 方法使工程师们常将已有方案用于新设计问题上，已产生更优化的效果。CBR 方法非常适用于信息获取和较少结构域的设计，例如设计[12]。CBR 方法可以被应用于不同级别的设计中，CBR 循环是完全或者部分随着实际应用而发展的。例如，许多实际设计仅仅利用案例的检索，而不管用户如何将案例应用于新的问题中。遗传算法技术已经被用于调试过程从而生成优化方案[13]。在文献[14]中，Medjdoub 为了克服问题的复杂性，并且改善用户与系统的交互性，提出了一种结合运用 CBR 和 CSP 的方法进行案例调整。CSP 方法在提高系统交互性的同时，也为定义设计规则提供了更多的灵活性。

3 吊顶式风机盘管系统设计过程

为了符合通用空调系统设计，本文的方案是基于一个四管式风机盘管系统。新风由中央空调机组提供，通过周边区域的条形散流器和内部的方形散流器补充空气到处理空间。对于一个风机盘管系统，应着重考虑与非设备因素（诸如梁、吊顶板材和核心区域）的整合，在形成一个合适的设计方案之前，有必要将这些因素予以明确。吊顶式风机盘管系统的设计过程应遵循特定的设计规则和标准，主要包括以下三个步骤：(1) 冷/热负荷计算；(2) 空间布局规划；(3) 管道路径布置。

3.1 冷/热负荷计算

进行冷/热负荷计算的目的是对设备进行合适的选型（如：通风盘管装置和空气冷却装置等），并合理布局在楼层和吊顶空间内。为了准确计算负荷，建筑的类型和大量的环境等参数必须加以考虑，例如外部气压、温度、湿度和空气密度等。为了选择通风盘管装置的尺寸，现定义如下变量（对体积和负荷初始化）：

(1) 总风量；
(2) 新风量；
(3) 制冷需求；
(4) 供热需求；
(5) 外部气压降；
(6) 噪声级别。

具体见图 1。

3.2 空间布局规划

首先，建筑设备工程师在吊顶对设备安装进行布局。然后，工程师们将他们的草图转换成二维 CAD 图纸。工程师们根据以下设计规定和步骤设计四管风机盘管系统，其中包括加热设备、通风设备和空调标准方案。空间布局

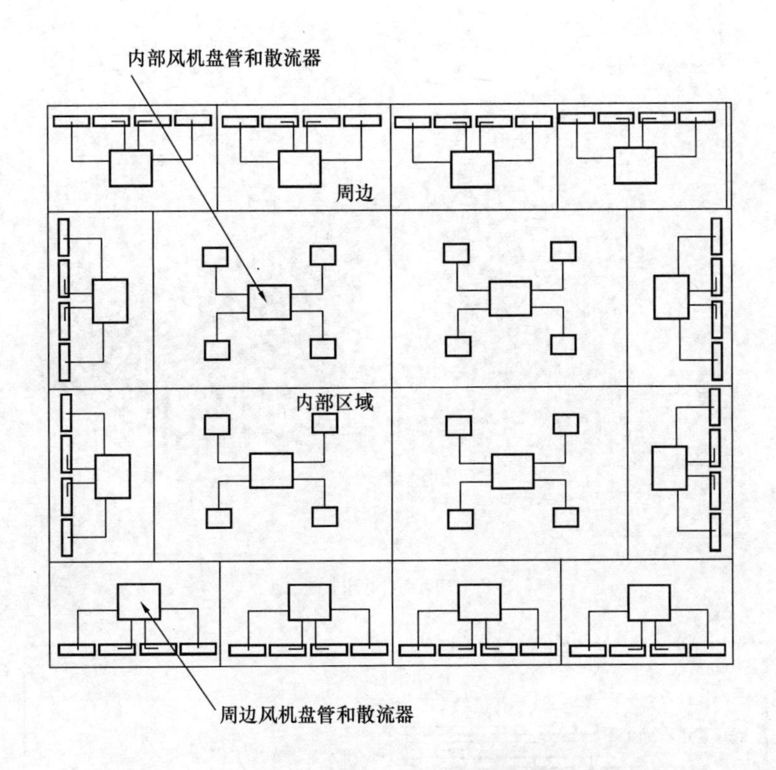

图1 周边和内部的风机盘管和扩散器

规划按照下面三个步骤实施：

(1) 初始空间分配：在这一步中，工程师计划设备布局的空间分配。为周边和内部区域的风机盘管选定大量的相邻网格，风机盘管根据设计者的计划被分配到这些网格。图2显示了初步空间分配的楼层例子。

(2) 散流器：散流器的分配需要考虑电灯的设置位置而折中设计，并且散流器的选型需要依据其位置而定，工程师利用制造商提供的尺寸算法计算散流器的尺寸，以满足射程、压降和散流器设置的噪声要求。

(3) 通风盘管装置：基于冷/热负荷计算的结果，选用制造商标准装置，按照要求使用冷凝水（CHW）冷凝，低压热水（LPHW）加热，使用标准龙头增压连接装置来补充压力，如果不需要加压则忽略此装置。阀门装置按照英国建筑服务研究与信息协会（BSRIA）标准规范设置。加热和冷凝管道连接装置交错排列以有助于协调性。如图3所示，风机盘管定位于供风管的一侧，使得管道布置空间最小化，并且空气流向延穿过装置的供风管流向至散流器。考虑到楼板是固定的和排水口的倾斜度，风机盘管应当置于平板以下50～100mm，并通过限制与散流器的距离以保证压降的减少。对于回风气流过强而导致的管道噪声问题，避免过于集中的设置回风口是很重要的。

3.3 管道及路径布置设计

管道安装配件设计基于英国建筑服务研究与信息协会（BSRIA）通用详图。冷凝水管（CHW）、低压热水管（LPHW）设计依据英国特许建筑设备注册工程师协会指南C卷（CIBSE，1986）对较大 k 系数钢管进行设计。管道尺寸基于200Pa/m，并且不能超过250Pa/m。冷凝管的尺寸是对于单一通风盘管装置对应20mm，两个或者更多组装置对应40mm，供水管为50mm，在可能的位置建议设置U反转装置。如果邻近装置比较相似，可

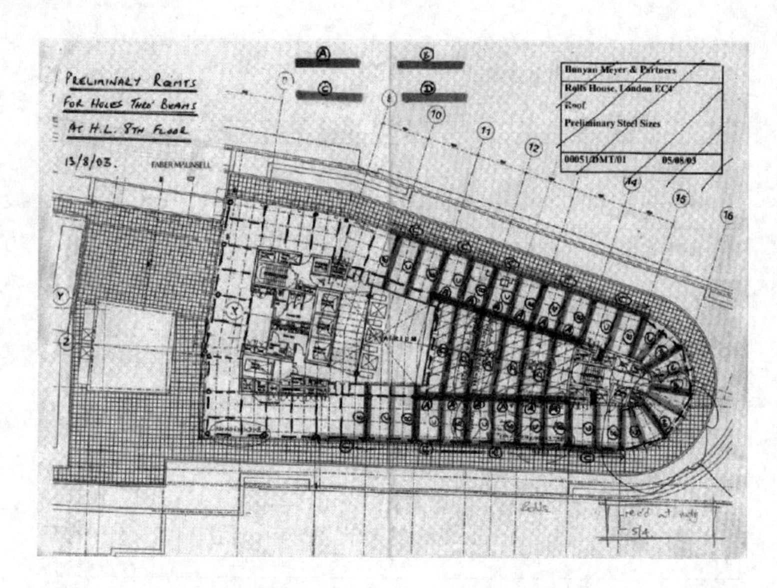

图 2　初步空间布局规划

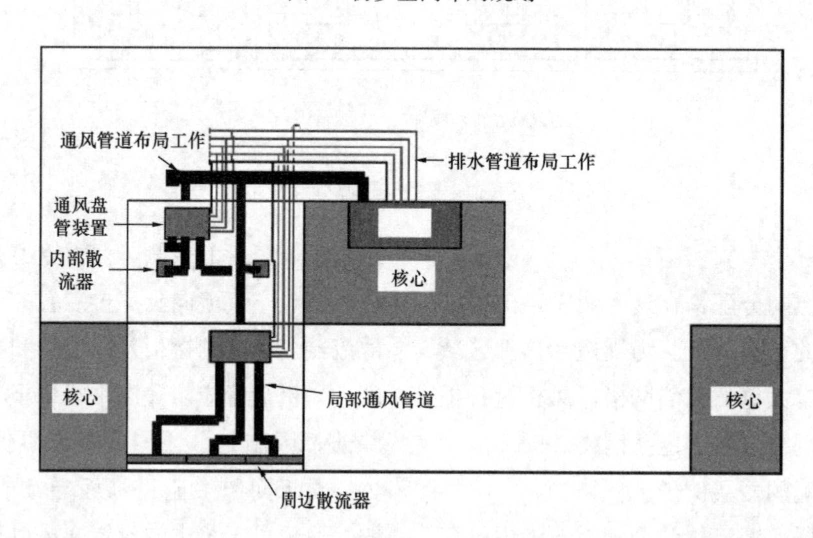

图 3　吊顶空间布局——风机盘管方案

以共享调试装置（以节约费用和调试成本）。如果条件允许，管道布置可以穿过多孔梁，否则管道只能在梁下布置。冷凝管线应该保持 1∶100的坡度连接竖向回水直管。图 4 显示的是风机盘管、散流器和管道的布局草图。

管道路由设计需要考虑管道路径以使房间空气循环最优化，并且使管道长度最小化。管道路径必须考虑梁、屋脊、防火墙和其他潜在障碍物。这里分别考虑两种不同类型的布置：

（1）对于局部管道布置：从风机盘管到散流器的局部管道均使用圆形截面；

（2）对于主干风管和分支风管的布置：小于或等于 200mm 直径的截面为圆形，大于 200mm 的截面为平椭圆形；尺寸的范围依据

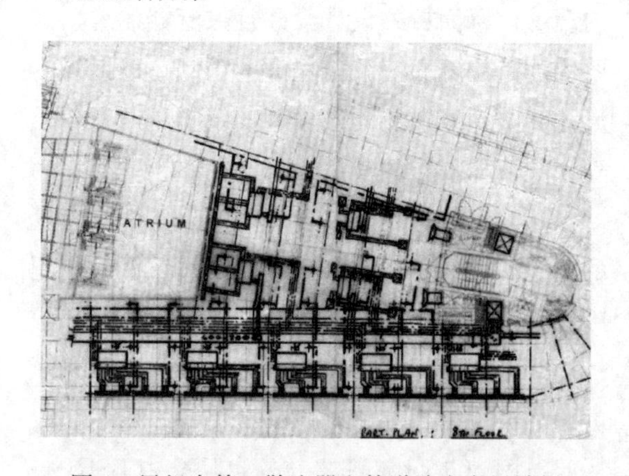

图 4　风机盘管、散流器和管道路由布局计划

ISO/DW144 标准，管道安装配件设计则符合BSRIA 规定的标准详图。

对于管道尺寸的设计，根据 CIBSE（1986）指南，可以通过空气流量和流速计算管道尺寸。在确定了从风机盘管到散流器的局部管道尺寸后，增压头连接装置的最大速度控制在 3m/s 以下。风机盘管的送风管道的最大速度限制在 5m/s 以内。

4 基于约束条件的案例库

案例库由我们的合作伙伴 Faber Maunsell（AECOM）国际建筑咨询公司确定的一系列标准方案组成。每一个案例被定义为一个目标对象，每一个案例都包含有一系列特征参数，其中包含：

（1）几何布局：本文的方法可以处理矩形布局、不规则多边形布局和圆形布局；

（2）楼层功能：来决定建筑冷和热负荷需求；

（3）风机盘管和散流器的类型和尺寸：根据楼层功能和已知的冷/热负荷需求，通过根据案例归类分析的特定方法可以确定风机盘管和散流器的适合类型，并计算其数量；

（4）对三维标准方案的描述被储存为具约束条件的图形。

如图 5 所示，本文建立的模型包含了一个普遍性类型和一系列具有代表性的不同案例子集。每一个案例的特性是由一系列特征和方法组成的。

与 Medjdoub[15] 在 2009 年的工作比较，本文标准方案是通过非定向约束条件图来表示的。如图 6 所示，约束条件图含有两个层级，第一层级代表各设备子集之间的关系（每一个子集包含 1 个风机盘管、4 个散流器和管道路

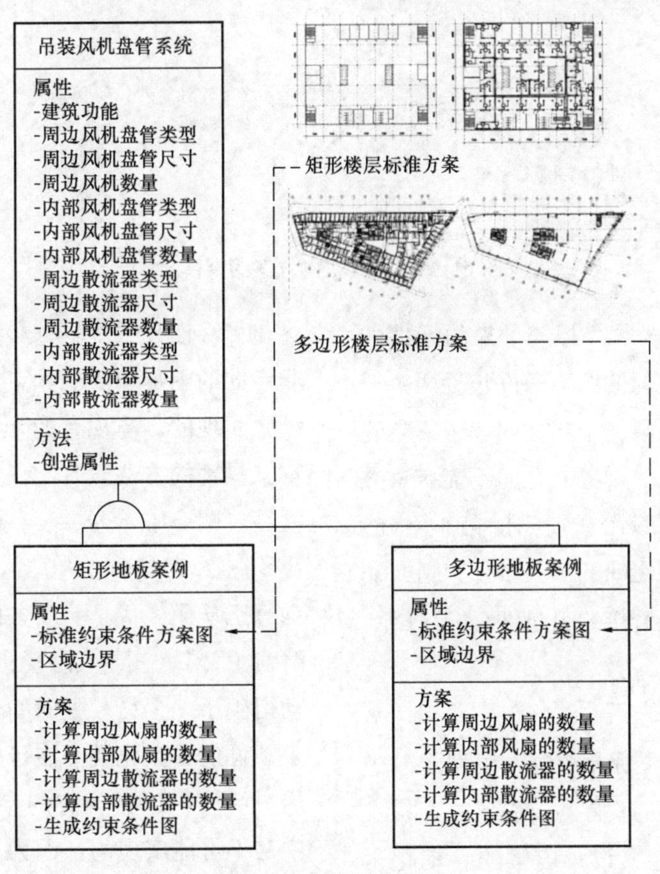

图 5　案例库目标模型

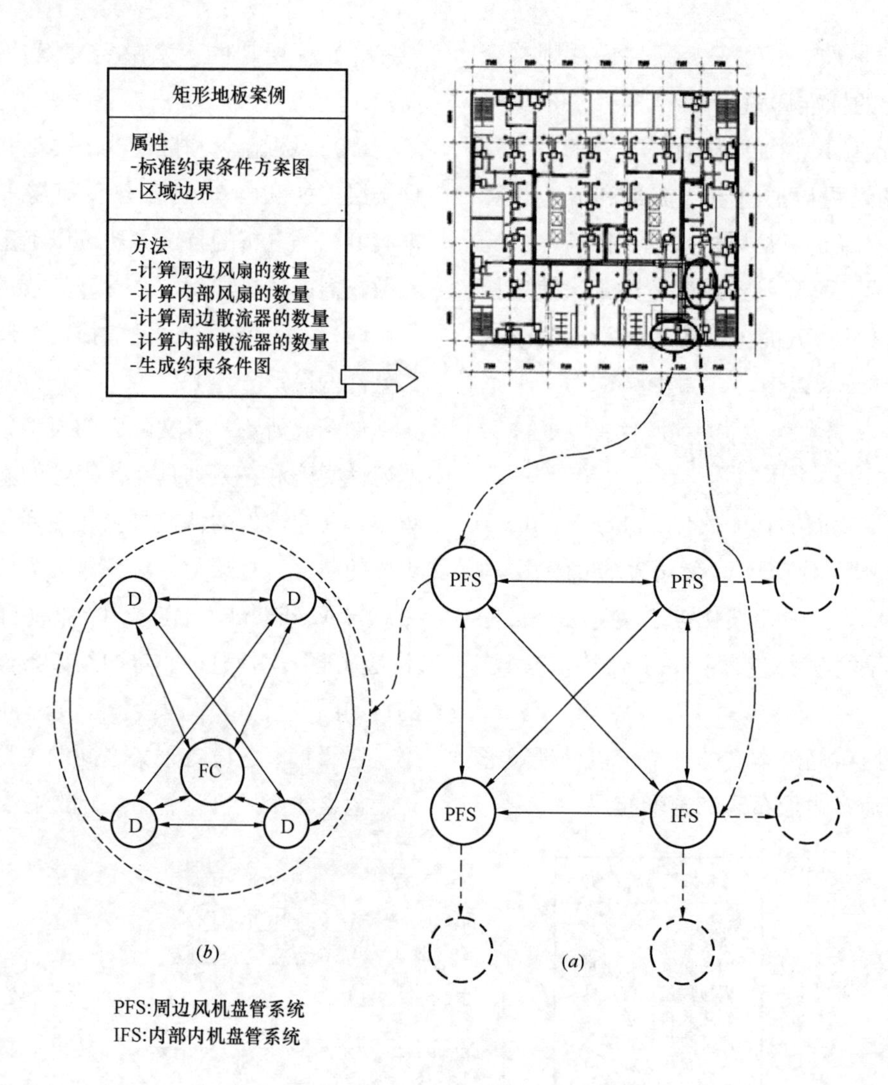

图 6　矩形标准案例方案约束模型

径布置)。第二层代表含有相同子集的元件的约束条件图，子集之间的约束条件包括两个子集之间要求的最小距离、子集之间和子集与建筑的承重结构（如柱、梁等）之间不能有重叠的约束条件，以及系统维护所需的最小空间。含有相同子集的元件之间的约束条件包括：非定向约束条件和管道链接约束条件。

5　交互式参数化模型

正如 Medjdoub[16] 所介绍的，模型的改进过程是基于约束条件的程序设计技术，此篇文章方法的优势不仅包含设计方案的自动化生成，而且为用户提供了交互性设计的可能性已优化最终设计方案，这种可能性是依赖于具有非定向的图形构成的约束条件建立的参数化模型来实现的。与现有的参数化工具相比较[17]，本文呈现的方法含有向任意方向延展修正的灵活性。图 7 中，列举了一个例子，首先修正了 IFS4（图 7（*b*））的位置，基于在此导向的自动修正从而生成了一个方向的延伸定向图，同时对 PSF1（图 7（*c*））进行修正，本系统自动衍生了一个另一方向的延伸定向图。基于约束条件的参数化模型在延展方向上提供了更多的灵活性，这在现有的参数化工具和模型[18]中是不可能实现的，因为设计的延伸方向决定于和受限于旧有模型的顺序。

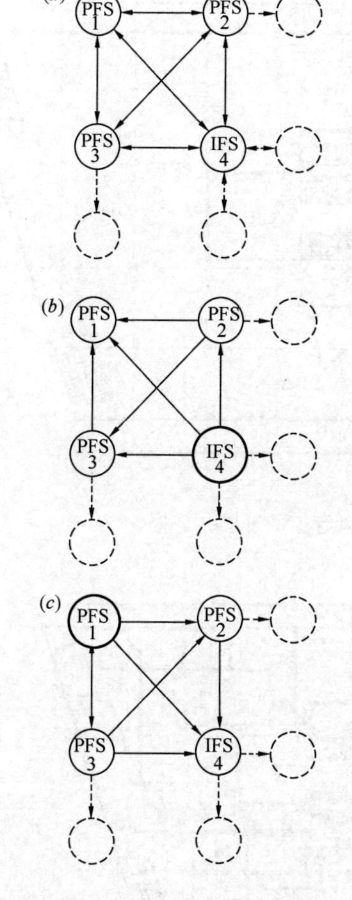

图 7 最终由设计者指导的具扩展性的设计机制

(*a*) 具约束条件的非定向图；(*b*) 修正 IFS4 后的扩展定向图；(*c*) 修正 PFS1 后的扩展定向图

6 设计方案和对比性分析

本文的软件试用版已经通过实例工程的测试，实例工程由我们的合作同伴 Faber Maunsell (AECOM) 国际建筑工程咨询公司提供。并且对比不同方法产生的方案让我们能够评估本系统的优势和劣势，为未来的研究发展提供依据。在本节中，以对比本系统生成的设计方案 (*a*) 和工程师传统设计方案 (*b*) 为例子，对比评估准则重点考虑设计的交互性、绘图的高效性和方案优化性。如图 8 所示，用于对比分析的例子是一栋五层办公楼，其面积为 2900m^2。

图 9 所示的是本文介绍的系统和工程师设计的两个方案，这两个方案均是基于 Medjdoub 已说明的同一设计标准[19]。

建筑设备的工程专家基于一系列的对比参数来衡量方案设计过程的高效性和方案本身优化性，从而对两种不同方法的设计方案进行对比和评估。这些参数包括：

(1) 设计的高效性

1) 设计处理时间

2) 设备的类型和数量

3) 管道的类型和尺寸

(2) 设计的优化性

1) 设备布局设计

2) 管道的路径设计

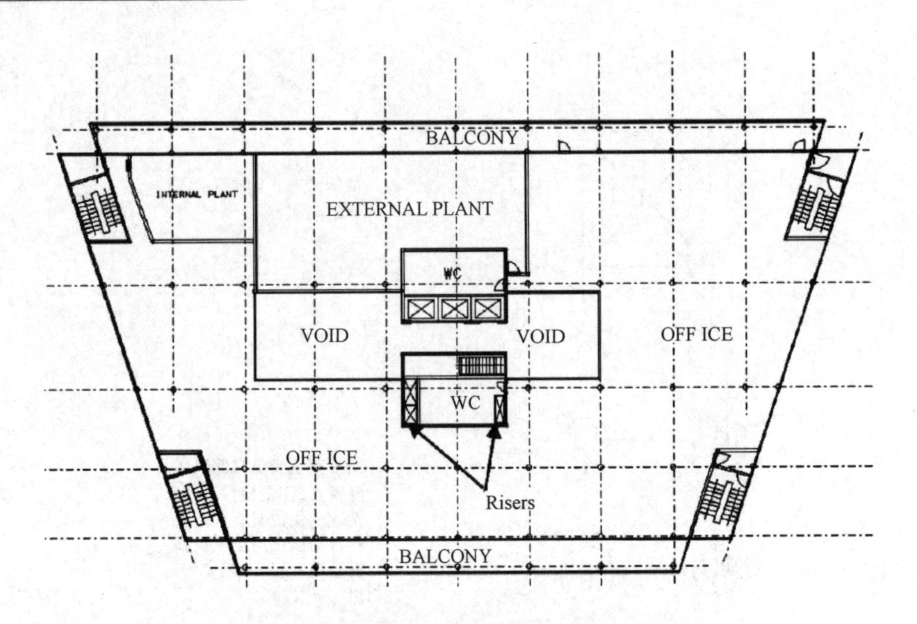

图 8　含有两个供风管道的五层办公楼

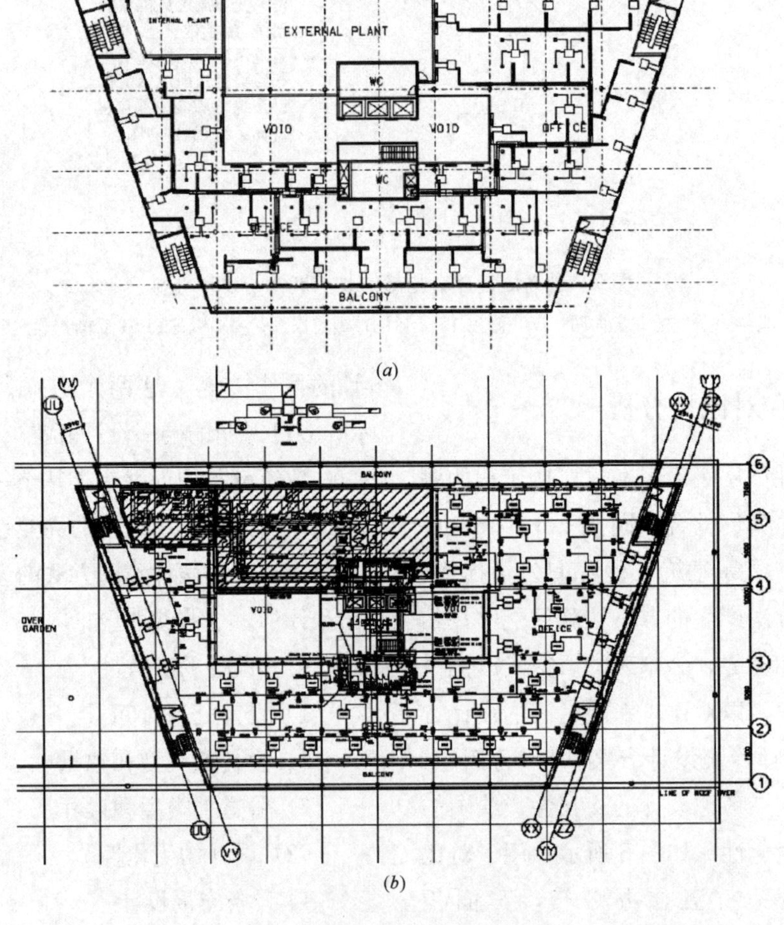

(*a*)

(*b*)

图 9　两个方案

(*a*) 本文系统生成的三维方案；(*b*) 工程师设计的二维方案

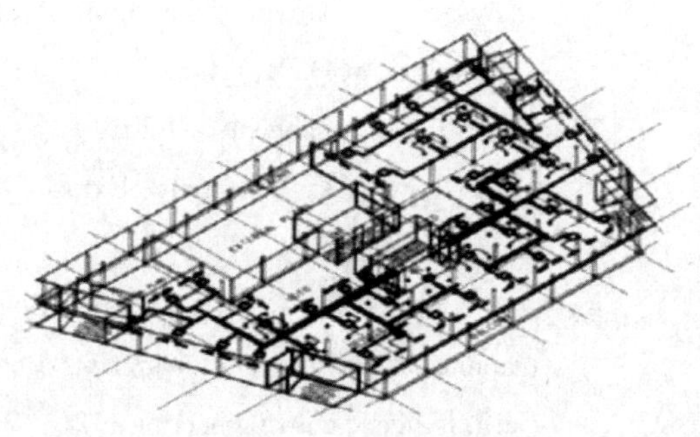
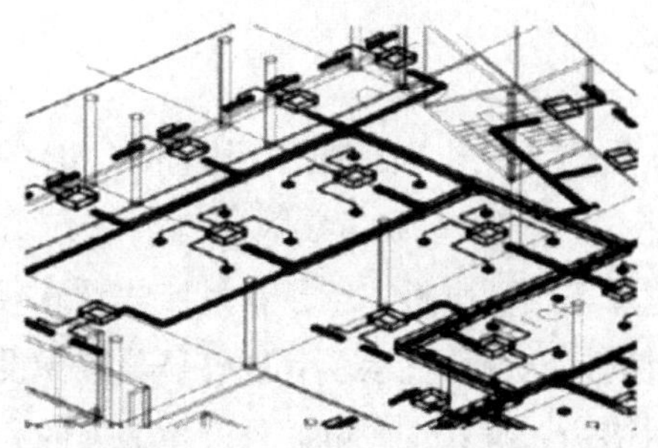

图 10　本文系统生成的三维方案

6.1　两种方案的比较

表 1 比较了两种方案的设计效率，由此表可以看出除了本文介绍的系统具备处理时间的优势以外，两种方案具有一定的可比性。我们看到设计者最后对比工程师的方案对本系统产生的方案进行修正，以进行优化设计。最后，这两个方案均通过工程专家进行评估。表 2 罗列了比较的结果及专家的反馈意见。总的来说，由于本系统提供的参数化模型给予了设计者在较少时间内设计优化方案的可能性，故两个方案具有可比性。

比较这两种解决方案的设计效率　　表 1

	工程师设计	系统自动生成
设计处理时间		
风机盘管和扩散器布局	16h	1min
室内管道路径	8h	1min
主管道路径	4h	3min
支管道路径	12h	30min
修改变更	4h	20min
总用时	44h	≈55min
设备选型/数量		
周边风机盘管类型	FCU17；FCU19	A2K3H1（HE）H3
周边风机盘管数量	19	20
在非重叠区域边界风机盘管机组	11	11
内部盘管类型	FCU18；FCU19；FCU20	A2K3H1（HE）H3
内部盘管数量	13	13
风道/管道的尺寸		
最小尺寸	ϕ150mm	150mm×100mm
最大尺寸	750mm×250mm	950mm×250mm

比较两种方案的质量　　表 2

方案内容	优势	劣势
风机盘管布置	两种方案的布置相似	系统忽略的某些设计约束条件（如屋顶坡度、办公室隔间等）可能会影响方案的质量
散流器布置	两种方案的布置相似	系统不考虑的某些额外元件（如电气设备）可能会影响散流器的位置
局部管道路由布置（连接风机盘管装置和散流器）	局部管道路由布置的质量较好，且与工程师设计的方案相近，风机盘管装置和散流器的连接装置是精确的	系统仅支持正交直线式的管道路由布置
主干管道路由布置（连接升管和选定的风机盘管装置）	主干管道路由布置的质量较好，且与工程师设计的方案相近	系统仅支持正交直线式的管道路由布置
分支管道路由布置（连接主干管道和风机盘管装置）	分支管道路由布置的质量较好，且与工程师设计的方案相近	系统仅支持正交直线式的管道路由布置，且相当于其他方法所需过程耗时太长

7 结论

本文提出了一种结合使用 CBR 和 CSP 的方法以生成优化的参数吊装风机盘管系统方案。通过方案对比分析，给予本系统的设计减少了设计时间，充分显示了其能够显著减少设计成本的潜力，并在供应链之外产生额外的利润，同时可以基于设计标准的要求来提高方案质量。由于生成了参数化的设计方案，为设计用户利用自己的专业知识和实践经验进行辅助性从而交互性优化方案提供了可能性。未来的进一步研究可以着手于支持案例库修正的多目标优化模型，从而更加优化设计方案。

参考文献

[1] Akin, O. (2002). Case-based instruction strategies in architecture. Design Studies, 23, 407-431.

[2] Akin, O., Cumming, M., Shealey, M., &Tuner, B. (1997). An electronic design assistance tool for case based representation of designs. Automation in Construction, 6, 265-274.

[3] Baykan, C., & Fox, M. (1991). Constraint satisfaction techniques for spatial planning. In P. J. W. Hagen &P. J. Veerkamp (Eds.), Intelligent CAD systems Ⅲ, practical experience and evaluation (pp. 187-204). Berlin: Springer-Verlag.

[4] CIBSE. (1986). Guide C, reference data, Section C4, flow of fluids in pipes and ducts. London: Chartered Institution of Building Services Engineers.

[5] DW144. (1998). Specification for sheet metal ductwork - Low, medium and high pressure/velocity airsystems. London: Heating and Ventilating Contractors' Association.

[6] Erhan, H., Salmasi, N. H., &Woodbury, R. (2010). ViSA: A parametric design modeling method to enhance visual sensitivity control and analysis. International Journal of Architectural Computing, 8(4), 461-483.

[7] Generative Components. (2010). Generative Components V8i, Essentials. Exton, PA: Bentley Systems.

[8] Jo, J. H., &Gero, J. S. (1998). Space layout planning using an evolutionary approach. Artificial Intelligenc ein Engineering, 12(3), 149-162.

[9] Juan, Y. K., Shih, S. G., &Perng, Y. H. (2006). Decision support for housing customization: A hybrid approach using case-based reasoning and genetic algorithm. Expert Systems with Applications, 31(1), 83-93.

[10] Kamlesh, D., &Siddhant, S. (2011). Architectural space planning using evolutionary computing approaches: A review. Artificial Intelligence Review, 36(4), 311-321.

[11] Lee, Y. H., & Lee, M. H. (2002). A shape based block layout approach to facility layout problems usinghybrid genetic algorithm. Computers and Industrial Engineering, 42, 237-248.

[12] Medjdoub, B. (2009). Constraint-based adaptation for complex space configuration in building services. ITcon, 14, 724-735.

[13] Medjdoub, B., Richens, P., & Barnard, B. (2003). Generation of variational standard plant room solutions. Automation in Construction, 12 (2), 155-166.

[14] Medjdoub, B., &Yannou, B. (2000). Separating topology and geometry in space planning. Computer AidedDesign, 32(1), 39-61.

[15] Medjdoub, B., &Yannou, B. (2001). Dynamic space ordering at a topological level in space planning. Artificial Intelligence in Engineering, 15, 47-60.

[16] Osman, H. M., Georgy, M. E., &Ibrahim, M. E. (2003). A hybrid CAD-based construction site layout planning system using genetic algorithms. Automation in Construction, 12, 749-764.

[17] Pennycook，K.（2003）. Rules of thumb，A BSRIA guide note (4th ed.). London：BSRIA.

[18] Revit.（2009）. Model performance technical note. Mill Valley，CA：Autodesk.

[19] Yong，K.，&Byung，M. K.（2002）. Design space optimization using a numerical design continuation method. International Journal for Numerical Methods in Engineering，53，1979-2002.

行业发展

Industry Development

建筑业上市公司现金流与经营绩效相关性分析

李香花　周楚姚　王孟钧

（中南大学土木工程学院工程管理系，长沙 410083）

【摘　要】 现金流是企业生存发展的血液，经营绩效是企业持续经营的动力，本文在对上市公司现金流结构进行详细分析的基础上，运用主成分分析法提炼绩效评价指标，并构建基于熵值的建筑业绩效评价指标模型，然后假定建筑企业上市公司经营绩效与现金流存在一定的相关性，运用皮尔逊相关性分析方法，对建筑业上市公司现金流与经营绩效相关性进行检验，得到上市公司净现金流量与企业经营绩效只存在弱相关的结论，并对结论进行验证分析 ，为规范建筑业上市公司财务管理和提升建筑业经营绩效途径作相应的探讨，以期为投资者和经营管理者提供决策参考。

【关键词】 建筑业上市公司；现金流；经营绩效；相关性分析

The Correlation Analysis of The Cash Flow and Operating Performance of The Construction Listing Corporation

Li Xianghua　Zhou Chuyao　Wang Mengjun

(School of Civil Engineering, Central South Univ. Changsha, 410083)

【Abstract】 The cash flow, as the blood, is the foundation of the enterprise survival and development. The operating performance is the power of enterprise sustainable management. Based on detailed analysis of the Listing Corporation's cash flow structure, using principal component analysis to extract the performance evaluation indexes, and construct the performance evaluation model based on the entropy. Then assume that the operation performance of the Construction Listing Corporation and its cash flow has certain relevance, Pearson correlation analysis method is used in testing the construction listing corporation cash flow and performance correlation, it get the conclusion of weak correlation between the cash flow and performance of construction listing corporation. In order to regulate the financial management of Construction Listing Corporation and find to improve the construction operation performance way, the results are analyzed and discussed accordingly. It will provide decision-making reference for investors and managers.

【Keywords】 Construction Listing Corporation; the cash flow; operation performance; the correlation analysis

1 引言

在经济全球化、资本国际化的今天，中国经济发展已逐步进入“新常态”，营改增系列政策出台，社会产业结构不断调整，国际竞争日趋白热化，建筑业作为我国国民经济发展的支柱产业之一，在近三十年得到长足的发展，无论是从企业的数量、从业人数，还是从经济规模与企业产值上均翻了几番，但其所面临的竞争压力也不容小觑。自主创新能力不足、整体经营绩效偏低、资金链紧张、节能减排压力大，缺乏集约化和精细化管理等成为制约我国建筑业发展的瓶颈。现金流是企业资金链状况的具体体现，也是企业生存和发展的血液，经营绩效是企业持续经营的基础；建筑业上市公司作为我国建筑产业的先锋，在规范建筑市场、引领行业发展上做出了杰出的贡献。国内外学者对上市公司的现金流量或经营绩效分别进行了大量研究，但针对某一具体行业的现金流与绩效的相关性问题缺乏深入探讨，本课题组追踪近五年建筑业发展历程，从竞争力、经营绩效及财务质量等方面对我国建筑业上市公司展开了研究。本文在前期研究的基础上，综合主成分分析法与熵值分析法，构建了建筑业上市公司经营绩效评价模型，分析近年来建筑业上市公司现金流量结构关系，着重研究了现金流量净额与经营绩效之间的相关关系，旨在验证现金流量与经营绩效的相关性，试图对上市建筑企业的现金流量与经营绩效之间的关系进行解释，为建筑行业在合理规划使用现金流量方面提出合理建议，以期提高建筑企业经营绩效的目的。

2 建筑业上市公司现金流

2.1 现金流概念及构成

现金流是指企业日常运营中的现金和现金等价物的流入流出，这里的现金是广义的现金的范畴。根据企业业务活动的性质和现金流量的来源，现金流量表准则中将企业一定期间产生的现金流量分三类：经营活动现金流量、投资活动现金流量和筹资活动现金流量。经营活动是指企业投资活动和筹资活动以外的所有交易和事项；投资活动指企业长期资产的购建和不包括在现金等价物范围的投资及其处置活动。筹资活动则指导致企业资本及债务规模和结构发生变化的活动。企业的日常经营活动不外乎以上三类，从现金流类别可以看出企业经营重心和发展趋势。

2.2 建筑上市公司现金流结构分析

2.2.1 现金收支结构分析

现金收支结构能反映企业各项业务活动的现金收入及支出的情况，如经营、投资及筹资各项活动的现金流入占总的现金流入的比重。现金流入是企业运作的基础，是企业获取经营利润的源泉及抵御经营风险的保障。通过对企业现金流入的构成分析，可以明确企业运营资金的主要来源，判断企业的经营与发展状况。同样，现金支出结构能反映出各项业务的现金使用情况及运营状态。一般情况下，企业在经营市场中表现比较活跃，企业业务范围比较广，或者企业处于上升阶段，经营活动现金流出结构比较高；如果企业面临转型或者企业产能不足需扩大再生产，投资活动现金流出占比较高。如果企业的筹资活动支出较多，说明企业该时段偿债压力较大。当然现金收支结构所反映的信息并非绝对，还需结合盈利和主业的构成。

通过现金流收支结构分析汇总如表 1 所示。

现金流收支结构汇总表 **表 1**

项目	经营流入结构比	投资流入结构比	筹资流入结构比	经营流出结构比	投资流出结构比	筹资流出结构比
行业均值	65.91%	7.73%	26.36%	67.28%	9.60%	23.12%
最高值	99.96%	65.61%	62.90%	99.65%	52.52%	65.42%
最低值	26.56%	0	0	32.59%	0.28%	0
均值以上企业数	37.00	16.00	35.00	35.00	23.00	33.00%

从表 1 可以看出行业流入与流出均值中，经营活动的现金流占主导地位，筹资活动对企业影响也比较大，这与建筑业企业高负债经营现状分不开。具体来看，在 68 家上市建筑企业中，经营活动现金流入行业均值为 65.91%，比上一年度有所下降。其中有 37 家企业的经营现金流入结构比超过行业均值水平，35 家企业经营性流出结构比超出行业均值，说明整个建筑行业市场发展较为稳定成熟。最高经营流入比为 99.96%，最低为 26.56%，而投资和筹资活动现金流入的最高值分别为 65.61%和 62.90%，投资经营现金流入结构比超过 50%有 3 家企业，结构比在 40%以上的有 5 家企业；筹资现金流入结构比超过 40%有 11 家，50%以上的有 5 家，这说明建筑业企业经营业务已逐步由单一化向多元化转变，少数企业的建设经营已经不是企业主流，传统的建筑业企业逐步在转型或涉足资本运营，实现经营的多元化。筹资活动现金流入结构比均值为 26.36%，但均值以上的企业只有 11 家，筹资流入结构比低于 5%的有 4 家，说明建筑业企业通过市场融资渠道不畅，资本市场并未向建筑业完全开放，企业上市效应并不明显。比对每家企业各业务活动资金流入结构比可见，2014 年建筑业上市公司现金流入主要还是来自企业自身的经营积累。一般来说，经营现金流入比重大，通过经营活动的资金流入多，说明企业经营状况较好，企业的经济价值也能提高。通过现金流出结构性分析可以看出，大部分建筑企业经营性活动支出主要为材料购买、员工工资支付及缴税等，筹资活动方面主要在于借款偿还、利息支付，投资活动主要为机械。大部分建筑企业经营性活动支出主要为材料购买、员工工资支付及缴税等，筹资活动方面主要在于借款偿还、利息支付，投资活动主要为机械设备的增添。

2.2.2 净额结构分析

现金净额结构分析是指企业的各项业务活动的现金收支净额绝对值占所有业务活动现金收支净额绝对值综合的百分比，体现了各项业务现金流量净额对最终总现金流量净额的影响程度。本文通过对 2014 年建筑业 68 家上市公司现金流量分析，总的现金净流量高于均值的企业有19家，其中只有7家是经营现金净流量在均值以上，这说明建筑业企业现金流控制总体水平不高。汇总分析结果得表2。

现金流量净额结构分析汇总表　　表2

项　目	总的现金净流量为负	经营现金净流量为负	投资活动现金净流量为负	筹资活动现金净流量为负	经营与投资现金净流量为负	经营与筹资现金净流量为负	筹资与投资现金净流量为负	经营、投资与筹资三者净流量均为负
企业数量	32	31	53	20	3	6	9	4
所占比重	47.06%	45.59%	77.94%	29.41%	4.41%	8.82%	13.24%	5.88%

从表2可以看出，大多数建筑业上市公司现金净流量为负，究其原因一方面经营活动导致现金收支时滞，另一方面就是投资活动使绝大多数建筑业企业现金净流量出现红字。

通过净额结构分析可以看出，建筑业上市公司总体现金来源不统一，经营活动产生的利润较少，现金能力不足；筹资活动现金流净额对总现金流量净额影响较大，部分企业存在较高的财务风险。

虽然建筑业上市公司的经营性现金流流入及流出所占比重均较大，但经营现金流量净额对总现金流净额结果影响不大，总现金流净额为负的企业数量仍较多。通过这几年的建筑行业情况，不难发现出现以上现金流量结构的影响因素：

(1) 一般建设工程利润较小，市场竞争激烈，使得工程低价中标现象较多，导致建筑企业施工利润空间大大压缩；

(2) 建设工程垫资情况较多，当企业没有足够的资金施工时，会选择银行借款、发行股票债券以及拖欠协作单位的债务来缓解资金压力，然而却加大企业负债压力，增加财务风险；

(3) 建设工程款回收困难，工程工期长，工程结算纠纷与拖欠工程款的现象时有发生，建筑企业应收账款在企业资产中比重较大，资金到位情况较为严重。

3　建筑业上市公司经营绩效评价

3.1　经营绩效评价指标体系

企业经营绩效是指一定经营期间的企业经营效益。企业经营效益水平主要表现在企业的盈利能力、资产运营水平、偿债能力和后续发展能力等方面，上市企业的经营绩效还应该包括股东权益的变化。

企业绩效评价是伴随市场经济发展而产生和发展的一种制度性安排，并成为国家监督管理企业的重要手段。企业绩效评价的含义是指运用运筹学、数理统计等经济原理及分析技术，对照统一的标准，按照一定的程序，通过定量定性对比分析，对企业一定经营期间的经营结果（定量）和经营行为（定性）作出公正、客观和准确的综合评判，为考评企业运行结果和经济质量提供依据，也为企业管理决策提供参考。我国目前尚无一套标准的上市企业经营绩效评价规则，但从各大股市资讯网站所采用的财务指标来看，基本上都从盈利能力、营运能力、偿债能力、资产质量、经营增长能力等方面去评价企业经营绩效。同时在参考与企业经营绩效评价的相关文献资料之后，对原绩效评价指标进行调整和修正，从盈利能力、股东获利能力、营运能力、偿债能力和成长能力五个方面选取适当的绩效指标，采用因子分析法减少原始指标之间的联系，从而对指标体系进行提炼与简化，再用熵值法赋予各指标因子权重，计算出建筑业各上市公司的综合经营绩效分值，指标内容和调整后指标内容如表3所示。

经营绩效指标表 **表3**

一级指标	二级指标	公 式	说明
盈利能力	净利润率	税后净利润/营业收入净额	正指标
	总资产报酬率	（利润总额＋利息支出）/平均资产总额	正指标
股东获利能力	每股收益	净利润/总股数	正指标
	每股净资产	股东权益总额/普通股股数	正指标
营运能力	总资产周转率	营业收入/平均总资产	正指标
	固定资产周转率	营业收入/平均固定资产原值	正指标
偿债能力	流动比率	流动资产/流动负债	适度指标
	速动比率	速动资产/流动负债	适度指标
	资产负债率	负债总额/资产总额	适度指标
成长能力	净利润增长率	（本年净利润－上年同期净利润）/上年同期净利润	正指标
	总资产增长率	本年总资产增长额/年初资产总额	正指标

3.2 经营绩效指标因子分析

因子分析法是运用降维的思想，通过研究原始变量的相关矩阵或协方差矩阵来找出能够替代原始变量的几个抽象的变量，并称它们为“因子”，且“因子”数量比原始变量总数更少。因子分析法的优点就在于能够减少这些较多的绩效指标间的重复信息，用简化过的指标来替代评价经营绩效。具体步骤如下：

第一步 标准化数据，对指标进行一致性与趋同化处理。

在该指标体系中，衡量负债能力的指标均为适度指标，其余指标均为正指标，所以要先对流动比率、速动比率、资产负债率三个指标进行趋同化处理。对于一般的上市建筑企业而言，资产负债率应该保持在60%左右且不应超过80%，流动比率为2∶1较理想，速动比率为1∶1较理想。根据行业内部特征，本文求得2014年68家建筑业上市公司资产负债率、流动比率和速动比率的指标平均值分别为66%、1.57、0.99。为保证指标的一致性，运用公式（1）对适度指标进行趋同化处理，然后，运用公式（2）对所有指标进行无量纲化处理，以消除指标之间的量纲差异。

$$Y_{ij} = 1/(1 + |Y_{ij} - N_j|) \quad (1)$$

式中，N_j为适度指标的均值，X_{ij}为第i家公司第j项指标值，Y_{ij}为对X_{ij}趋同化处理后对应的值。

$$Z_{ij} = (Y_{ij} - \mu_{ij})/\sigma_j \quad (2)$$

式中：n为样本个数；p为指标变量个数；Z_{ij}为无量纲化后的指标数据；μ_{ij}为均值；σ_j为标准差。

第二步 相关性检验，确定是否适合采用因子分析法。

Bartlett球形检验和KMO检验是常用的检验多变量相关性的方法，本文采用此种方法后检验结果见表4。

KMO和Bartlett检验 **表4**

KMO取样适切性量数		0.546
Bartlett球形度检验	近似卡方	330.795
	自由度	55
	显著性	0.000

表中 KMO 值为 0.546，且 Bartlett 球形检验显著性水平接近 0.000，说明此样本数据适合进行因子分析。

第三步　确定因子，并计算因子荷载。

采用因子分析法提取因子，因子方差贡献情况如表 5 所示。

总方差解释　　**表 5**

成分	初始特征值			提取载荷平方和			旋转载荷平方和		
	总计	方差百分比	累计(%)	总计	方差百分比	累计(%)	总计	方差百分比	累计(%)
1	3.307	30.061	30.061	3.307	30.061	30.061	2.392	21.745	21.745
2	2.034	18.488	48.550	2.034	18.488	48.550	2.243	20.394	42.139
3	1.624	14.767	63.317	1.624	14.767	63.317	2.079	18.899	61.037
4	1.300	11.815	75.132	1.300	11.815	75.132	1.550	14.095	75.132
5	0.679	6.175	81.307						
6	0.591	5.374	86.681						
7	0.492	4.471	91.151						
8	0.370	3.362	94.513						
9	0.308	2.798	97.311						
10	0.217	1.970	99.282						
11	0.079	0.718	100.000						

注：提取方法为主成分分析法。

根据表 5，前 4 项因子的累计贡献方差率为 75.132%，即此 4 项因子提取了总体信息的 75.132%，这一数据超过了 70%，说明 4 项因子可以提取大部分的信息，因此可以用这 4 项因子来代替原有指标变量，建立上市公司经营绩效评价模型。用 $F_1 \sim F_4$ 表示这 4 项因子，采用方差最大法进行因子旋转，使各个因子载荷之间差异极大化。在所有公因子对原始指标总方差解释程度不变的情况下，增强因子的可解释性。旋转后的因子载荷矩阵如表 6。

通过表 6 可以看出，每股收益、每股净资产、总资产报酬率这三个指标在第一个因子 F_1上有较高载荷，它们都与企业利润有关，命名为获利因子；流动比率、资产负债率、速动比率、总资产周转率在因子 F_2上有较高载荷，这些绩效主要体现了企业的偿还债务的能力，命名为偿债因子；净利润率、总资产增长率在因子 F_3上载荷较大，且跟一个企业的利润增涨、资产增加有关，命名为成长因子；因子 F_4 则代表了固定资产周转率和净利润增长率两个指标，但净利润增长率载荷为负，从公式上看，两个指标都与销售收入间接相关，在固定资产原值和净利润不变的情况下，销售收入与这两个指标存在正相关与负相关关系，也就是说销售收入的质量会对企业经营质量和利润水平产生影响，因此将该因子命名为可持续因子（表 6）。

旋转后的因子载荷矩阵[①]　　**表 6**

	因子			
	1	2	3	4
基本每股收益	0.871	0.241	0.138	−0.126
每股净资产	0.848	0.037	−0.075	0.248
总资产报酬率	0.679	0.100	0.628	−0.040
趋同化流动比率	0.200	0.847	−0.067	−0.101
趋同化资产负债率	0.148	0.801	−0.158	0.007
趋同化速动比率	−0.196	0.636	0.554	−0.043
总资产周转率	0.403	0.474	0.032	0.449
净利润率	0.123	−0.302	0.831	−0.235

续表

	因子			
	1	2	3	4
总资产增长率	0.045	0.014	0.741	0.337
固定资产周转率	0.215	0.038	0.166	0.782
净利润增长率	0.359	0.306	0.234	−0.692

注：1. 提取方法为主成分分析法。

2. 旋转方法为凯撒正态化最大方差法。

① 旋转在 7 次迭代后已收敛。

第四步　计算指标系数，确定因子模型。

因子模型见表 7。

因子得分系数矩阵　　表 7

	因子			
	1	2	3	4
基本每股收益 X_1	0.390	−0.021	−0.049	−0.120
每股净资产 X_2	0.421	−0.114	−0.150	0.113
总资产报酬率 X_3	0.242	−0.048	0.233	−0.044
净利润率 X_4	0.008	−0.160	0.403	−0.144
净利润增长率 X_5	0.138	0.082	0.058	−0.457
总资产增长率 X_6	−0.102	0.023	0.390	0.238
总资产周转率 X_7	0.098	0.183	−0.018	0.283
趋同化资产负债率 X_8	−0.033	0.372	−0.086	0.011
固定资产周转率 X_9	0.036	0.007	0.079	0.503
趋同化流动比率 X_{10}	−0.021	0.386	−0.049	−0.058
趋同化速动比率 X_{11}	−0.278	0.359	0.328	0.014

注：1. 提取方法为主成分分析法。

2. 旋转方法为凯撒正态化最大方差法。

根据表 7 因子得分系数矩阵可得公共因子与各变量之间的函数关系，因此，经营绩效因子分析模型如下：

$$\begin{aligned}F_1 =\ &0.390x_1 + 0.421x_2 + 0.242x_3 \\ &+ 0.008x_4 + 0.138x_5 - 0.102x_6 \\ &+ 0.098x_7 - 0.033x_8 + 0.036x_9 \\ &- 0.021x_{10} - 0.278x_{11}\end{aligned}$$

$$\begin{aligned}F_2 =\ &-0.021x_1 - 0.114x_2 \\ &- 0.048x_3 - 0.160x_4 + 0.082x_5 \\ &+ 0.023x_6 + 0.183x_7 \\ &+ 0.372x_8 + 0.007x_9 \\ &+ 0.386x_{10} + 0.359x_{11}\end{aligned}$$

$$\begin{aligned}F_3 =\ &-0.049x_1 - 0.150x_2 + 0.233x_3 \\ &+ 0.403x_4 + 0.058x_5 + 0.390x_6 \\ &- 0.018x_7 - 0.086x_8 + 0.079x_9 \\ &- 0.049x_{10} + 0.328x_{11}\end{aligned}$$

$$\begin{aligned}F_4 =\ &-0.120x_1 + 0.113x_2 - 0.044x_3 \\ &- 0.144x_4 - 0.457x_5 + 0.238x_6 \\ &+ 0.283x_7 + 0.011x_8 + 0.503x_9 \\ &- 0.058x_{10} + 0.014x_{11}\end{aligned}$$

3.3 基于熵值法的综合绩效评价模型

熵值法，是用来判断某个指标离散程度的方法。相比于 Delphi 法和层次分析法等主观赋权法，熵值法仅仅依靠数据的内在关系，确定指标中数据的离散情况来对各指标提供信息量的大小进行比较，从而确定各指标在评价体系的重要程度并赋予相应的权重。根据熵的特性，指标离散程度越大，说明指标值内部差异越大，包含的信息量也越大，对综合评价的影响也就越大。因此，本文采用熵值法对上述四个经营绩效因子的变异程度进行衡量，计算出各个因子的权重，为经营绩效综合评价提供依据。

熵值法的基本步骤如下：

第一步　数据的整理

本文需要评价各上市建筑企业的综合经营绩效，现综合经营绩效指标的因子已提取，设第 m 家上市建筑业的第 n 个因子得分为 X_{mn}，则评价系统的初始系数矩阵为

$$X = \begin{pmatrix} x_{11} & \cdots & x_{1n} \\ \vdots & \ddots & \vdots \\ x_{m1} & \cdots & x_{mn} \end{pmatrix} \tag{3}$$

第二步　数据标准化处理

由于进行因子分析时已经对数据进行了趋同化、无量纲化处理，且熵值法计算采用的是各个样本某一指标值占同一指标值总和的比值，要对数据中的因子得分为零或负数的值进行处理。为了避免求熵值时对数的无意义，需

要进行数据平移，平移依据式（4）：

$$x'_{mn}=\frac{x_{mn}-\min(x_{1n},x_{2n},\cdots,x_{mn})}{\max(x_{1n},x_{2n},\cdots,x_{mn})-\min(x_{1n},x_{2n},\cdots,x_{mn})} \tag{4}$$

第三步 计算第 n 项因子下第 m 个样本值占该因子得分的比重 p_{mn}

$$p_{mn}=\frac{x_{mn}}{\sum_{m=1}^{n}x_{mn}} \tag{5}$$

第四步 计算第 n 项因子得分的熵值

$$e_n=-k\sum_{m=1}^{u}p_{mn}\log(p_{mn}) \tag{6}$$

式中，常数 k 与 m 有关，$k>0$，此处 k 取值为 l_{mn}，u 为上市公司总数。

第五步 计算第 n 项因子得分的差异系数

对于第 n 项因子，因子得分值的差异越大，对方案评价的作用越大，熵值就越小。

$$g_n=1-e_n \tag{7}$$

式中，g_n 越大因子越重要

第六步 按式（8）计算各因子的权重

$$W_n=\frac{g_n}{\sum_{n=1}^{t}g_n} \tag{8}$$

式中，t 为因子总数。

第七步 计算经营绩效综合得分

$$F=\sum_{n=1}^{t}W_nF_n \tag{9}$$

按照上述步骤，对我国建筑业上市公司 2014 年财务指标数据进行整理，计算得出经营绩效综合得分及排名（表 8），评价我国建筑业上市公司经营绩效只是本文基工作的一部分，本文主要目的是寻求企业现金流与上市公司经营绩效之间的相关性。

上市建筑企业经营绩效综合得分及排名前 30 位 **表 8**

证券代码	公司简称	综合得分	排名	证券代码	公司简称	综合得分	排名
002504	弘高创意	2.609744	1	000090	天健集团	0.24059	16
002047	宝鹰股份	0.887558	2	601886	江河创建	0.21887	17
000928	中钢国际	0.704495	3	000065	北方国际	0.210052	18
002375	亚厦股份	0.692516	4	601800	中国交建	0.198634	19
002482	广田股份	0.665423	5	300355	蒙草抗旱	0.197443	20
002081	金螳螂	0.664271	6	002620	瑞和股份	0.186099	21
002713	东易日盛	0.662371	7	002310	东方园林	0.181235	22
002431	棕榈园林	0.455707	8	600528	中铁二局	0.170043	23
601668	中国建筑	0.401784	9	000961	中南建设	0.119366	24
002051	中工国际	0.393525	10	002140	东华科技	0.11327	25
601186	中国铁建	0.387701	11	600170	上海建工	0.112968	26
600248	延长化建	0.377622	12	600068	葛洲坝	0.112948	27
601117	中国化学	0.369936	13	600496	精工钢构	0.112458	28
601789	宁波建工	0.356334	14	601390	中国中铁	0.065044	29
002542	中化岩土	0.253483	15	600681	万鸿集团	0.060864	30

4 皮尔逊相关性分析基本原理与步骤

现实生活中，事物之间是存在联系的，一个事物的变化往往与其他事物存在一定的关系。这种关系可以分为两类，一种是变量一一对应的函数关系，而另一种则是相关关系，即两变量之间的不确定的数量关系。变量之间存在相关关系并不意味着它们之间的关系是因果关系，但因果关系是相关关系的一种。用统计学的方法揭示变量之间是否存在相关性以及相关程度如何，并将变量之间的相关关系的程度及相关变化方向用数学语言描述出来，就是相关性分析。

最为简单的相关性分析是在两个变量之间进行的。Pearson 相关系数适用于测度两数值变量的相关性。数值变量包括定距和定比变量两类，其特点是变量的取值用数值表示，从而通过计算可以确定相关系数的值。

设两随机变量 X 和 Y，则两变量总体的相关系数为

$$\rho=\frac{\operatorname{cov}(X,Y)}{\sqrt{\operatorname{var}(X)}\sqrt{\operatorname{var}(Y)}} \tag{10}$$

式中，cov（X，Y）是两变量的协方差；var（X）、var（Y）分别是两变量的方差。总体相关系数是反映两变量之间线性关系的一种度量。

在现实操作当中，一般都需要通过样本的相关系数对变量的相关性进行估计。设 $X=(x_1,x_2,\cdots,x_n)$，$Y=(y_1,y_2,\cdots,y_n)$ 分别为来自 X 和 Y 的两个样本，则样本相关系数为 r

$$r=\frac{\sum_{i=1}^{n}(x_i-\overline{x})(y_i-\overline{y})}{\sqrt{\sum_{i=1}^{n}(x_i-\overline{x})^2\sum_{i=1}^{n}(y_i-\overline{y})^2}} \tag{11}$$

统计上可以证明，样本相关系数 r 是总体相关系数 ρ 的一致估计量。用此计算得出的样本的相关性系数可表示为此两数值变量的皮尔逊相关系数。

r 的取值在 -1 到 1 之间，它描述了两变量线性相关的方向和程度。r 的取值所表示的相关程度如下：

（1）当 $r>0$ 表示两变量正相关，$r<0$ 表示两变量负相关；

（2）当 $|r|>=0.8$ 时，可以认为两变量间高度相关；

（3）当 $0.5\leqslant|r|\leqslant0.8$ 时，可以认为两变量中度相关；

（4）当 $0.3\leqslant|r|\leqslant0.5$ 时，可以认为两变量低度相关；

（5）当 $0\leqslant|r|\leqslant0.3$ 时，说明相关程度弱，基本上不相关。

实际问题中当样本容量较小时，用样本相关系数来代替总体相关系数的可信度会受到很大质疑。因此，要对总体相关系数进行显著性检验。设原假设为 $\rho=0$，在 X、Y 都服从正态分布的情况下，统计量

$$t=\frac{r\sqrt{n-2}}{\sqrt{1-r^2}} \tag{12}$$

服从自由度为 $n-2$ 的 T 分布。当 $|t|>t_{\frac{\alpha}{2}}$（或 $p<\alpha$）时，拒绝原假设，表明样本相关系数 r 是显著的；当 $|t|\leqslant t_{\frac{\alpha}{2}}$（或 $p\geqslant\alpha$）时，不能拒绝原假设，表明 r 在统计上是不显著的，两总体不存在显著的相关关系。α 为显著性水平，一般取 $\alpha=0.05$。

5 建筑业上市公司现金流与经营绩效相关分析及结论

5.1 自变量定义

自变量为现金流量，而按照企业业务活动分为经营活动现金流量、投资活动现金流量以及筹资活动现金流量三部分。本文选取经营活动现金流净额、投资活动现金流净额、筹资活动现金流净额、现金及现金等价物净流量作为现金流量的研究自变量。

5.2 因变量定义

根据上述利用因子分析法和熵值法所建立的经营绩效综合评价模型，本文以各建筑业上市公司的经营绩效综合得分 F 作为实证研究的因变量。此经营绩效综合得分在对企业业绩衡量的过程中，包含了盈利能力、股东获利能力、营运能力、偿债能力和成长能力，能够综合地表现企业业绩，因此经营绩效综合得分可以作为衡量企业综合业绩的指标。

5.3 基本假设

假设一：现金净流量与综合经营绩效正相关。

现金及现金等价物净流量是指企业总的现金及现金等价物流入与流出的差额，反映的是企业各类活动形成的现金流量的最终结果。现金流量不仅是评价企业经营业绩的指标，而且能增强企业创造财富的能力，提升企业价值。一般来说，流入大于流出反映了企业现金流量的积极现象和趋势。实质上反映的是一定会计期间内现金来源和运用及其资金增减变动情况。对于建筑企业而言，必须保有一定的库存现金，以备不时之需，现金净流量的增加往往能带来新的经营效益。因此，认为现金净流量反映企业的经营结果，现金及现金等价物净流量越多企业经营业绩越好。

假设二：经营活动现金流量与综合经营绩效正相关。

经营活动现金净流量是企业主营业务或核心产品获得现金能力的表现，也是资金流转的内部来源，它构成企业现金流量的主体。对于一般建筑企业，其主要经营活动就是提供建筑产品或劳务，经营活动现金净流量越多表明企业所承接项目的收益越好，企业净利润也就越多。通过经营活动产生的现金流还可以用作运营日常开销、支付股利、偿还贷款等，经营活动产生的现金净流量越多，对抗外部风险的能力也就越强。因此，本文认为经营活动现金流量与经营业绩变动方向相同。

假设三：投资活动现金净流量与经营绩效正相关。

投资活动产生的现金流入越多，说明企业在扩大生产规模、增加额外收益以及开发新的利润增长这些方面的能力越强。如果投资活动能够给企业带来新的收益，说明企业投资状况良好，而且产生的投资净流入也可用于其他现金支出，缓解现金压力。企业获得的投资活动现金净流量越多，说明企业运营资金能力越强，从而反映企业经营业绩越好。

假设四：筹资活动现金净流量与经营绩效负相关。

企业一般通过银行借款、发行股票债券的方式筹集资金，在现金流入的同时也意味着后续利息的偿还和股利的支出。筹集资金能暂时缓解企业的资金压力，但会减少后期的借款额度，经营不善随时会面临债务危机。所以，筹资活动产生的现金净流量越大，企业面临的偿债压力就越大。本文认为筹资活动的现金净流量与经营绩效反方向变动。

5.4 检验结论

本文采用皮尔逊相关分析方法，用SPSS23.0软件对以上四个假设中两个变量间的相关程度进行数据检验。结果如下：

(1) 现金及现金等价物净流量与经营绩效相关性分析结果见表9。

现金及现金等价物净流量与经营绩效综合得分相关系数表　　表9

		综合得分	现金及现金等价物净增加额
综合得分	皮尔逊相关性	1	0.101
	显著性（双尾）		0.415
	个案数	68	68
现金净流量	皮尔逊相关性	0.101	1
	显著性（双尾）	0.415	
	个案数	68	68

从表9中可得现金净流量与经营绩效综合得分的相关性系数为0.101，但显著性为0.415>0.05，即现金净流量与经营绩效不相关的概率为0.415，因此两者不存在显著相关性，假设一不成立，即二者只存在弱相关。

(2) 经营现金流量净额与经营绩效相关性分析，见表10。

经营现金流净额与经营绩效
综合得分相关系数表　　表10

		综合得分	经营活动产生的现金流量净额
综合得分	皮尔逊相关性	1	0.057
	显著性（双尾）		0.650
	个案数	68	68
经营活动产生的现金流量净额	皮尔逊相关性	0.057	1
	显著性（双尾）	0.650	
	个案数	68	68

从表10中可得经营现金净流量与经营绩效综合得分的相关性系数为0.057，但显著性为0.65>0.05，即经营现金净流量与经营绩效不相关的概率为0.65，因此两者不存在显著相关性，假设二不成立，二者只存在弱相关关系。

（3）投资现金流量净额与经营绩效相关性分析，见表11。

投资现金流净额与经营绩效
综合得分相关系数表　　表11

		综合得分	投资活动产生的现金流量净额
综合得分	皮尔逊相关性	1	−0.091
	显著性（双尾）		0.464
	个案数	68	68
投资活动产生的现金流量净额	皮尔逊相关性	−0.091	1
	显著性（双尾）	0.464	
	个案数	68	68

从表11中可得投资现金净流量与经营绩效综合得分的相关性系数为−0.091，但显著性为0.464>0.05，即投资现金净流量与经营绩效不相关的概率为0.464，因此两者不存在显著相关性，假设三不成立，即二者只存在弱的负相关关系。

（4）筹资现金流净额与经营绩效相关性分析，见表12。

筹资现金流净额与经营绩效
综合得分相关系数表　　表12

		综合得分	筹资活动产生的现金流量净额
综合得分	皮尔逊相关性	1	0.123
	显著性（双尾）		0.322
	个案数	68	68
筹资活动产生的现金流量净额	皮尔逊相关性	0.123	1
	显著性（双尾）	0.322	
	个案数	68	68

从表12中可得筹资现金净流量与经营绩效综合得分的相关性系数为0.123，但显著性为0.322>0.05，即筹资现金净流量与经营绩效不相关的概率为0.322，因此两者不存在显著相关性，假设四不成立或二者只存在弱相关关系。

6 结束语

本文通过实证得出现金流量与建筑业上市公司综合经营绩效之间不存在显著的相关关系的结论，但二者并非完全不相关。由于时间关系，本文的研究存在一些不足，比如在绩效指标选取上不够全面，研究的样本量与数据面选取不足导致因子分析的结果解释性不强，另外皮尔逊相关系数只对存在线性关系的两个变量有效，变量间若存在其他相关关系，应尝试使用其他方法进行研究。

此外，本文通过分析2014年68家上市建筑公司现金流量结构，发现大部分上市建筑企业现金流量净额为负。现金流量净额长期为负易出现资金周转不灵、资金链断裂等现金问题，不利于企业发展，现结合建筑企业实际，提出以下现金流量管理建议：

（1）结合自身实际，合理承接工程项目。目前的建筑市场竞争激烈，招投标过程中经常存在低价竞争情况。施工企业中标困难，利润空间减小甚至亏损的问题非常突出。投标是施工企业生产经营的第一步，因此现金流管理就必须从项目招投标做起。施工企业应当在明确自身经营实力，考虑自身应对该工程的风险能力，预测工程所能带来的盈利利润之后，再决定是否承接该工程项目。

（2）推行全面预算，完善资金预算制度。施工企业要建立和完善项目预算编制、审批、监督、考核。在工程建设全过程各个环节均实施预算控制。预算不是单一的经营性资金收支计划，除生产经营外、投资管理、扩大生产、基础建设的预算也应包括在内。预算的目的在于科学合理地对企业现金流分配统筹安排，经营活动、投资活动及筹资活动的现金流入分配应根据企业的发展需求，维持适当现金余额。在工程建设过程中，应当力求现金流同步，实施有效的收账策略，合理催收账款，减小回收账款时的垫资压力；在不影响企业信誉的前提下，尽可能推迟各类应付款项的支付，充分享用供货方提供的信用优惠。

（3）加强施工成本管理，对资金使用实时管控。企业施工过程中应加强工程施工成本管理，提高资产经营效率。完善施工项目管理体系，在材料领用、人力资源控制、机械费用控制、项目管理、成本核算方面做好内部监督。施工企业要做好每日记账和现金日记账的基本工作，做好与银行的对账工作及往来账目的清理。另外，企业施工管理过程中应明确落实各项管理责任，将各项工作责任落实到人，大力推行责任成本管理，建立项目组织机构各层次的考核指标，明确奖罚，让全员参与到成本管理中来，加强施工项目中材料费、人工费、机械费、间接费用等重点项目的监控。同时高度关注施工质量和施工进度，减少质量或进度拖欠带来的工程损失，做好索赔工作，避免额外支出。

（4）根据企业自身情况，合理投资。很多大型建筑企业都有自己的一套投资政策，规定了企业投资能接受的风险程度、投资工具、可信任的交易对象等。根据自身的风险承受能力来制定投资政策表明了这些企业在风险投资上的态度。不论进行何种投资项目，首先要经营好主业，不能因为副业资金流断裂而挪用主业资金，加强营运资金使用的计划性，避免营运资金缺口的产生。

（5）财务分析要及时到位，保证内部控制。在建筑企业中项目部是最小的生产单元，其基本职能是通过工程项目施工管理完成工程建设任务，其基本的经营活动是施工活动。因此实行项目独立核算，建立项目部财务分析制度，从盈利能力、偿债能力、营运能力对该工程项目经验业绩进行综合分析评价。定期对项目部财务分析能给企业提供必要的经营信息，帮助企业管理者合理分配企业经济资源，也便于及时作出调整。另外，加强企业内部管理，制定合理的规章制度，保证财务信息真实可靠，保护企业资产安全，杜绝贪污及挪用公款等违法乱纪行为。

参考文献

[1] 田成诗，张倩茹．竞争定位下的我国建筑业上市公司绩效评价[J]．建筑经济，2015，07：16-20.

[2] 范瑞翔，王孟钧．上市建筑企业财务质量分析与评价模型[J]．铁道科学与工程学报，2015，03：695-701.

[3] 张鼎祖，郭浪兵．基于DEA的建筑业上市公司财务管理能力分析[J]．建筑经济，2013，07：97-100.

[4] 李小平．以项目管理公司为主导的三维项目管理模式及实施保障[J]．甘肃冶金，2014，06：162-166.

[5] 刘艳梅．工业企业的资金流管理探析[J]．中国管理信息化，2014，08：26-27.

[6] 李建英，李婷婷，谢斯博．构建"资金流"控制为主的电子商务税收征管模式[J]．经济与管理评论，2014，03：113-120.

[7] 李占雷，史江亚．简单三级供应链的资金周转协同管理——基于供应链金融生态系统的视角[J]．财会月刊，2014，19：8-11.

[8] 李秀珠，余忠．我国建筑业上市公司财务绩效评价的实证分析[J]．技术经济，2009，10：116-119.

[9] 张跃松，黄志烨，谢宇宁．基于DEA的建筑业上市公司绩效评价[J]．土木工程学报，2012，S2：331-336.

[10] 王旭鑫，蒋巍．上市公司股权集中度与公司绩效关联性实证研究——基于沪深两市土木工程建筑业公司[J]．生产力研究，2015，07：121-126.

[11] 王竹泉，孙莹，张先敏，杜媛，王秀华．中国上市公司营运资金管理调查：2013[J]．会计研究，2014，12：72-78-96.

建筑数字化建造

袁　烽　胡雨辰

（同济大学建筑与城市规划学院，上海 200092）

【摘　要】 建筑数字化建造是在数字时代下，引导社会生产朝着高效、节能、环保迈进的重要抓手；是支撑建筑工业产业升级的重要基础理论方法；是建筑本体与设计范式革新的重要出发点。建立在图解思维基础上的数字化建造理论方法，将通过数字建造工具以及数字建造工艺的系统化的创新，实现建筑设计的高性能目标，并最终推动“设计—建造”一体化实践。

【关键词】 建筑产业升级；数字化建造；机器人；图解思维；高性能

Architecture Digital Fabrication

Philip F. Yuan　Hu Yuchen

(College of Architecture & Urban Planning，TongjiUniversity，Shanghai 200092)

【Abstract】 In the digital age，digital design and fabrication become the key leading factors for our social production towards a high performative，ecological and green future. It is an important theoretical foundation for the improvement of architectural industry，and a significant starting point for the evolution of architecture discipline and design paradigm. Based on the diagrammatic thinking in digital fabrication theory and methodology，a performance based architecture design will be established through the systematic innovation of construction technology and fabrication tool to promote an integration of “Design-Fabrication” process.

【Keywords】 Evolution of Architectural Industry；Digital Fabrication；Robotics；Diagrammatic Thinking；High-performance

计算机时代孕育的不仅是一种新风格，而是全新的设计手法，我们将新的计算技术应用于进化的和新兴系统中，建立并实施测试系统，使图解变成现实，现实变成图解。在这全新的领域里，形式变得毫不重要。我们应探索“算法技术”的潜在功能，并专注于更智能化和逻辑化的设计与建造流程。逻辑便是新的形式。

——尼尔·里奇
(Neil Leach)

1 建筑数字化建造概述

从文艺复兴到现代主义，手工与传统材料的使用积淀了建筑历史文化；大规模的机械化生产时代定义了现代主义的出现以及意义。而建筑工业 4.0 时代的到来，将通过机器人、互联网等平台与技术融合实现高效率、高性能、定制化的建筑产业化升级。高效节能环保的施工装备及系统改造是实现绿色施工与智慧建造的生产工具的革新，是建筑创新产业的技术抓手，是机器换人与升级产业的重要机遇。

随着数字工具和建造技术的不断发展，数字化设计经历了从启蒙到纸面设计，从形式生成到性能化植入等不同的发展阶段。基于建筑几何思维的数字化软件让我们对复杂空间几何有了更强的操控能力，同时，也促进我们越发关注建造的可实施性。参数化几何建模与优化技术使得建造过程中的空间问题可以通过数字工具重新定义，将抽象的形式逻辑思维转译为参数化数据，促进了从参数化几何到数字化建造的衔接。同时，数字化建造技术的进步与革新又反过来促进了建筑设计本身的发展：建筑师从设计拓展到实体建造，虚拟与现实两个层面中的建筑过程不断地相互融合与促进。数字化建造，在重新定义着建筑学本质的同时也推动着社会生产模式的更新。

罗宾·埃文斯（Robin Evans）在他的著作《从绘图到建造》中提到建筑师在工作中始终面对着一个难以回避的问题：设计图纸与建造结果之间的隔阂，并且这个隔阂的存在必将作为一种源动力催生出建筑学的重大发展[3]。与传统生产性图纸一样，数字化建造技术也是一种约束与可能并存的工具。并且作为一种更有效地连接设计与建造的媒介，其自身的特定属性及所需要的特殊工作方式，也会孕育着更具针对性的建筑学创新。

数字化建造源于传统建构方法的参数化设计转化。在西方语境下有两方面含义：参数化设计和参数化建造。前者指在计算机上的设计操作、模拟建造，属于参数化的虚拟阶段；后者借助数控机床（CNC）、机械臂等数字化设备进行实际建造，属于参数化的物质阶段。数字化建造并不是简单地将“参数化”工具与“建构”理论叠加，而是基于二者的理性选择。这一结合使设计与建筑实现的过程不再只是单纯的形式生成或理性简单的材料选择与搭配，而是变成基于形式，但又高于形式，同时崇尚建造并创新建造的新模式（图 1）。[4]

“数字化建构”更加倾向于传统建造工具对传统材料的操作，可以视为运用数字化设计方法对传统建造的延续，如果用“半自主”状态来描述它的理论价值应该是比较客观的；而“数字化建造”则发展为数控工具对新材料的操作。这是一种全新的具有“自主性”的设计与建造方法，其理论与建造思路与传统建构理论完全不同，无论从威廉·米歇尔（William

本论文研究受以下课题资助：
1.“国家自然科学基金”（51578378）资助项目。
2.“国家自然科学基金国际合作中德科学基金”（GZ1162）资助项目。
3. 上海市数字建造工程研究中心（筹），暨“同济大学建筑设计研究院（集团）有限公司重点项目研发基金”资助项目。

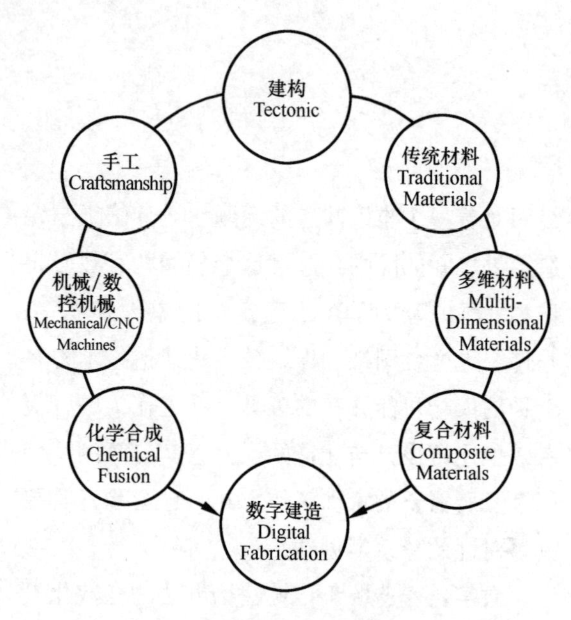

图 1　新范式的建造关系逻辑

J. Mitchell）的反建构理论[5]，还是格雷格·林恩（Greg Lynn）的“合成物”建造理论[6]，都明确地分辨了“数字化建造”与“数字化建构”的关系。虽然二者对于“诗意建造”的理解体现了不同哲学与艺术意义层面的深意，但二者追求的都是一种“真实建造”。只不过这个真实一个源自对传统的垂青，而另一个源自对当下甚至未来的预判。

数字化建造以几何性与性能化为目标，具有精确、高效、高性能的特征。因为在生成逻辑上具有编程算法作为指导，故其在造型上具有强烈的几何性特征。从“前数字时代”高迪的“自然主义”设计中隐含的缜密的逻辑和科学的设计方法，到“自组织系统”时代“性能/表现”的逻辑代码，数字化建造无不表现着优越的逻辑性。

事实上，数字化建造设计逻辑已经渗透到建筑设计的每一个环节。从三维建模、算法生形，到参数化几何建模、结构与环境性能分析与生形，再到项目管理协调以及工程图纸设计，建筑师的工作已经愈发离不开计算机辅助设计平台。而数字化建造技术作为这一系列的设计过程的最终执行者，通过对数据的处理和运算来完成对建筑材料的加工与装配，对于当代具有复杂性的建筑学介入也成为必然。

2　建筑数字化建造的理论——从图解思维到数字建造

数字化建造，试图摆脱常规意义上纯粹以“抽象”为入手点的“形式图解”的思路，也不是从现象层面讨论“具体”的解决问题的“功能图解”的设计方法，而是注重从物质性的视角重新探讨建筑几何的存在意义，强调从“评价、分析图解”到“形式生成图解”的思维逻辑转化；同时，还将建筑的物质性与图解化设计思维及社会生产的本体创新作为重要目标之一。当然，重新定义的图解思维过程，并不希望仅仅制造“逻辑至上”的形而上学的假象，而是希望从空间逻辑、材料性能、结构性能以及环境性能等最基本的建筑特性出发，探究基于“物质性”的新唯物主义原型设计。

基于建筑自主性的纯粹几何逻辑与算法思维，已经成为图解思维内在的核心内容。参数化的设计方法成为连接建筑几何逻辑以及性能化逻辑的桥梁。同时参数化设计的核心价值在于其成为图解化设计思维的载体与方法论平台，参数化几何的操作以及逻辑化的算法过程不仅仅指向纸上谈兵的形式自主，而更加重要的是创建了几何参数的内在意义。在数字图解思维下，我们可以更加精确地运用系统化的设计方法，探索新唯物主义建构文化，建立建筑学本体以及建筑与自然、建筑与人的行为方式的新准则。数字建造成为图解思维的物质化指向，同时，建筑几何并没有被置身于事外，参数化几何的构建方式不仅包含了“在地性”的指代内容，还涵盖包括气候、场地环境以及人的行为等诸多方面内容，形成对于建筑图解思维的设计方法与流程的思考。

这些性能设计的几何信息需要通过图解机

制转译为可被建造的机器工作与加工路径，进行铣削、弯折、浇筑或3D打印。整个转译过程包含时间进度和建造顺序等多个参数，并被机器直接用于定义材料的空间拼接以及生产过程，实现从几何到建造的数字化建造模式。并且从参数几何向机器建造的转换一般会针对不同的设计原型和控制平台开发出不同的转译工具包。这一过程可以被描述为以下步骤：几何逻辑确立—建造工具选取—几何参数抽离—几何参数转译（图2）。

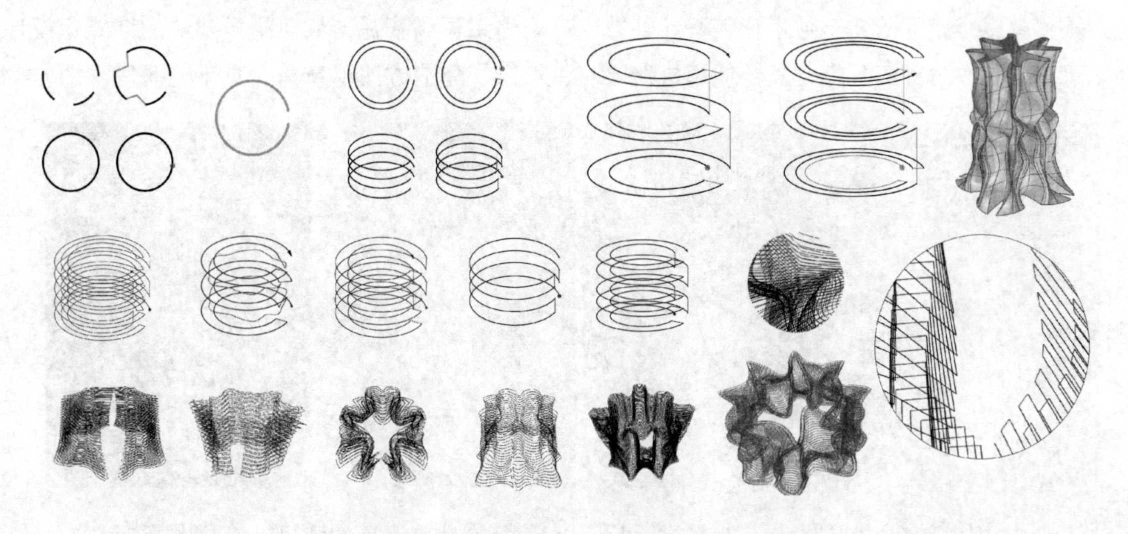

图2 机器人陶土打印的几何路径图解

通过时间轴的介入，动态的三维图解全方位直观地展示了建造的方法和过程，在设计平台上完成建造的模拟、优化和再输出。机器模拟的核心在于图解建造逻辑的建立与转化，以连接几何信息与机器动作之间的关系。针对不同类型的几何形体，坐标、曲率、法向量等几何参数会依据被加工材料的特性和机器动作的条件被转译为相应的加工参数，如位置、姿势、速度等（图3）。

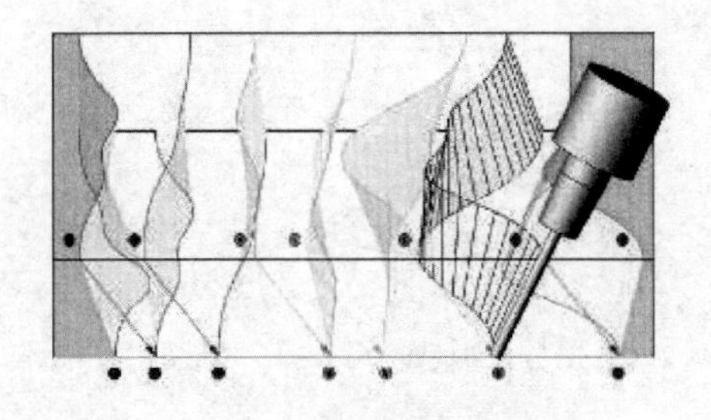

图3 建筑几何信息到机器人工具端运动路径的数学转换

建筑图解思维结合数字建造装备与工艺的革新对社会生产模式进行反馈与影响，形成了融合传统生产模式与数字化新技术的全新建筑产业化生产流程。这种建造方式将能够更准确、高效地对建筑的结构、建筑所处的环境以及人的行为做出回应，并实现性能化目标的植入。互联网时代，大量的数据、信息定义了建筑、环境与人的生活方式。基于逻辑的图解思维能够实现从思维到流程的社会生产模式的实现与转译。当然这并不意味着摒弃传统技艺与精髓，而是通过建立新的技术，形成高效率、高精准度、高复杂度、大规模量产定制等特征的新的社会生产模型，从而实现从虚拟平台到物质建造的完美对接。通过数字化设计与建筑数字化建造技术的协同，会发现新技术实现了对于更多因素设定下的近似最优解。在不断创新的数字设计理念下，依托日趋完善的数字建造工艺，传统材料与新材料可以不断突破生产、加工局限，充分展现它们与自然生态、地域气候特性及人的行为与社会伦理的联系。基于性能分析与模拟的图解思维会成为建筑设计与建造的依据和来源，使得建筑携带有更多的理性与意义。

过去的五年，在《建筑数字化编程》、《建筑数字化建造》、《建筑机器人建造》中，对于建筑数字化建造的相关理论与方法进行了探讨。从图解思维指导的建筑数字化编程，到数字化建造原理，再到工具端开发，使用机器人进行建造，为建筑数字化建造理论体系与框架的建立打下了基础。在 2016 年发布的《从图解思维到数字建造》中，对图解思维与建筑数字化建造的关系进行了论述，建立了图解思维指导下的数字建造理论，为建筑数字化建造理论体系再添新瓦，从而指导建造的性能化设计植入、建造方法革新与工具工艺研发（图 4）。

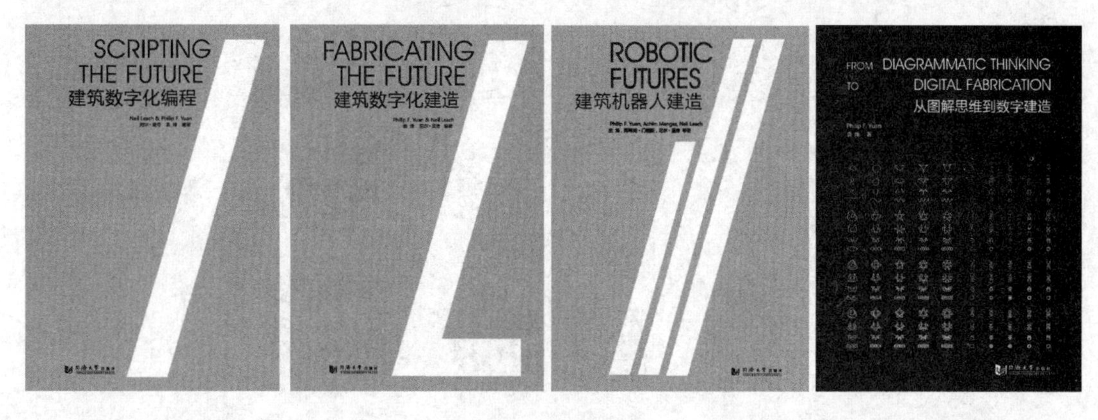

图 4 《建筑数字化编程》、《建筑数字化建造》、《建筑机器人建造》、《从图解思维到数字建造》

3 建筑数字化建造的工具

建筑数字化建造的实现离不开相应的数控工具。近年来，随着建造技术的迭代更新，催生了各式各样的建造工具。这些工具主要分为两大类：一类是基于机器人平台的建造工具，另一类是基于特定功能技术的建造工具。一般情况下，建造工具的轴数决定了其空间作业的工作范围和复杂程度。在笛卡尔坐标空间中的运动维度增量或者围绕某一节点的自由旋转能力都可以被定义为工具的一个轴（图 5）。

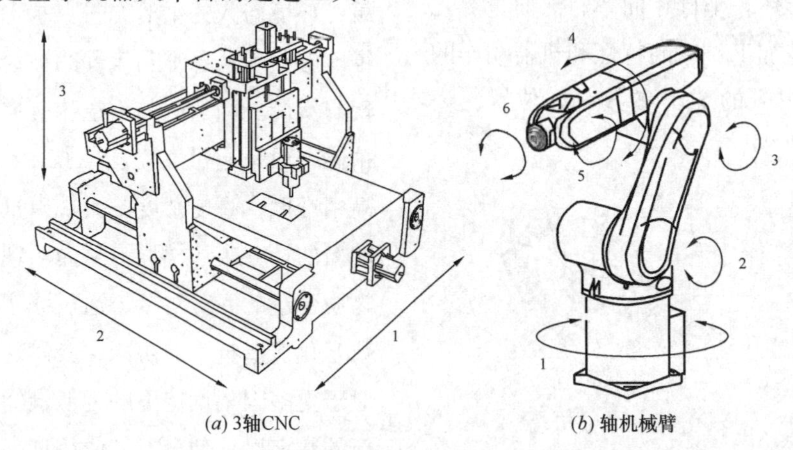

(*a*) 3轴CNC　　(*b*) 轴机械臂

图 5 数字建造工具轴数概念示意图解

2 轴工具意味着工具头只在二维平面内进行移动，而在垂直于平面的方向上受到限制，如激光切割机、水刀切割机等。以此类推，2.5 轴工具的工具头可以被定义为在不同高度的二维平面内自由移动；3 轴工具的工具头在三维空间中可以进行自由移动，如 3 轴数控机床。基于加工轴数限制，2 轴工具仅能对平面轮廓进行雕刻，2.5 轴工具可以加工出层叠状的形式结果，而 3 轴工具则可以生产较为圆润的曲面效果。

虽然 3 轴工具可以实现工具端在空间中的自由移动，但仍不能完全满足所有的数字化加工工作要求。当面对内凹负形空间雕刻等复杂作业时，工具头需要更多的轴数来支持工作方向角度的调整。进而，4 轴、5 轴、6 轴甚至更多轴数的工具应运而生。其中 6 轴及以上的工具主要为目前广泛应用于汽车制造业的数控机器人（图 6）。由于机器人可以以任意角度（A、B、C）和姿态到达空间的任何位置（X、Y、Z），所以它被认为有能力实现全方位无死角的空间作业。

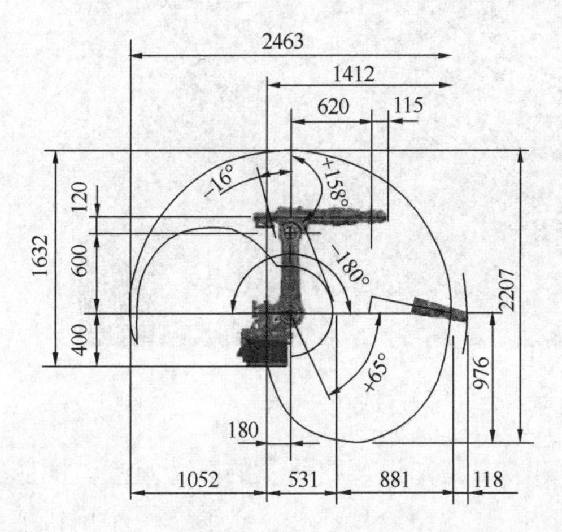

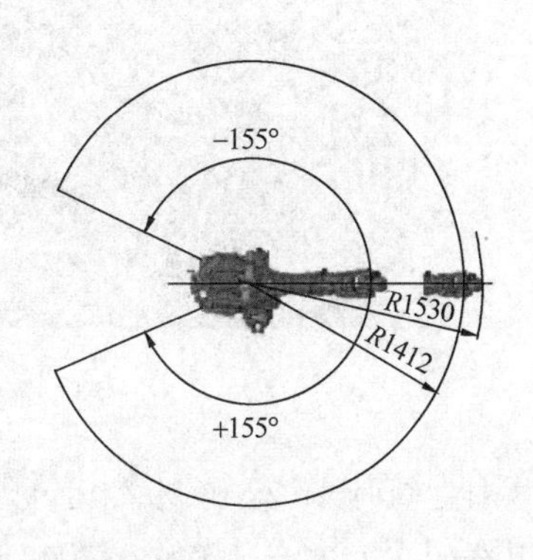

图 6　德国 KUKA 机器人的 6 轴运动范围

随着机器人广泛地运用于各行各业，机器人及与之紧密联系的智能技术网络带来的强大开放性正在改变虚拟世界与现实世界之间的联系，人与机器、人与人之间的关系正在被重新定义，机器人开始在社会层面上产生影响。对建筑师来说，机器人的介入提供了一种界面，一种数据与动作、虚拟与现实之间的交互界面，这使得建筑师在把握从设计到建造的过程时更加游刃有余，设计更加自由化，同时也不会缺失建造的合理性，让建筑师在整个建筑设计与建造过程中达到更加自主的状态。另一方面，借助机器人，设计与建造双方面可以形成一个很积极的交互，这将从本质上影响到未来建筑的设计与建造方法及价值观——高性能植入成为一体化建筑设计与建造方法的核心，同时建筑性能成为评价建筑的重要因素[7]。高性能建筑设计中性能优化的结果中呈现的空间复杂性以及表皮渐变特征，对于传统的以手工建造为主的建造技术来说是一个巨大的难题，而机器人建造工具给了这个问题一个正面的解答：机器人平台基于参数的操作模式，使这种高性能建筑的设计与建造真正成为一套连续完整的模式。

就机器人数字化建造来说，工具可以分为软件与硬件两个层面。软件层面，机器人工具所需要的是将建造原型的几何参数转化为机器人动作参数，这种转化的核心在于逻辑的建立与转化：建立几何信息与机器人动作之间的关系。即针对不同类型的几何形体，如平面、单曲面、直纹曲面、双曲面等，将其几何参数，如坐标、曲率、法向量等，依据被加工材料的特性和机器人动作逻辑与条件，转译为相应的机器人加工动作参数，如位置、姿势、速度等。硬件层面，机器人工具是指针对不同材料和不同加工方式的机器人工具端。机器人能胜任各种加工工作的基础，在于其工具端的开放性：使用者可以根据自己的要求更换机器人的工具端，来完成不同的加工任务。工具端的开放让建筑师能够更本质更直接的介入到建造过程中来（图 7）。

图 7　机器人空间结构打印

这种革新对建筑师来说，意味着建筑师对原型设计与建造的介入进入到了一个更深的层面，即原型生产层面。这里指的原型生产并非单纯地在原型设计完成后进行生产，而是将材料性能在设计之初就纳入考虑的范围内，并贯穿始终。在设计完成之后，借助机器人建造平台，建筑师可以直接参与到原型生产的过程中。这将使建筑师对从设计到建造过程的掌控度更好。设计公司的核心竞争力将不再只是建筑设计与建筑工程，基于机器人建造平台的高性能建筑材料研究与机器人加工工具研发将成为新的核心竞争力。尤其是对于研究型的中小型建筑事务所来说，强大的新材料和新工具的研发能力将在高性能建筑市场中成为独特而有力的竞争手段。

在建筑数字化建造的重要工具——“数控导轨移动机器人施工平台以及多种工艺机器人”施工装备研发方面，国内主要推动者是同济大学的数字设计研究中心（DDRC），研究重点是建筑机器人系统集成，形成联动装备，针对不同建筑材料进行工艺研究。复合建筑机器人装备、加工工具端以及加工工艺（含软件）是知识产权研发的三个重点。团队有十年的研究积累与经验，掌握了十余项机器人加工发明与实用新型专利技术以及多项软件著作权。

4　建筑数字化建造的工艺方法

根据建筑的形式建构逻辑的不同，数字建造工艺可以分为增材建造工艺、减材建造工艺等材建造工艺和三维塑形工艺这四种。增材制造工艺是指通过材料的逐层叠加完成几何形体的塑造。相较于减材制造，增材制造具有更高的效率和自由度。它主要是通过轮廓工艺将建筑形体分解为点、线和面，并通过计算机算法转化为数控机器可识别的机械语言，最后由打印工具将材料分子以平面方式累积起来。自从 1988 年立体平面印刷术出现以来，目前市场上已经具备了多种针对不同材料的快速增材成型工艺，常见技术包括：立体光感打印（SLA）即通过液体聚合物在激光下的聚合反应中进行叠层制造，激光粉末打印（SLS）即针对粉末材料的选择性进行激光烧结，熔融沉积快速成型（FDM）即通过热塑性材料的熔融和固化进行层叠塑形。

近年来，随着增材制造工艺的日渐成熟，无论是打印精度还是打印尺寸都有巨大的发展。并且成型材料也从树脂、尼龙、石膏、塑料等单一的工业材料扩展到包括玻璃、金属及混凝土在内的复杂建筑材料。同济大学数字设计研究中心（DDRC）一直致力于对陶土这种传统材料的增材建造技术进行挑战。研究团队通过数字模拟技术，在机械臂运动的机制上将制陶工艺进行扩展，以框架和规则定义建造的特性，并直接与陶土的性能连接在一起。在打印过程中，陶土的透气性、水合程度、塑性能力与打印工具的挤出速度、机械臂自身的运动速度同步连接，通过对各参数严格的控制和模拟，得到复杂的增材塑形结果（图 8）。

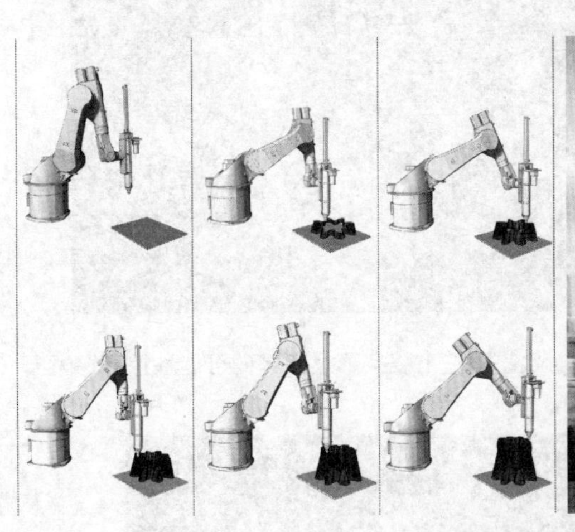
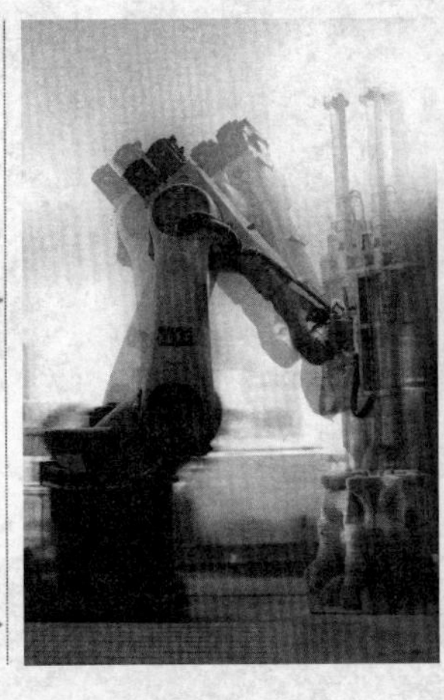

图 8 机器人陶土打印建造过程

无论是石材、木材、石膏泡沫还是铸造复合材料，其生产方式都是模块化的。而减材制造工艺便是通过对模块化材料的连续减法运算逐层去除多余的物质而得到设计要求的最终三维形态。其中，计算机辅助铣削是一种十分直接的对复杂几何形体实现减材塑形的技术。在计算机辅助铣削中，数字化轮廓工艺会将模型的减材信息转化为数控设备可以识别的机器语言以对铣削工具的路径进行输出。实践中比较常用的软件有 Mastercam、RhinoCAM 以及 SURFCAM 等。这些数控软件需要建筑师设定数字模型以及数控设备的相关参数，比如建筑构件的材质、形态、坐标位置，以及铣削刀头的长度、直径和刀刃种类等。尽管这些参数相对固定，但同一个形体可以通过多种铣削方式进行实现，所以设计师需要根据设计初衷、材料性能以及设备的特点做出最合适的规划[8]。

等材制造工艺是指通过数字建造方法进行模具塑造，进而通过浇铸材料而得到相应塑形结果。在传统浇筑工艺中，模具的加工与使用对形式的建造往往会产生巨大的限制，而这也促发了数字建造中的等材建造工艺的发展——通过数字加工建造工艺进行模板的设计建造，进而得到相应的浇铸塑形（图 9）。

三维塑形工艺是指在不改变材料重量的情况下，通过物理压力、空间限制等外部作用，强行改变物体的几何形状以达到塑形效果的技术，例如应用在金属材料上的渐进成型技术，应用在塑料上的真空吸塑技术，以及应用在木材加工中的热弯技术等。三维塑形工艺要求材料具有一定的柔韧性和抗弯性，并在外力作用下发生形变的过程中仍能保持物理硬度和结构强度，因此设计师往往会使用工业化制造过程中经过验证的金属板材、高强度塑料和纤维织物等材料。

机器人与其他数字建造工艺方法提供的是一个开放的、数字化的工作平台，这种开放性是数字化建造方法的核心。建筑师对数字化建造的理解，不能仅仅认为数字建造工具是一个可以代替手工加工的高精度机器，其基于数据的高度开放性与可适应性才是建筑师应该认识到的一点。在这个平台上，所有的工具都可以被选择，依据加工步骤与工艺，加工工具随时更换；基于不同工艺方法的加工指令都依据几何逻辑与建造逻辑被数字化，可以通过修改参数进行调整（图 10）。

图 9　“拓扑表皮”以机器人作为 GRC 加工媒介，对数字建造下复杂形式建构的可能性进行探索

图 10　使用 Grasshopper 进行参数建模与形体优化，并使用 KUKA 机械臂进行自动建造

5　从数字化设计到建造的一体化实践

如今，建筑师正在从更理性的角度，尤其是建筑性能化以及建筑生产的角度去思考建筑美学以及建筑形式的意义。如何提升建筑与自然、建筑与人的全新关系，并且通过建造来实现这种目标，正在成为建筑学术研究的重要问题。从参数的性能目标出发，探索城市、空间、组织、结构、建造、环境适应性及人群行为等深层次的城市建筑逻辑问题，探讨深层次的城市、建筑生成以及建造的可能性[9]。我们认为，建筑元素具有参数化属性，通过参数性能生形的数字化设计可以通过建筑数字化建造技术，高性能地实现参数的形式意义。

建筑学正朝着“形式追随性能”方向转变[1]。教条式的形式语言，无论是纯粹的建筑几何，还是逻辑算法生成的空间形态，都在遭受到质疑。纯粹的形式主义规则并不能应对真正的城市与建筑问题。除了会导致形式同化，新教条主义带来的建筑无法真正回应环境以及历史文脉带来的丰富性与层次性。随着性能化模拟和数字化技术的出现，其表现的意义也更加直接地对应环境气候关系以及人的行为关系。数字化建造技术让“形式追随性能”变得更加具有可操作性，这使形式所能表现出的内在意义逐渐转移到对建筑本身的性能以及存在的伦理意义层面。无论是结构性能、环境性能还是行为性能，都将成为寻找形式意义的有力的出发点。

同时，建筑数字化建造技术也是实现传统建筑产业升级的重要途径与手段。随着建筑工业4.0时代的到来，劳动力成本迅速提升，机器换人成为历史发展的大势所趋。数字化建造技术成为建筑产业升级的核心议题与产业化发展内容。数字化建造技术近年来在大规模公共建筑的建设中已经有所涉及，主要是建筑行业借鉴造船业、汽车业以及其他轻工业在提升其产品性能与精确性等方面中已经采用的技术，运用在建筑玻璃幕墙、建筑钢结构、复杂建筑立面以及复杂建筑形体的实践中。但是，如何系统性建立数字化建造技术的全行业覆盖性，以及能够让建筑设计、施工的全流程实现更加无缝的衔接，建立行业规范、标准，通过示范性项目宣传推广到全行业，并实现共识与发展，是亟待建立和大力推动的。

建筑产业化的生产工艺研发必须从专业需求出发，整合与集成相关的技术，并在生产工艺上做到创新。适合国内业主、设计企业、施工方互动模式的工作流程管理框架与软硬件解决方案：研发适合国内软件系统的第三方数据接口标准；研发与创新新生产工艺。这些会成为系统集成创新的重要核心内容。建立原型生产厂与原型生产装备，并通过与具体实践项目从设计阶段的介入全面研发具有高效、高性能加工工艺的数字化建造集成装备。重点突破软件、装备与生产工艺三大核心技术，从根本上提高行业整体发展水平。

未来基于建筑数字化建造技术的建筑“数字工厂”以及“现场施工”的核心是“数字建造装备系统集成”的研发，这是一个基于建筑几何的参数化设计、绿色建筑性能化参数植入、建筑数字化建造一体化的工作流程。主要建筑数字化建造装备将包含5轴联动数控装备的建筑模具生产平台，机器人组联动的多材料生产平台以及现场施工操作的机器人焊接、机器人砌墙、机器人粉刷、机器人石材切割等特定功能的现场施工建筑机器人装备等多项内容。事实上，我国在十三五期间，将5轴等高端数控制造装备以及机器人制造列入重要的产业发展方向。

与之相关的“数字建造装备创新工艺”是对装备设计与制造的有力保证，如何高效、精准完成复杂建筑单元的生产工艺，并且根据材料性能研发加工工具端等都是关键科学问题。建筑工艺的创新必将实现建筑业从材料生产、建筑工法、施工流程、施工组织设计甚至建筑行业布局的全新革新。希望关于建筑数字化建造的理论与基础研究能够有力推动设计方法的思维革新。当设计方法与产业形成互动，一定会为建筑学本体的发展以及社会进步做出巨大贡献（图11）。

图11　江苏省园博会木结构企业馆的机器人数字化建造过程

参考文献

[1] Evans R. Translations from drawing to building [M]. The MIT Press，1997.

[2] 袁烽，吕俊超. 走向参数化建构. 全国高等学校建筑学学科专业指导委员会，建筑数字技术教学工作委员会，同济大学建筑与城市规划学院编. 建筑数字流——从创作到建造[M]. 上海：同济大学出版社，2010. 71-77.

[3] William J. Mitchell. Foreword of New Tectonics [J]，authored by Yu-Tung Liu &Chor-Kheng Lim，Antitectonics：The Peotics of Virtuality，BirkhÄuserVerlag AG，2009.

[4] Greg Lynn，From Tectonics(Mechanical Attachments) to Composites(Chemical Fusion)[C]. 建筑数字化建造. 上海：同济大学出版社，2012.

[5] 袁烽. 基于机器人建造的高性能建筑未来[C]. 建筑机器人建造. 上海：同济大学出版社，2015.

[6] Lisa Iwanmoto. Digital Fabrications，Architecture and Material Techniques[M]. Princeton Architectural Press，2009.

[7] Patrik Schumacher，Parametricism. A New Global Style for Architecture and Urban Design [J]. Digital Cities，Architectural Design，Vol. 79，No. 4，2009(7/8)：14-23.

[8] Bruce Kapferer，Angela Hobart. Aestheticsin Performance：The Aesthetics of SymbolicConstruction and Experience [M]. Berghahn. Books，2006.

[9] 袁烽. 从图解思维到数字建造[M]. 上海：同济大学出版社，2016.

BIM 技术在上海建设工程项目管理中的应用研究
——现状与促进措施建议

谭震寰

（上海现代建筑设计集团工程建设咨询有限公司，上海 200041）

【摘　要】 推进建筑信息模型（BIM）等信息技术在工程设计、施工和运行维护全过程的应用，对于我国建筑业的创新发展具有重要的意义。本文从上海建设工程咨询行业，特别是项目管理企业开展基于BIM技术的工程管理项目的应用现状入手，深入分析了其中的推进难点和应用障碍，提出关于尽快完善“BIM标准”等基础、完善政策法规等条件的发展思路；同时，对政府、行业协会和相关企业提出了许多重要的有应用价值的措施和建议。

【关键词】 BIM技术；上海工程管理；应用现状；促进措施

The BIM Appl ication in the construction management of Shanghai: review and suggestion

Tan Zhenhuan

(Shanghai Xian Dai Architecture, Engineering & consulting Co., Ltd., Shanghai 200041, P. R. China)

【Abstract】 It is significant for the Chinese construction industry innovation and development to promote Building Information Modeling implying in design, construction, maintaining. This article stands in the Shanghai construction consulting industry, especially the situation of the present BIM technology implemented in the construction management project by project management companies. The context is to analyze the promoting difficult and implemented barriers, to put forward a lot of developing ideals, such as consummate the standards and policies of BIM. Meanwhile, this article gives lots of valuable measures and suggests for government, associations, and companies to how to implement BIM.

【Key words】 BIM technology；construction management in Shanghai；implementation situations；promoting measures

1 问题提出

建筑信息模型（Building Information Modeling，BIM）技术能够给建筑业带来巨大收益和生产力的显著提高，已被国际上公认为一项建筑业生产力革命性技术。“信息化是建筑产业现代化的主要特征之一，BIM 应用作为建筑业信息化的重要组成部分，必将极大地促进建筑领域生产方式的变革。”（《关于推进建筑信息模型应用的指导意见》建质函［2015］159 号）BIM 技术对改造和提升我国传统的建筑行业有着重要意义。

我国对 BIM 技术发展和应用高度重视，已经提到国家发展战略高度。近年来国家颁布了一系列指导意见，提出了在建筑行业发展 BIM 技术应用的要求。上海市政府出台了一系列相关推进政策，确定“通过分阶段、分步骤推进 BIM 技术试点和推广应用”的工作策略和目标。

为了有效推动 BIM 技术在上海建设工程项目管理中的应用，上海市建设工程咨询行业协会联合上海现代建筑设计集团工程建设咨询有限公司，于 2015 年 8 月至 2016 年 2 月，开展了“BIM 技术在上海建设工程项目管理中应用”课题研究。为推动上海 BIM 技术在项目管理中的应用实践提供参考。

2 上海基于 BIM 技术项目管理现状以及存在的难点和障碍

2.1 上海建设工程项目管理应用 BIM 技术的现状

为了了解上海市工程管理应用 BIM 技术情况，主要采用问卷调研方式。本次调研问卷设计了对 BIM 企业层面的应用调研及 BIM 在项目层面的应用调研，调研上海市建设工程咨询行业协会成员单位，获得 40 组（占 12%）有效数据；其中，有 3 年以上应用经验的占 12.5%（图 1）。

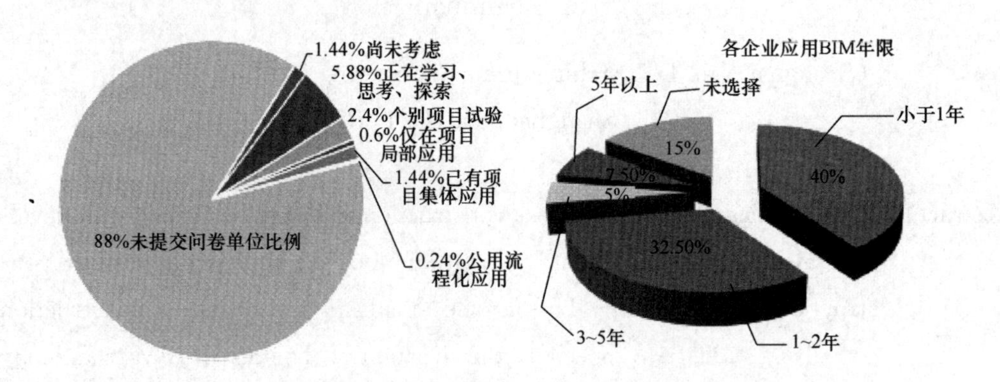

图 1 上海市建设工程咨询行业应用 BIM 技术基本情况

调研结果表明：虽然 BIM 技术对上海市工程管理影响力显著，但大半数企业仍处于未实践阶段，在具体工程项目上应用 BIM 技术还不多、多数应用也仅是局部应用，缺乏项目整体应用，在应用 BIM 技术过程中，遇到多方面障碍。但是，从上海典型的应用来看，也产生了较好的应用效果。

因此，上海市工程项目管理应用 BIM 技术尚处于探索阶段，亟待政府、行业协会和咨询企业自身采取必要措施，推动 BIM 技术在上海建设工程项目管理中的深入应用。

2.2 存在的难点和障碍

对上海市建设工程项目管理应用 BIM 技术的障碍和风险调研表明，工程管理应用 BIM 技术的主要障碍如下。通过对这些障碍进行分析，为提出克服障碍的对策提供基础。

（1）行业体制、标准不完善，缺乏政策引导及保障。目前我国的 BIM 应用还都是非常割裂的，设计院从设计优化、辅助出图的角度来做 BIM，而施工单位应用 BIM 技术辅助施工图深化设计、虚拟施工进度及处理复杂节点施工，设计应用和施工应用对模型应用的标准各不相同，导致信息共享受阻，缺少可以从设计阶段延续到施工和运营阶段的设计模型。

（2）参建方对于数据分享持消极态度，缺乏协同管理。目前设计、施工、运维各阶段 BIM 模型的交接、数据的传递标准，项目各参与单位的工作流程、协作机制还没有建立，BIM 的价值并没有得到充分的利用；不少工程项目上虽然应用了 BIM，但只是开发和利用其中一小部分功能，造成资源浪费。

（3）BIM 应用软件之间缺乏交互性，商业软件功能达不到 BIM 应用或国内相应的标准的要求，或缺少有效的技术接口。目前，BIM 软件不够成熟，设计阶段软件不能够满足专业需要，BIM 如何与现有的运维管理平台接轨还有很多工作要做。软件与软件之间的数据传递不成熟，很多软件之间的参数无法共用和传递，影响 BIM 全过程、全生命周期的应用。

（4）短期成本高、收益不确定，导致经济风险大。投资回报期的长短直接影响采纳者的决策。当投资回报期很长时，采纳者会没有信心对技术继续投入，别的观望者也会打消采纳此项技术的念头。现在还属于“探索阶段”，可以说是必然的。

（5）BIM 人才缺乏等。从本次问卷统计反映，自有 BIM 人员的企业占比为 31%，自有率偏低，从占比 31%里按三个层面（基础层、中间层及塔尖层的顶层设计人员）显示，顶层设计人员缺失严重，多数空缺，有的不过 1～3 人。

3 上海市促进 BIM 技术的相关政策及思考

3.1 上海市促进 BIM 技术的相关政策

为了实现“BIM 技术应用和管理水平走在全国前列”的战略目标，上海市政府出台了一系列相关推进政策，确定“通过分阶段、分步骤推进 BIM 技术试点和推广应用，到 2016 年底，基本形成满足 BIM 技术应用的配套政策、标准和市场环境，本市主要设计、施工、咨询服务和物业管理等单位普遍具备 BIM 技术应用能力。到 2017 年，本市规模以上政府投资工程全部应用 BIM 技术，规模以上社会投资工程普遍应用 BIM 技术”（《上海市人民政府办公厅转发市建设管理委关于在本市推进建筑信息模型技术应用指导意见的通知》，2014 年 10 月 29 日）。同时，为推动 BIM 技术在上海建筑行业的应用提出了各项具体落实措施。先后于 2015 年 5 月 14 日发布《上海市建筑信息模型技术应用指南（2015 版）》；2015 年 6 月 8 日成立上海 BIM 技术应用推广中心；2015 年 7 月 1 日推出《关于印发上海市推进 BIM 技术应用三年行动计划（2015-2017）的通知》；2015 年 8 月 6 日出台《关于报送本市建筑信息模型技术应用工作信息的通知》；2015 年 8 月 12 日出台《关于上海市开展建筑信息模型技术应用试点工作的通知》。这些强力推进政策，无疑也对上海建设工程项目管理咨询行业企业如何开展基于 BIM 技术的建设工程项目管理提出了挑战。

3.2 对政府提出的推进上海市 BIM 技术应用目标的思考

上海是中国经济发展的领头羊，有很多先进技术的应用和人才的积累，上海推进建设项目应用 BIM 技术的实践中理应走在全国的前面。比如在上海的大型项目中可以看到 BIM 技术的应用，如迪士尼项目、上海中心等；有不少企业正在积极投入应用、快速地进步。

2014 年 10 月 29 日，上海市政府正式发布《关于本市推进建筑信息模型技术应用的指导意见》（简称《指导意见》），文件规定了上海市推进 BIM 应用的目标：到 2017 年底，本市规模以上政府投资工程全部应用 BIM 技术，规模以上社会投资工程普遍应用 BIM 技术，应用和管理水平走在全国前列。2015 年 7 月 1 日，发布了《推进 BIM 技术应用三年行动计划（2015－2017）》，提出自 2015 年 9 月 1 日起，在本市工程建设和运营中开展 BIM 技术应用试点工作。按照《指导意见》的目标、原则和任务，通过 2105～2017 三年“试点培育、推广应用和全面应用”三个阶段推进 BIM 技术应用。

无疑，要完成上述目标和任务需要政府、企业和教育机构等付出极大努力。首先推进上海市 BIM 技术在建设项目中的应用要有紧迫感，但是推进有个过程，无条件的强制推进可能欲速而不达。正如前文分析，目前保证上海项目管理应用 BIM 技术的基础——“BIM 标准”还不完全具备；从目前情况看，上海建设项目应用 BIM 技术的各项条件尚缺乏，到 2017 年底实现计划目标所需要具备的各项条件，包括上海项目管理应用 BIM 技术的条件，如项目管理应用 BIM 技术的人才。

因此，建议：要尽快完善 BIM 技术应用的基础——“BIM 标准”，并采取措施创造 BIM 技术应用的“条件”。

3.3 完善政策保障措施

为了有效推进上海建设项目 BIM 技术的应用，政府必须出台促进 BIM 技术应用的政策支持。政府出台的政策保障特别应该包括以下几方面：“要求项目使用 BIM”的政策；“确定 BIM 模型深度及参考价格”的政策；“BIM 数据的保护”的政策；“BIM 的合同范本及要求”的政策；“BIM 职业认证的发展”的政策；“BIM 对招投标制度的影响”的政策和“BIM 对企业利润分配的参考意见”的政策等。这些政策作为保障措施对促进 BIM 技术在建设工程项目管理中的应用也同样适用。

上海陆续出台的促进 BIM 技术应用的政策，完全适应“要求项目使用 BIM”的需要。而上海市的相关政策也有所突破，发布《上海市建筑信息模型技术应用咨询服务招标示范文本（2015 版）》、《上海市建筑信息模型技术应用咨询服务合同示范文本（2015 版）》，一定程度上提供了“BIM 对招投标制度的影响”和“BIM 的合同范本及要求”方面的政策保障。

因为“确定 BIM 模型深度及参考价格”的政策；“BIM 数据的保护”的政策；“BIM 的合同范本及要求”的政策；“BIM 职业认证的发展”的政策；“BIM 对招投标制度的影响”的政策和“BIM 对企业利润分配的参考意见”的政策等保障措施也是推进 BIM 技术应用的“条件”，因此建议进一步完善“BIM 对招投标制度的影响”和“BIM 的合同范本及要求”方面的政策，尽早提出有关“确定 BIM 模型深度及参考价格”的政策、“BIM 数据的保护”的政策、“BIM 职业认证的发展”的政策和“BIM 对企业利润分配的参考意见”的政策。

3.4 促进BIM技术在上海建筑工程项目管理中应用的建议

目前，BIM技术发展仍然面临诸多挑战，为促进BIM技术在上海工程管理中的应用，课题从基础和条件、政策、人才培养和企业发展策略等方面提出了针对性的建议。

(1) 对政府的建议：①尽快建立相应的BIM标准，使在应用BIM技术过程中有“法”可依。②从软件系统、硬件系统、网络、团队人员、管理方法和流程等方面，采取措施创造BIM技术应用的条件。③完善相应政策，有针对性地提供一定的政策扶持。④在政府工程中考虑BIM技术的概算，加大BIM推广力度。⑤结合本市情况，制定合理可行的BIM应用目标，逐步提高BIM技术在大中型工程项目的覆盖率。

(2) 对协会的建议：①在外部，争取政策支持、人员培训、技术引进、项目评优、国内和国际交流与合作以及前沿研究等方面；在内部，多发挥一些重点企业的示范作用，给中小型企业创造BIM技术应用条件。②提供专业的、多层次的BIM技术应用培训。③搭建公共的BIM模型应用平台或开放试验中心。④组织收集、整理和发布应用BIM技术成功(或失败)的典型案例及效益数据，加强行业引导。

(3) 对企业的建议：①应结合企业自身情况，挖掘自身优势，积极开展BIM技术应用。②重视BIM人才培养，通过推动专业人才队伍的建立，为企业应用BIM技术提供保障。③对致力于发展BIM业务的上海工程管理咨询企业来说，需要培养具有“BIM业务集成能力”的人才。④期望承担项目实施全生命期或多阶段应用BIM技术的工程管理服务的企业应该根据自身企业BIM技术发展战略需要，着重培养BIM技术负责人和BIM技术工程师的岗位人才。⑤各个上海工程项目管理咨询企业应根据自身条件进行科学的SWOT分析，建立“企业BIM技术应用发展战略”。

4 基于BIM技术的建设工程项目管理思考

4.1 项目管理面临的挑战

工程管理涉及建设项目的全生命周期，包括建设项目决策期(前期论证分析)、实施期(设计阶段、施工阶段、采购活动等)与运营(运行)期。建设工程项目管理(以下简称为“项目管理”)属于工程管理一个部分，致力于“自项目开始至项目完成，通过项目策划和项目控制，以使项目的费用目标、进度目标和质量目标得以实现。”项目管理是一种增值服务工作，致力于为工程建设增值：确保工程建设安全、提高工程质量、有利于投资(成本)控制及进度控制。为了提高项目增值效果，从事项目管理的工程咨询机构其服务范围往往向前和向后延伸。

客观地说，我国目前项目管理的水平不高、管理能力尚显不足，工程咨询机构所提供的服务、为建设项目增值效果往往不令业主满意。项目管理实质上是工程项目信息处理的过程，BIM技术的发展和成熟，可以带来强大的数据支撑和技术支撑。BIM技术在项目管理中的应用有利于突破以往传统建设项目管理技术手段的瓶颈，可以解决长期困扰工程管理的两大难题——海量基础信息全过程分析和工作协同，真正实现工程信息集成化管理，最大程度上实现为建设项目增值的目的。

4.2 应用BIM技术对工程管理组织变革的要求

从建设工程项目管理角度出发，在建设项目中采用BIM技术的根本目的是为了更好地管理项目。BIM 技术在建设项目管理中的应用目的体现在如下几方面：有利于项目管理精细化；集成化管理和协同工作；管理成果的可视化等。BIM 技术为项目的集成化管理提供支撑，建设生产效率得以提高并帮助业主实现经济效益最大化。BIM 的充分应用可为集成创新模式提供组织集成、信息集成、目标管理、合同管理等各方面支持。因此，工程管理咨询单位作为业主顾问，应该把 BIM 技术应用于工程管理全过程，努力为项目建设增值做出自己应有的贡献。

项目管理方作为业主方咨询服务机构，应用 BIM 技术实现项目全寿命周期综合管理，对工程管理组织变革提出了新要求，包括整个项目管理的组织结构变革和项目管理流程变革。

对于一个建设项目应用 BIM 技术管理，需要项目参与各方共同参与和积极主动应用，成为项目 BIM 应用管理团队系统。整体项目 BIM 管理系统可以是“虚拟组织”，即在业主主导下，由项目管理团队、规划设计团队、施工团队以及运营管理团队组成。

对于业主方基于 BIM 技术的项目管理，从项目管理的组织结构变革角度，必然要增加项目 BIM 管理团队。传统的项目管理团体必须与项目 BIM 管理团队紧密配合，整个团体应该由项目管理团队主导，毕竟该团队对建设项目目标负责。在项目 BIM 管理团队中，其项目 BIM 经理（包括人员组成）可以是业主派出，也可以由项目管理团队派出；甚至可以由业主单独委托项目 BIM 管理团队。

从工程管理流程变革角度，基于 BIM 技术的项目管理必然产生新的管理工作、使某些管理工作提前以及新管理方法，特别是由于实现 BIM 技术应用，可以最大限度实现项目协同管理，从而改变了传统工程管理工作流程。

基于 BIM 技术的项目管理任务应包括两个方面：①项目 BIM 技术实施的管理，即项目管理者作为 BIM 专项顾问角色，制定 BIM 技术的管理应用方案并控制实施，承担项目应用 BIM 技术的管理。②在 BIM 技术的管理应用框架下的项目管理，即从管理的角度来应用，把 BIM 当作管理的工具，来帮助进行项目目标的管控。

5 小结

上海建设工程咨询行业，特别是项目管理企业开展基于 BIM 技术的工程管理项目的应用尚处于探索阶段，面临一系列推进难点和应用障碍，亟待政府、行业协会和咨询企业自身采取必要措施。由于应用 BIM 技术对工程管理组织变革的要求，有必要深入探讨。

参考文献

[1] 丁士昭主编．建设工程信息化导论[M]. 北京：中国建筑工业出版社，2005.

[2] 丁士昭主编．BIM 应用·导论[M]. 上海：同济大学出版社，2015.

[3] 清华大学 BIM 课题组．中国建筑信息模型标准框架研究[M]. 北京：中国建筑工业出版社，2011.

[4] 何关培．BIM 专业应用人才职业发展思考（二）要求哪些能力？[C]. 中国 BIM 门户，2011.

[5] 何贵友，王广斌．组织变革动能对 BIM 技术采纳的影响机理实证研究[J]. 统计与决策，2013.

[6] 马智亮．BIM 技术及其在我国的应用问题和对策[J]. 信息化·特别关注，2010.

[7] 上海市城乡建设和管理委员会．上海市建筑信息模型技术应用指南（2015 版）（沪建管（2015）336 号）. 2015.

[8] 上海市城乡建设和管理委员会．上海市建筑信息模型技术应用咨询服务合同示范文本〈2015 版〉，2015.

[9] 上海市政府．关于本市推进建筑信息模型技术应用的指导意见，2014.

模块建筑的发展历程及应用现状分析

王　军[1]　赵竹生[2]　钟学宏[1]　葛皖峰[1]

（1. 江苏大学土木工程与力学学院，镇江，212013；
2. 镇江市兴华工程建设监理有限责任公司，镇江，212132）

【摘　要】 当前建筑业仍然存在着生产方式相对落后、资源利用率不高、污染排放集中和劳动作业人员工作强度大等问题，建筑工业化是克服传统生产方式缺陷，促进建筑业快速发展的重要途径。模块建筑是一种新型装配式建筑，是建筑工业化发展研究的新课题，本文结合江苏省镇江新区港南路公租房项目，对模块建筑的概念、发展历程及工程应用进行分析研究，以推动新型建筑工业化发展，促进传统建筑模式的转变。

【关键词】 模块建筑；装配式；建筑工业化；公租房；施工

Application Research of Module Building in a Safeguard Room Project

Wang Jun[1]　Zhao Zhusheng[2]　Zhong Xuehong[1]　Ge Wanfeng[1]

（1. Faculty of Civil Engineering & Mechanics，Jiangsu University，Zhenjiang 212013；
2. Zhenjiang Xinghua construction supervision limited liability company，Zhenjiang 212132）

【Abstract】 Currently，construction industry still has a relatively backward production mode. There are many problems in the construction industry，such as：resource utilization rate is low，pollution emission is concentrated and labor intensity of workers is very heavy. Construction industrialization is an important way to overcome the defects of traditional production methods and promote the rapid development of construction industry. Building module，a novel prefabricated construction，is a new task of building industrialization development research. Combining with the proje-ct of Jiangsu province Zhenjiang New Area Gang Nan Road public rental housing ，this article study on concept，devel-opment prograss and the application of building blocks，which is to drive the construction of the new industrialization development and promote the transformation of traditional architectural patterns.

【Keywords】 Modular Building; Prefabrication; Construction Industrialization; Safeguard Room; Construction

建筑业是影响我国经济社会发展的传统产业，随着我国新型城镇化的推进，建筑业的规模仍然会保持较快增长。当前建筑业仍然存在着生产方式相对落后、资源利用率不高、污染排放集中、建筑废弃物利用率低和劳动作业人员工作强度大等问题。建筑工业化是克服传统生产方式缺陷，促进建筑业快速发展的重要途径，其特点是建筑设计标准化，构配件生产工厂化，施工机械化和组织管理科学化等。十二五期间，我国建筑工业化的发展迎来一系列政策机遇，2013 年 1 月 1 日，国务院办公厅 2013 [1] 号文件《绿色建筑行动方案》把“推动建筑工业化”列为十项重要任务之一。2014 年 3 月 16 日，中共中央、国务院印发的《国家新型城镇化规划（2014—2020 年）》更是提出要“强力推进建筑工业化”。2014 年 5 月国务院印发《2014—2015 年节能减排低碳发展行动方案》，提出“以住宅为重点，以建筑工业化为核心，加大对建筑部品生产的扶持力度，推进建筑产业现代化”。

2016 年是我国国民经济和社会发展第十三个五年规划（2016—2020 年）的开局之年，建筑工业化仍然是我国建筑业长期的发展方向。2016 年 2 月 6 日，中共中央、国务院发布《关于进一步加强城市规划建设管理工作的若干意见》，其中第十一条提出发展新型建造方式，内容包括大力推广装配式建筑和建设国家级装配式建筑生产基地等。模块建筑是一种新型装配式建筑，是建筑工业化发展研究的新课题，本文选取公租房作为研究领域，结合江苏省镇江新区港南路公租房项目实例（图 1），对模块建筑在公租房项目中的应用进行研究，以推动新型建筑工业化发展，促进传统建筑模式的转变。

图 1 江苏省镇江新区港南路公租房项目

1 模块建筑的概念

模块建筑不同于构件装配式建筑，模块建筑是一种由底板、顶板及四面墙体等组成的空间模块，因其形状像一个盒子，所以又被称为“盒子建筑”。模块建筑将建筑的功能空间设计划分成若干个尺寸适宜运输的六面体空间模块，然后根据标准化的生产流程和严格的质量控制体系，在专业技术人员的指导下由熟练的工人在工厂车间流水生产线上制作完成。模块建筑的室内精装修以及水电管线、设备设施、卫生器具等安装工作已经在工厂车间完成，模块运输至现场只需完成模块的吊装、连接、外墙装饰以及室外市政绿化的施工，彻底改变传统建筑体的生产工艺和建造方法。

2 模块建筑在国内外的发展

2.1 模块建筑在国外的发展

早在 20 世纪五六十年代，模块建筑就已经广泛地出现在欧美各国，加拿大于 1967 年在蒙特利尔市建成了一个由 354 个模块组成的综合性居住体。美国也建造了很多模块建筑体系的旅馆和高级公寓，而且美国模块建筑生产的工业技术条件也较好，底特律市的一家公司于1971年建造了一个占地35平方英尺的工厂，用镀锌钢作为基本结构材料，年生产5000个模块建筑。在欧洲，罗马尼亚于1972年在布拉索夫市试建了8栋模块建筑体系的单身宿舍以及住宅楼。苏联的模块建筑的发展经历了三个阶段：第一阶段为1956～1961年，寻找技术方案，验证模块建筑的生产设备；第二阶段为1961～1968年，解决结构安全问题，建立生产基地；第三阶段1969～1971年，进行大规模建造，至1971年底建造了200多栋模块建筑体系的房屋，面积达20万m^2。

由于模块建筑的一次性投资较大，生产、运输和吊装设备都在不断更新，至20世纪末模块建筑的发展始终较为缓慢。进入21世纪后，随着经济的发展、工业技术的进步以及建筑工业化、住宅产业化的兴起，模块建筑技术在国外才取得飞速发展。在英国，2009年8月建成了一座高25层的学生公寓楼——伍尔弗汉学生公寓，由843个模块组成，在12个月内安装完成；2012年英国伦敦奥林匹克大道5号建成一座高19层的四星级酒店，该建筑由818个精装修模块组成。在美国，2012年建造的纽约布鲁克林34层住宅大厦有350套公寓，总共由950个左右的模块组成。

2.2 模块建筑在国内的发展

我国自1979年起，在南通、北京、青岛等地陆续试建了由模块建筑组成的房屋，1980～1981年南通市建造了两栋由模块建筑组成的住宅试验楼，共1600 m^2，此后南通市又相继建造了多栋模块建筑住宅楼，并建立了年产能力为2万～3万m^2的模块预制场，同时实行了预制—运输—现场施工的一体化经营管理，保证了施工协调。在北京，1984年建成的北京丽都饭店也采用了轻型钢结构模块建筑，第一期工程共采用了500多个模块。1990～1991年，因北京市旧城改造和城市建设的需要，中建一局和北京城建技术开发中心进行了一批试点工程，如恩济庄小区住宅楼、南磨房小区住宅楼、沙窝小区住宅楼等，其中南磨房小区住宅楼所使用的模块将墙和柱藏在模块内的装饰中，用这种模块组装的住宅比同类砖混住宅使用面积增大，而其模块组合时将两个模块拉开中间搁板构成插入空间，省去了部分重合的墙体。1994年，北京大兴城建开发集团公司在枣园小区建造了两栋六层高的住宅楼，每栋建筑面积7515.82m^2，每栋住宅楼由324个模块吊装组成。由于种种历史原因导致模块建筑在国内并没有大规模推广开，国内的模块建筑技术也逐渐落后于国外的发展。

3 模块建筑的类型

3.1 按建筑材料划分

按建筑材料可分钢、钢筋混凝土、铝合金、木等不同材料的模块建筑，其中应用较广泛的主要是钢筋混凝土模块建筑。近年来，模块建筑逐渐向复合材料的方向发展，这类模块建筑采用型钢框架＋钢筋混凝土楼板，墙面由轻型板材制作，较传统钢筋混凝土材料的模块建筑质量更轻，同时也符合绿色建筑的要求。

3.2 按建筑功能划分

按建筑功能可分卫生间、厨房、阳台、楼梯间和普通的居室等模块建筑，其中由于卫生间和厨房的功能性较强，生产制造设计的工种较多，将其预制成为模块建筑可大大提高工效。不同功能的模块经在水平方向和竖直方向上的组合形成满足建筑师设计要求的具备完整建筑功能的建筑体。

3.3 按制造工艺划分

按制造工艺可分为装配式和整体式两种不同的类型，装配式是在工厂先分别预制底板、顶板和四面墙体等平面构件，然后再将各构件进行连接，组装成空间模块；整体式通常以钢筋混凝土为材料，经过钢筋绑扎、支模，最后整体一次浇筑成型，与装配式相比，节省制作场地，减少制作工序。

3.4 按结构形式划分

按结构形式可分为全模块结构和复合模块结构，全模块结构是指整幢建筑全由模块单元预制安装而构成，仅适用于低层建筑。当建筑的高度增加，需设计独立的抗侧力体系，形成复合模块建筑。为促进高层模块化建筑的发展，使结构受力满足要求，可选择混凝土核心筒与模块单元构成复合结构体系，其具体布局为模块单元围绕混凝土核心筒结构进行布置。

3.5 其他划分方法

模块建筑可以按大小进行分类，大型模块建筑的平均面积为 30～60m²，重量一般为 30～70t；小型模块建筑的平均面积为 10～20m²，重量约 10t，考虑到模块建筑的运输和吊装对机械的要求，多采用小型模块建筑。模块建筑还可以分成单间模块建筑和单元模块建筑，单间模块建筑以一个房间为一个模块，不同房间模块再按一定方式进行组合；单元模块建筑是指当单个房间因功能需求而设计较大时，则需将该房间划分为由多个单元模块组拼而成，以便于生产、运输和吊装。此外模块建筑还能够按形状进行分类，通过不同的组合满足整幢建筑的立面造型需求。

4 国内新型模块建筑的创新探索

4.1 威信模块建筑

镇江威信广厦公司为适应国内建筑市场对于精装修工业化住宅的发展需求，引进英国先进成熟的模块建筑体系，该技术在欧洲拥有酒店、公寓、公租房等大量工程实例。威信模块建筑的技术特点为：①模块均在工厂制作，现场吊装，工业化程度达 85%；②可建造 6～30 层高的建筑，广泛适用于住宅（特别是保障性住房和精装修住宅）、办公楼、酒店等建筑；③模块建筑质量优、施工安装精度高，抗震和防火性能强，使整幢建筑的安全性和耐久性提高，建筑设计使用寿命长达 70 年；④环保效果显著，与同等规模的钢结构建筑相比节约钢材 15%以上，与钢筋混凝土结构相比节约混凝土 80%以上，另外节水节电效果显著，现场垃圾得到了妥善处理；⑤建造周期短，与传统钢筋混凝土结构体系相比施工周期减少约 50%。

4.2 卓达模块建筑

卓达集团在 2015 年上海国际建筑工业化博览会发布了一种模块化住宅，共有 3 层，高 11.68m，建筑面积达到 445m²，由 24 个模块组成。该模块化住宅的模块全都是在工厂车间生产好的，仅用 5 小时就完成了整个住宅的建造。卓达模块建筑不仅施工速度快，相较传统建筑可节能 80%、节水 70%、节材 60%，综合成本可降低 15%～20%。另外卓达模块建筑还具有抗震和防火性能好，建筑内饰不释放甲醛、氨、氡等有害物质，无辐射，恒久释放负氧离子。目前卓达集团已分别在河北固安、山东文登南海新区建设工业化集成住宅研发基地和工业化集成住宅生产基地，探索和实践新型建筑工业化道路。

4.3 西科瑞阁模块建筑

焦作快宜居实业有限公司引进澳大利亚模块化建筑技术——西科瑞阁模块建筑，在河南博爱县建成了年产 200 万 m^2 的模块建筑生产基地，通过流水化和标准化的工厂生产，成品模块（含装修）的生产效率可达到 90 分钟/个，即 0.4m^2/分钟，其生产的模块建筑已成功出口至澳大利亚、美国和欧洲。西科瑞阁模块建筑按照专业的制造生产线程序在工厂内进行生产制造：①制作混凝土楼板，并配合承重钢立柱、轻钢屋顶等构成模块建筑的结构框架；②完成各种管道、线路的安装，然后安装地板、内墙框架和防火天花板；③安装模块建筑的门窗，并完成建筑内的装饰装修；④进行清洁、检查，完成整体密封包装等运输准备工作。在工厂内完成生产制造的模块建筑，最后运输到施工现场进行吊装，减少现场施工作业，加快施工速度。目前西科瑞阁模块建筑技术已经完成了 6 次技术革新，其中最新一代的西科瑞阁模块建筑技术应用在澳大利亚墨尔本的一个 43 层高的商业住宅项目，由 294 个模块组成。

4.4 其他模块建筑

国内的模块建筑发展不断进行创新探索，涌现出多种新型模块建筑，除了威信模块建筑、卓达模块建筑和西科瑞阁模块建筑，还有一种模块建筑的变形——集装箱建筑。集装箱建筑是指对废旧的集装箱体进行改造或使用新箱体，使其满足人们的生活居住要求。集装箱箱体运输和吊装方便，箱体能够承担重物并可堆放 6～8 层，结构强度远高于建筑荷载要求。近年来国内集装箱建筑工程案例不断增加，其中中国国际海运集装箱（集体）股份有限公司开始了集装箱房屋的大规模开发，建成了珠海城市职业技术学院学生公寓项目，整个工程项目共使用 500 个旧集装箱。我国集装箱建筑的设计水平和质量不断提高，集装箱制造及相关产业链也较为成熟和完善，未来集装箱建筑将迎来更为广阔的发展空间。

5 模块建筑的应用现状分析

模块化建筑自身结构和建造方式都有其独特的优势，而发展应用的过程中也有种种阻碍。下面结合全国首个 3D 模块建筑技术应用示范项目——镇江港南路公租房项目，对模块化建筑应用的优势和面临的困境进行分析。工程位于镇江市东部新区，南临港南路，地上 18 层，地下 2 层，建筑高度 56.5m，总面积 134500m^2。该工程采用模块核心筒体系进行建造，建筑施工分别在现场和工厂同时进行。在现场完成小区地下车库、主体地下二层以及主体地上核心筒部分的施工；主体地上建筑均为工厂生产的模块，模块封装后运到现场围绕核心筒进行搭建。

5.1 模块建筑的优势

5.1.1 质量卓越，误差小，精度高

1. 产品质量标准高，抗震性能好

模块化建筑可以实现土建装修一体化，在工厂制造的过程中，可以同时完成室内精装修（图 2、图 3）、水电管线、设备设施、卫生器具以及家具安装。模块化建筑的环保、节能、隔声等指标可以达到欧洲 A 级（世界顶级）标准，安全可靠，功能齐全；模块化建筑较其他装配式建筑结构，抗震性能好，以港南路公租房项目为例，在中国建筑科学研究院抗震试验室进行的 1∶4 和 1∶8 振动台模型试验中，按照 7.5 度抗震设防的建筑模型，历经 8 度、9 度地震仍屹立不倒，抗震性能优良。

2. 误差小，精度高，质量稳定

模块化建筑的现场施工方式机械化程度很高，利用机械对模块吊装，减少了工人操作的

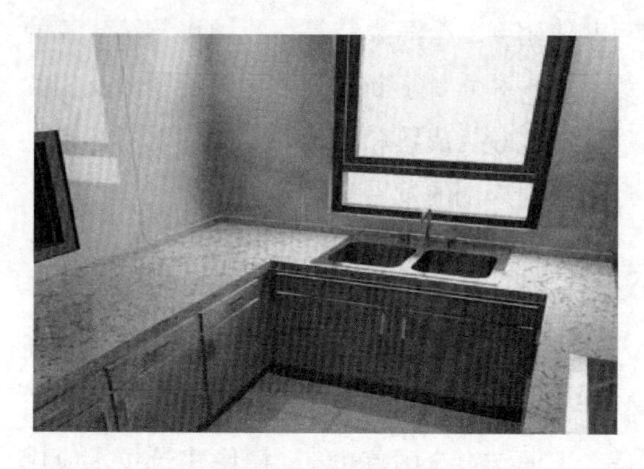

图 2　厨房装饰

图 3　开间装饰

误差，而且也不用担心传统工地的高空、临边的安全问题，安装误差小、精度高、施工质量稳定、效率更有保证。模块化建筑的工厂化生产模式减少了施工现场的湿作业，生产受环境变化的影响小，通过先进的生产装配线以及严格的生产和质量监控系统生产不同的二维构件并组装成三维空间模块，各专业工人只需要集中精力做自己负责的工序，确保了模块生产的质量。同时，由于在工厂生产线上操作、分工明确，质量责任可以追究到个人，进一步保证了产品质量。

5.1.2　建造工厂化程度高，应用面广

1. 工厂化程度高

传统的预制装配式混凝土结构的建筑一般仅实现结构构件在工厂的定型生产，而模块建筑在工厂中的生产是以一个个三维空间模块的形式完成的，通过先进的生产装配线在工厂完成了梁、板、柱、墙体、门窗等的组装，与传统的预制装配式混凝土结构的建筑相比工厂化程度更高。而且，在模块建筑中，建筑的室内精装修、水电管线、厨卫用具、照明灯具、木地板、吊顶、橱柜家具等也在工厂中完成，模块运输到施工现场后经过吊装、连接，完成建筑的建造过程（图 4、图 5），基本具备“拎包入住”的条件。在港南路公租房项目中，用工厂化手段实现的总面积达 92950m²，占建筑总面积 71.5%；工厂化产值 3903900 元，工厂化产值率达 71.5%。

图 4　模块工厂化生产

图 5　模块的运输和吊装

2. 应用面广

模块建筑的工厂化生产能够根据不同的设计要求生产模块，满足住宅、办公楼、酒店等不同建筑的功能需求以及建筑立面造型的复杂变化。模块建筑还能够通过不同的连接组合关系以及与传统混凝土现浇结构的结合来满足建筑体的不同结构需求。模块建筑自身的连接组合关系既有同一水平面上的并列、错动、连续、旋转，也包括不同水平面上的重叠、交叠、竖立。模块建筑与传统现浇结构的组合能够形成复合的结构体系，如模块—现浇核心筒复合结构、模块—现浇框架复合结构、模块—现浇剪力墙复合结构等。

5.1.3　经济效益高，社会效益好

1. 建设速度快，节约资源

模块化建筑最大的特点是能够实现工地和现场平行施工，现场浇筑基础主体，吊装模块，同时工厂也可以生产建筑模块，有效地减少在现场的施工量，从而缩短整个项目的建设工期；模块化建筑大部分作业是由机械吊装完成，减少了工人的高空作业，从而大量减少了脚手架的使用，节省了大量的搭设时间，也减少了脚手架措施费的预算；和传统建筑结构相比，模块化建筑的质量比较轻，这大大降低了基础设计的要求，节省了大量的钢筋和混凝土，缩短了基础钢筋混凝土工程和土方工程的工期。

以港南路公租房项目为例，一个小时之内，五个工人技师即可完成一个模块的吊装，一层楼 18 个模块 1.5 个工作日即可完成，施工工期减少约 50%；项目采用的模块核心筒结构与传统的钢筋混凝土结构相比，钢材节约 15% 以上，节约混凝土 80%以上；现场施工节电 70%，节水 70%。

2. 顺应劳动力市场变化，社会效益好

随着 80 后、90 后成为我国劳动力的主体，劳动力供给数量必将长期呈下降趋势，并将对劳动密集型的传统建筑业发展形成倒逼机制；另一方面，自改革开放以来，我国经济社会持续、快速的发展，家庭收入水平和生活水平都迅速提高，新生代劳动力对工作环境的要求也越来越高，相对于工地，年轻人更愿意去工厂工作，工作条件艰苦的建筑工地将很难吸引他们。而模块化建筑的大部分工作可以在条件更好的工厂生产，以镇江新区港南路公租房项目为例，主体部分 85% 以上的建筑体包括精装修都在工厂完成。所以，推行模块化建筑顺应了中国新生代劳动力供给变化，对缓和未来建筑业可能出现的“民工荒”等问题具有重要意义。

5.1.4　绿色环保

2013 年中国政府一号文件中提出的《绿色建筑行动方案》指出：要积极推行建筑工业化，加快发展建设工程的预制和装配技术，提高建筑工业化技术集成水平。采用绿色环保的施工方式和高度工业化生产的模块化建筑积极响应国家政策，符合节能、环保、绿色建造的时代发展主题，具体体现如下：

1. 大量减少建筑垃圾

目前，我国建筑垃圾的数量已占到城市垃圾总量的30%～40%。绝大部分建筑垃圾未经任何处理，便被施工单位运往郊外或乡村，采用露天堆放或填埋的方式进行处理，耗用大量的征用土地费、垃圾清运等建设经费。而模块化建筑大部分工作都在工厂车间完成，模块严格按照流水线工序完成，并用工业化成熟的管理体系进行监督，减少了大量的建筑垃圾和不必要的浪费；同时，生产中产生的建筑垃圾也会得到专业化处理或者循环再利用。在港南路项目中，现场建筑物垃圾减少了85%，95%的建筑废物料回收利用。

2. 降低对环境的污染

传统建筑建造过程中会产生严重的建筑污染，由于近年来城市化进程的不断加快，很多工程作业几乎是在居民窗下进行，严重干扰了居民的正常生活和身体健康，恶劣的噪声和粉尘常常使周围居民难以忍受而采取措施阻止施工。模块化建筑的工厂化生产分担了大部分传统现场污染较大的作业，例如切割钢筋和振捣混凝土的噪声：主体大部分都是在工厂完成，在现场只需要吊装作业，大大地降低了噪声污染；由于工厂化生产的规范处理和严格控制，扬尘等污染得到了妥善处理，同时建筑垃圾的减少减轻了清运和堆放过程中的遗撒和粉尘、灰砂飞扬等问题造成的严重的环境污染。

5.2 模块建筑应用的困境

5.2.1 缺乏相关标准

虽然我国建筑业推广使用模块化建筑的呼声越来越高，但尚未形成系列的专业规范来指导这项工作，这是制约模块化建筑及其施工技术发展的关键因素。会使建筑商们尤其是施工单位望而却步，他们有积极采用模块化施工技术的热情，又担心缺乏相关标准和规范，质量验收依据不足，竣工验收工作难以顺利进行。

5.2.2 专业技术工人匮乏

任何一项新技术，都必须有相应的专业技术人才，否则就不可能得到长足发展。由于模块化建筑的生产属于新事物，它的生产比较复杂，对工人的技术要求较高，而施工企业现有的工人尚不具备模块化建筑生产的技能，无法满足工厂化模块建筑生产的要求。在施工现场，如何将模块化建筑各个模块单元进行连接组装，保证结构的稳定、牢固、可靠，对现场技术工人的要求也远远大于传统施工方法对工人技术素养和施工能力的要求，这也是制约模块化建筑发展的一个瓶颈。

5.2.3 缺少配套政策

虽然绿色建筑已经写入了国家战略目标中，但模块化建筑这一具体形式尚未得到政策支持。模块化建筑现在正处于起步阶段，整个社会对此重视不够，了解不多，在规划审批和建设用地等方面，都没有相应的政策支持，这使得开发模块化建筑的企业很难放开手脚。

6 推进模块建筑产业化的建议

虽然模块化建筑的建造方式工厂化率高且绿色环保，产品本身也具有一定的竞争力，但是模块化建筑市场的创建和发展仍然会遇到种种障碍和困难，从而会在一定程度上影响到市场创建和运行的有效性。在对模块化建筑产品特点、建造方式和市场状况深入分析的基础上，结合我国国情，为推进模块化建筑产业化提出以下建议。

6.1 加强专业技术人才的培养

与传统的现场混凝土浇筑、缺乏培训的低素质劳务工人手工作业相比，无论是模块化建造工厂还是现场施工都需要经过培训的专业型工人。所以，应该注重培养针对装配式建筑建造的专业人才，相关建筑企业可以专门开设课程，对已有的工人进行指导和培训，同时，在模块化建筑有一定的影响力的时候可以在专业技术学校开设相关专业，为建设企业定向培养输入人才。

6.2 扩大政府支持和指导的力度

6.2.1 出台扶持优惠政策

模块化建筑和模块化施工能为社会节约大量的资源，有效化解目前建筑业存在的一些弊端，是实施绿色建造、坚持可持续发展的有效途径。但目前，仅住房和城乡建设部在大力推广该技术，虽然很多施工企业热衷于这项新的建造方式，但是政府一直没有给予实质性的支持，国内推行建筑工业化发展的企业还较少，未形成规模化发展，发展工业化建筑的边际成本偏高。作为建筑行业未来发展趋势之一，当前产业扶持政策的制定与落地对于模块化建筑的推广尤为关键。具体的扶持政策和优惠制度，包括研发经费的补贴、税收的优惠及贴息贷款等财政金融政策，建筑面积豁免、容积率等非财政政策的优惠，以及项目审批周期的缩短等方式。

6.2.2 编制相关技术标准和规范

目前，仅有江苏出台了一项企业标准《模块建筑体系施工质量验收标准》，远不能满足模块建筑发展的技术要求。因此，国家建设主管部门应该尽快组织编制相关技术标准和规范，以满足设计有据可依、构配件及模块生产与施工吊装的质量验收等的需要。

参考文献

[1] 王羽，易国辉，娄霓，李海蓉．模块建筑体系的引进与实践——镇江港南路公租房小区[J]．城市住宅，2014，12：9-14.

[2] 王宁，葛一兵．西科瑞阁模块化建筑——引领绿色建筑未来[J]．建筑，2015，09：14-17.

[3] 魏夏．3D 模块建筑技术体系科技智能住宅整体解决方案[J]．住宅产业，2015，05：48-53.

[4] 丁成章．建筑的革命——卓达 3D 模块化住宅概述[J]．住宅产业，2015，08：76-78.

[5] 毛磊，陆烨，李国强．集装箱建筑发展历史及应用概述[J]．建筑钢结构进展，2014，05：9-17-43.

[6] 陈金根．威信 3D 模块建筑技术体系引领中国住宅产业前行[J]．住宅产业，2014，11：96-100.

[7] 俞宝达，俞宝明．从模块化建筑到模块化施工[J]．浙江建筑，2013，05：56-59.

[8] 忻剑春，刘群星，纪振鹏．英国模块化建筑中的工艺分析[J]．住宅科技，2012，02：24—27.

[9] 吴伟，赵竹生．模块化建筑现场施工质量管理探索[J]．建设监理，2015，10：20-22.

[10] 唐庆民，陈善．国外预制盒子结构建筑综述[J]．建筑施工，1984，04：58—68.

[11] 张以宁．我国盒子建筑发展的现状[J]．建筑技术，1987，01：24-26.

[12] 陈晓红．绿色施工及绿色施工评价研究[D]．华中科技大学．2005.

[13] 刘禹．我国建筑工业化发展的障碍与路径问题研究[J]．建筑经济，2012.

[14] 严薇．装配式结构体系的发展与建筑工业化[J]．重庆建筑大学学报，2004.

大型建筑企业项目经理分级管理体系探索与实践

赵　璐　周文兵　江　峰　张春光

（中交第二航务工程局有限公司，湖北武汉 430040）

【摘　要】 项目经理是建筑企业的关键人才资源，是项目管理的核心人物。本文以某大型建筑工程总承包企业为例，以问题为导向，提出建立项目经理分级管理体系的思路。从知识、能力和素质三个维度构建了项目经理胜任能力素质模型，在项目分级的基础上将项目经理职业发展通道划分为5级，并制定了相应的等级标准，明确了等级认证方法及机制；并将其与项目经理选拔任用、培养培育、考核激励等人力资源管理工作相结合，以促进项目经理职业化进程，为类似企业的管理工作提供参考。

【关键词】 项目经理；建筑企业；胜任能力；分级管理

Application of BIM technology of Large Sized Construction Enterprise: Planning and Cruces

Zhao Lu　Zhou Wenbing Jiang Feng　Zhang Chunguang

(CCCC Second Harbour Engineering Company LTD., Wuhan, 430040, China)

【Abstract】 A project manager is the representative and executor of the construction company's legal, as wellas the core of the project. According to the problems of project management, a general idea of dynamic hierarchical management system was proposed. Firstly, a competency model of project manager was built by considering knowledge, skill and personal qualities as three major factors. Then based on project classification, ranks project managers into five levels according to qualification standard, and formulates the corresponding competency metrics mechanism and dynamic system. Finally, introduced the application of project manager hierarchical management in human resources recruitment and configuration, training and development, pay management and the performance management.

【Keywords】 Project Manager; Construction Enterprise; Competency Model; Dynamic Hierarchical Management

1 引言

项目经理作为建筑企业法人代表在项目上的全权代理，是项目上的最高责任者和组织者，也是项目这个独立运行的经济主体的第一责任人，其管理水平和领导才能，对工程项目的成败起着关键作用。工程实践表明：一个强的项目经理领导一个弱的项目小组，比一个弱的项目经理领导一个强的项目小组项目成就会更大。

随着法人管项目的持续深入，当前项目管理更加强调法人对项目的集成管理，更加注重激发项目层面的积极性，更加强调法人层面和项目层面的责权利统一，从而实现企业的整体目标。

当前建筑业正处于转型与发展的关键时期，项目管理呈现出大型化、复杂化、标准化、信息化等特征，建筑企业作为典型的项目型企业，必须要有一批高素质、专业化、职业化并具有竞争力的项目经理队伍，才能适应当前激烈的市场竞争和满足企业持续健康发展的需要。因此，加强项目经理职业化建设，科学有效地对项目经理队伍进行管理，是提升建筑企业竞争力的重要途径。

在项目经理职业化建设方面，国外主要通过职业资格制度来对项目经理的能力素质进行评价管理，如美国营造工程师，英国、新加坡和中国香港的特许建造师，德国注册工程师等。另外，国外职业保险公司和工程师咨询公司建立的工程项目经理执业业绩档案，是对市场参与者个人能力的有效评价[1]，这种管理方式部分替代了企业内部人力资源管理职能。我国建筑业项目经理职业化的研究还处于起步阶段。1995 年我国开始推行项目经理负责制，2002 年发布《建造师执业资格制度暂行规定》，标志正式建立建造师制度，过渡期至 2008 年 2 月。2005 年中国建筑业协会制定颁发了《建设工程项目经理岗位职业资质管理导则》，提出将项目经理按照 A、B、C、D 四个等级进行资质认证。但是这些项目经理管理制度落实到具体建筑企业中，仍存在资质与能力不匹配、不适应企业管理实际等很多现实问题。因此，建筑企业层面仍需根据自身的管理需求，完善项目经理管理制度，开展项目经理职业化建设工作。

鉴于此，本文试图通过案例分析对某大型建筑工程总承包企业的项目经理管理问题进行剖析，进而基于胜任力模型和任职资格管理体系研究构建项目经理分级管理体系，为提炼建筑行业项目经理能力素质、提升核心能力提供新的例证。

2 背景

E 企业是一家融设计、施工、科研、资本运作于一体，以路桥、港航、铁路、城市轨道交通、市政工程施工为主业，“大土木”、多元化经营的大型工程建设企业，市场遍布全国 29 个省（市、自治区）以及亚洲、欧洲、非洲、南美洲的 13 个国家。该企业每年在建项目 270 个左右，项目经理是企业的一项重要战略资源。

目前该企业总部及下属企业在岗项目经理共 277 人。从年龄结构上分析，平均年龄为 41 岁，41～45 岁是主要年龄段，占总人数的 30%；从学历结构上分析，具备本科及以上学历的人员占总人数的 82%，但初始学历为本科及以上的仅为 52%；从职称结构上分析，具备高级及高级以上的人员占总人数的 46%；

从建造师持证情况上分析，具有一级建造师资格证书的人员占总人数的 55%；从项目管理经验上分析，曾任两个及以上项目的项目经理，且至少一个项目合同额大于 1 亿的人数占总人数的 47%，累计担任项目经理年限在 5 年以上的占总人数的 35%；从成长路径上分析，从项目副经理岗位上晋升至项目经理人数最多，占总人数的 50%，其次为项目总工或由各单位业务部门或下设机构直接转任，占总人数的 21%。

该企业总部及下属企业曾任项目经理 172 人。其中，有 111 人转任管理行政岗位，占总人数的 64.5%。

当前该企业正处于转型升级的关键时期，公司业务发展多元化、产值规模增长迅速、市场竞争压力大，项目经理队伍建设方面主要存在如下问题：

（1）项目经理行政化倾向比较突出，因职业晋升通道不通畅及受传统“官本位”思想的影响，项目经理不能安心于项目经理岗位，不利于企业持续稳定发展；

（2）持有建造师证且管理经验丰富的项目经理资源相对短缺，由于该企业承担的项目规模都较大且具有一定的技术难度，符合投标要求的项目经理总量严重不足，无法满足企业快速发展的要求[2]；

（3）项目管理规范化、标准化要求越来越高，且企业的海外项目、投资项目份额逐年加大，一些项目经理不能胜任项目管理需要，给公司带来了巨大的营运风险；

（4）项目经理选拔任用缺乏明确标准，项目经理在各下属单位间流动困难，职业化培训不系统，对项目经理未实现专业化管理；

（5）项目经理队伍活力不足，尽管已经实施了较大的物质激励，但仍未充分调动项目经理的积极性，一些能力素质和绩效一般的项目经理仍留在项目经理队伍中。

为有效解决上述问题，本文拟构建了基于胜任力模型和任职资格管理的项目经理分级管理体系，通过建立项目经理职业发展通道，动态管理与评价机制，为项目经理的选、育、用、留提供决策依据，推动大型建筑工程总承包企业的项目经理职业化进程。

3 胜任力模型与任职资格管理体系

3.1 胜任力模型

20 世纪 70 年代哈佛大学教授戴维·麦克利兰（David · McClelland）最早提出了“胜任力”这个概念。他将能够影响工作绩效的人的潜在特质称为胜任能力，这些特质可以是动机、特质、自我形象、态度或价值观、某领域知识、认知或行为技能等，且可衡量、可观察、可指导，并对员工的个人绩效以及企业的成功产生关键影响。

胜任力模型，就是个体为完成某项工作、达成某一绩效目标所应具备的系列不同素质要素的组合，分为内在动机、知识技能、自我形象与社会角色特征等几个方面。著名的胜任力模型包括冰山模型、洋葱模型等。

对项目经理的胜任特征研究的文献较多，研究重点在运用行为事件法等方法进行胜任力模型构建，并将模糊评价法、平衡计分法等评价方法与之结合进行项目经理的选拔、评价等。崔彩云、王建平编制了《建筑工程项目经理胜任特征的关键词表》，设计了 28 个胜任特征，并描述了每一个胜任特征名称、定义、行期及行为等级[2]。陈芳、鲁萌构建了桥梁建筑项目行业项目经理胜任特征模型，包括通用管理能力、岗位特殊能力、专业技能、人格特性三大部分，并对中铁大桥局集团有限公司 37 位项目经理进行了胜任力测评[3]；傅为忠等将胜任力模型与模糊综合评价法结合，对中小型建筑企业经理人胜任力进行模糊综合评判；蒋天颖、丰景春构建了基于贝叶斯网络的工程项目经理胜任力评价模型，丰富了胜任力模型[4]。

3.2 任职资格管理体系

任职资格管理体系是20世纪80年代在英国产生的一种职业资格制度，90年代被华为公司引进中国，并得到了成功和广泛的应用。任职资格是指在特定工作领域中，任职者应具备的知识、经验、技能、素质和行为等综合能力的证明。任职资格管理强调工作对任职者能力素质的要求，任职者只有符合要求才是合格的。任职资格管理体系主要包括职业发展通道、任职资格等级标准和任职资格等级认证三个部分[5]。

樊宏、韩卫兵提出从企业战略要求、职位功能要求、成功经验积累和行业优秀标准四个维度，采用标杆人物分析法、外部专家讨论法和外部数据调入法三种方法来建立任职资格标准，并说明了任职资格标准的开发步骤[6]。

王广利针对水电行业的特点，建立了项目经理能力素质模型，构建了项目经理任职资格评价认证管理体系，但其能力素质难以评价，且未能将能力素质模型与任职资格管理有效地融合[7]。

3.3 两者的融合

基于胜任力模型构建建筑企业项目经理任职资格体系，可以有效地弥补胜任力模型自身的缺点，又能在资格认定时更加注重对项目经理的态度、品质、价值观等深层次特征的评价。企业可以根据基于胜任力的任职资格体系开展项目经理选拔工作，使企业找到具有符合组织战略发展目标的核心动机和特质的项目经理，使任职的项目经理与企业战略紧密结合。将基于胜任力模型的任职资格管理体系与人力资源管理体系密切结合，即可使两者真正成为项目经理资源管理与开发的有效管理工具。

4 项目经理胜任能力素质模型

作为建筑工程总承包企业的项目经理，其主要职责是做好工程施工的组织管理和协调工作，控制工程成本、工期和质量，按时竣工验收。《建设工程项目管理规范》GB/T 50326—2006对项目经理应该履行的职责进行了详细规定，但各企业还有一些特殊要求，例如制度执行、市场信誉维护等。另外，业主在投标和合同中通常会对项目经理应满足的资质条件进行明确约定，如特大型的施工项目一般要求项目经理具有高级工程师、一级建造师证及相关项目管理经验等。

纵观关于项目经理的职业资格标准无论是国内标准还是国际认证（如IPMP等），构成要素都是知识、能力和素质。

借鉴已有的研究成果及管理实践，作为一名能创造高绩效的项目经理，必须具有以下三方面的核心胜任力：

（1）项目经理的必备知识：体现项目经理具有的知识水平，可以通过项目经理的教育经历、建造师持证等情况进行反映。

（2）项目经理的管理能力：体现项目经理的管理绩效，可以通过对项目的绩效考核进行衡量。

（3）项目经理的个人素质：体现项目经理的个性素质，属于软技能，不好衡量，但非常重要。

4.1 项目经理的知识能力

项目是一个系统的工程，项目经理应该会管理、懂技术，掌握项目管理的综合知识，只有这样，才能保证项目经理在项目运行过程中一旦出现问题，不至于手忙脚乱，造成不必要的损失，保证项目的顺利完工。通过调研及专家小组，确定符合公司要求的项目经理应该掌握 10 项必备知识，具体如图 1 所示。

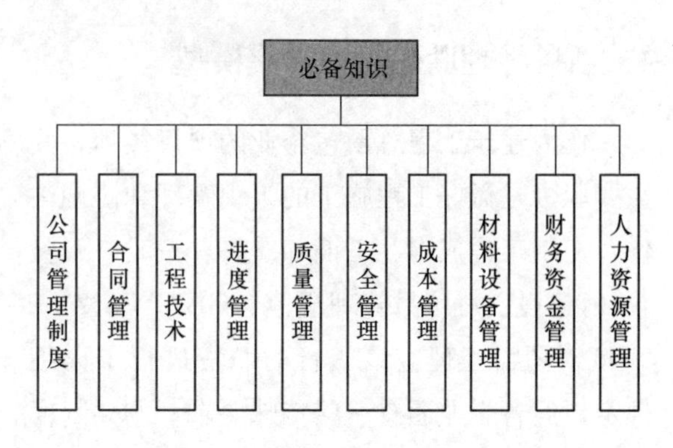

图 1　公司项目经理必备知识

4.2　项目经理的管理能力

公司的工程项目通常较为复杂，涉及参与方众多，需要整合相关资源共同完成，这就对项目经理的管理能力提出了较高要求。通过调研及专家小组讨论，确定符合公司要求的项目经理应具备以下管理能力，见图 2。

（1）领导能力：项目经理在项目团队成立后，就需要领导团队成员共同完成项目目标，优秀的领导能力，即组织协调影响他人工作的能力，能有效唤起成员的积极性和创造性，应该是项目经理的必备能力。作为项目经理，项目组成员常常来自不同的部门，不同的专业知识，为一个临时组织而合作，项目经理需要能够为其创造一个全面投入工作的氛围，这是落实项目实施过程中的所有工作的有力保障。

（2）沟通能力：作为项目各项工作的促进者，项目经理需要承担各种工作间沟通协调的任务，需要花费大量精力在上级、客户和下属等项目相关方的沟通中，这就要求项目经理必须具备娴熟的沟通技巧。同时项目的执行中会遇到很多任务、利益分配不满足若干利益相关者诉求的情况，这时候就需要项目经理具备一定的谈判能力，才能顺利完成分派任务等协调工作。

图 2　项目经理应具备的管理能力

（3）控制能力：项目经理作为公司授权的项目最高管理者，必须具有遵守贯彻执行公司规章制度，有组织地规划和管理项目，确保项目管理目标及时高效完成的能力。

（4）认知能力：上文提到的“必备知识”，是项目经理应学习的必备知识，但不表明项目经理就具备运用知识解决问题的能力，因此项目经理还需具备认知能力，即能应用所掌握的知识及相关管理经验，解决新项目管理问题的能力。项目全生命周期内会遇到各种各样的问题和困难，项目经理需要解决问题的能力来避免影响项目目标的实现。

（5）组织能力：项目全生命周期内需要从组织获取大量的资源，如人力、资金、设备等，在计划不足时还要追加资源，所以项目经理也需要组织内影响力等，以保证资源的平稳获取。同时应科学合理地管理项目所需各类资源的能力。

（6）应变能力：项目的执行中也会出现一些计划外事件使得项目计划发生变更，作为项目现场最高组织者，项目经理需要具备处理变更的能力，对形势做出正确的判断和采取合适的措施。项目实施过程不可避免地存在一些风险因素，项目经理必须具备风险管理的能力，有效地预测、防范及应对项目风险。

4.3 公司项目经理的个人素质

根据PMI提出的项目经理能力发展框架（第二版）提出的项目经理能力模型，综合国内外项目经理能力素质相关文献成果，结合公司项目经理管理要求，对项目经理应具有的个人素质进行了界定，具体见图3。

（1）心理素质稳定：项目具有系统工程的不确定性特点，体现在突发事件的偶发性和必发性上，即某一具体事件是偶发的，但项目实施过程中必然会发生突发事件，这就要求项目经理具有良好的心理素质，冷静处理突发事件。

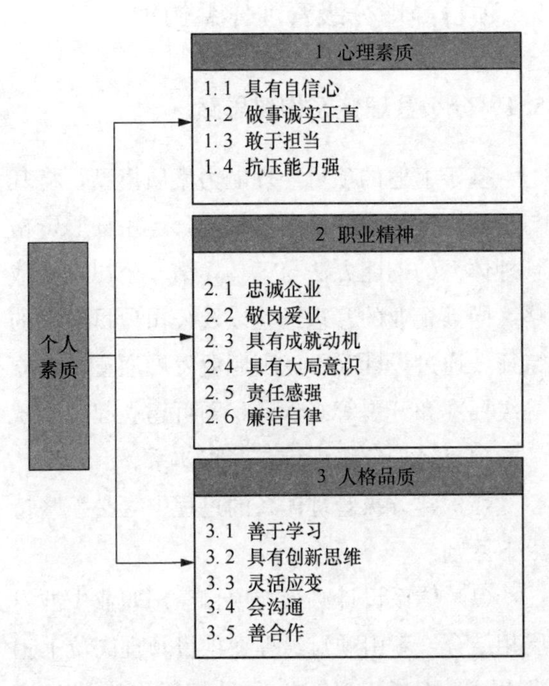

图3 项目经理应具备的个人素质

（2）忠于职守：多数项目合同额较大，项目经理经手的资金量巨大，即使项目上已经建立了有效的资金管理制度，良好的人格品质也是项目经理的必备素质，以增强抵抗各种诱惑的能力。

（3）项目工作条件复杂，工作环境较为艰苦，一般工期较长且远离家人，需要项目经理具有较大的职业兴趣支撑其职业道路。

（4）善于学习：企业以交通基础设施施工为主业，项目经理必须懂得相关工程的施工工艺，熟悉技术方案，才能全面掌控项目。但由于公司的产品多样化，项目经理可能承担不同类型的项目，适应不同的业主与管理文化，需要项目经理持续学习。

（5）考虑到中国传统文化的影响，项目经理对公司的归属感和认同感亦是一项重要的个人素质，会影响整个项目团队的士气与凝聚力，进而影响项目绩效。

5 项目经理分级管理体系构建

5.1 分级管理体系构建思路

基于上述的项目经理能力素质模型，将其与任职资格管理体系项目结合，运用任职资格管理体系的构建方法与工具，结合公司发展战略、同类企业的管理经验以及公司项目经理的特征，通过设计项目经理职业发展通道、建立等级标准和开展等级认证，即可建立起一个统一的项目经理分级评价与管理体系。

在构建分级管理体系的过程中，必须坚持以下原则：

（1）体系设计必须与项目经理职业生涯发展相结合，牵引项目经理在项目管理岗位上追求卓越、不断提升，将项目管理作为终身职业；

（2）必须坚持现实性与牵引性相结合的原则，即不同等级的标准要有明显的区分度，能够牵引项目经理持续改进，但也不可遥不可及；

（3）坚持培育核心能力原则，以德为先、德才兼备、注重能力、突出实绩；

（4）坚持持续改进，管理体系应随着企业管理需求与发展不断调整；

（5）坚持公平、公开、公正的原则。

5.2 基于项目分级设计项目经理职业发展通道

考虑到公司产品多样化、历史项目难以评价、国内国外项目差异大等问题，参照住房和城乡建设部建造师制度文件及结合公司项目实际，按照工程项目类别、工程规模和合同额将项目划分为Ⅰ、Ⅱ、Ⅲ等3个等级。

在项目分级的基础上，对公司在职项目经理、常务副经理以及曾经担任过项目经理的人员进行统计分析的基础上，综合分析项目经理成长规律，结合公司发展战略对项目经理的能力需求，划分项目经理任职资格等级，将公司项目经理任职资格等级从高到低划分为五个等级：即特级、一级、二级、三级、四级。牵引项目经理从管理规模和难度较小的项目，通过自身努力和组织培养逐渐成长为管理规模和技术难度越来越大的项目，避免“官导向”的现象发生。项目经理职业发展通道设计如表1所示。

项目经理任职资格等级划分表　　表1

项目经理级别	角色描述
特级项目经理	在工程项目管理实践活动中取得突出成绩，有能力主持各类高技术含量、施工难度大的大型复杂工程及总承包项目，在业内具有较高知名度
AAA级项目经理	在项目管理中取得明显的经济效益和社会效益，有能力主持各类技术含量较高、施工难度较大的大型复杂工程及总承包项目，在集团内具有较高知名度
AA级项目经理	具有较高的专业技术水平、较强的项目管理能力和经验，项目管理业绩良好，有能力主持大型工程项目，在公司内具有较高知名度
A级项目经理	在项目管理中重合同、守信誉，严格执行进度、质量、成本、安全控制，效益良好，有能力主持较大工程项目，在子（分）公司内具有较高知名度
B级项目经理	初任项目经理者，或在项目经理岗位但不具备A级及以上认定条件的人员

5.3 结合能力素质模型建立项目经理分级等级标准

基于前述的能力素质模型构建项目经理分级等级标准，既要兼顾成功项目经理的过往经验和特质，又要反映组织战略等宏观环境对管理者的新要求。制定方法为：一是借鉴国际有影响力的职业建造师专业资格，如 PMP 与 IPMP 等的任职资格标准，国内建造师执业制度及国内一些先进企业的项目经理管理经验；二是进行企业宏观环境分析，精准定位国家法规、企业战略、市场经营等宏观资源环境对项目经理的能力素质要求；三是开展项目经理行为范例搜集，选取公司各等级共 30 位项目经理进行行为案例分析，总结归纳企业内部细微化、个性化的行为范例，反映企业特定需求；四是进行项目经理行为事例访谈，分析在岗优秀项目经理的行为和特质；五是标杆分析，对比行业最优秀项目经理能力素质要求。

（1）项目经理的必备知识：可通过项目经理的教育经历、职称水平、建造师持证等情况来衡量。

（2）项目经理的管理能力：可通过项目经理的项目业绩及项目管理绩效进行衡量，包括年度绩效考核、经济效益、质量安全、信用评价、廉政情况、获奖情况等。

表 2 是项目经理任职所需的基本条件，其中，特级项目经理强调特大型重点项目的管理经历，因此特别增加了合同额的约束条件。项目经理等级的最终确定还需考虑项目经理的项目管理绩效。由于管理绩效是动态变化的，首次等级时需考虑历史项目的管理绩效，后续将根据管理绩效情况进行升级、降级、取消等等级调整。如出现项目年度绩效考核指标得分率连续两次低于 70%、信用评价工作受到行业（地方）、主管部门、集团、公司等相关文件处罚的等情形的需降级。

（3）项目经理的个人素质：除上述要求外，项目经理必须遵守中华人民共和国宪法和法律，具备项目管理需要的专业技术、管理、经济、法律和法规知识，有较强的项目管理能力和良好的职业道德、团队协作精神，爱岗敬业，诚信尽责。

项目经理各等级基本条件　　表 2

等级	学历	持证	职称	项目业绩	
特级	本科及以上	一建	高级	不少于 2 个Ⅰ级项目及 2 个Ⅱ级项目或者 3 个Ⅰ级项目（项目级别划分标准见附表 1），且累计完成合同额 10 亿元及以上工程建设项目	BB 类安全生产考核合格证书
AAA 级	本科及以上	一建	高级	作为项目经理承担过不少于 1 个Ⅰ级项目及 2 个Ⅱ级项目或者 2 个Ⅰ级项目	
AA 级	本科及以上	一建	高级	作为项目经理承担过不少于 1 个Ⅰ级项目或者 2 个Ⅱ级项目	
A 级	本科及以上	一建	/	作为项目经理承担过不少于 1 个Ⅱ级及以上项目	
B 级	/	/	/	/	

5.4 基于条件判定的等级动态评价

等级认证一方面是评价项目经理的能力已经达到了什么样的水平，更重要的一方面是通过等级认证，指明项目经理能力改进和提高的目标和方向，发挥任职资格“标准和牵引”的作用。

项目经理等级认证主要分为初次认证和周期性认证两种类型。初次认证指项目经理第一次参加等级认证，在此之前，项目经理在通道中达到什么能力级别都还没有初始值，一般指新任项目经理。周期性认证，每年进行，项目经理可能取得任职资格等级的晋升、下降或平调或没有变化等。

项目经理等级认证实行逐级申报、分级评审、分级管理，即项目经理应从低等级向高等级逐渐晋升，特级、AAA 级项目经理由公司评审及管理；AA、A、B 级项目经理由子（分）公司评审及管理，并报公司审核、备案。

项目经理等级认证采用基于条件判定的评价方法，而非评审的方法，以避免评价的主观性。即等级评定由公司人力资源部门组织，无须项目经理申请。所有数据均出于各部门的日常业务管理，无须专门统计，也无须项目经理填报，根据项目经理的信息进行条件判定，自动确定等级。评审包括信息收集、资格审核、初步定级、会议审定、结果反馈五个环节。

首次认定时先按照学历、职称、持证、项目业绩等要求进行项目经理等级的初步划定，然后按照项目经理动态调整的要求进行最终定级。首次认定资格后，每年进行周期性认证。由公司人力资源部根据各业务部门提供的数据信息，对项目经理做出等级的调整。

另外还有一种等级的评定方式，就是积分制。即为每个等级标准项均赋予一个分值，进而可以得出每个等级对应的分值，将项目经理的各方面信息与之关联起来，根据其基本信息、项目业绩、管理业绩等情况自动计分，按照其累计积分确定等级。

6 结果的应用

项目经理通过等级评价认证以后，就明确了获得相应等级项目经理的能力水平。在此基础上与项目经理的选拔任用、人才培养、考核激励等人力资源管理工作进行融合，即可推进项目经理职业化进程。

6.1 健全项目经理选拔任用体系

以项目经理等级为条件，扩大选人视野。将项目经理等级认证作为选聘项目经理的必要条件，评聘分开。在选拔项目经理时，可以在全公司范围内统筹调配项目经理资源，在更广泛的范围内选择合适的项目经理；在分级的过程中建立项目经理资源信息库，将原本分散在各职能部门的数据信息全部集成起来，可以较为完整地反映出项目经理的综合素质水平，为项目经理的选拔任用提供决策支持。

按照不同的产品类别、工程规模、复杂程度将工程项目进行分级，使项目经理的能力素质与不同难度不同规模的项目合理匹配；根据公司管理实际，严把初任项目经理的入门关，按照“重品行、重能力、看业绩，看证书”的要求，将个性素质、管理能力、持证等作为主要指标，保证优秀人才进入职业项目经理队伍；大力倡导引入竞争机制，通过公开竞聘的方式，让优秀人才进入职业项目经理队伍。项目经理的选拔，既要坚持标准，又要注重年龄、专业结构的优化，不断满足公司项目管理多专业、多门类的要求。

项目经理实行聘任制，聘任时间同项目合同工期。如因特殊原因造成工程延期的，需要向人力资源部门提出延期申请，经批准后按延期时间计算任期。

6.2 完善项目经理培养培育体系

根据项目经理分级评价结果，找出现有项目经理队伍存在的缺点和不足，有针对性地制定培养方案，开展培训工作，提高项目经理管理能力；根据项目经理不同等级的标准设置，科学设计培训体系，开发培训课程，有计划、有步骤地组织项目经理培训。

以企业发展需求为导向，重点培养符合公司未来业务发展需求的项目经理，逐步形成适应企业规模发展的项目经理梯队。对于 E 企业，现阶段应将一些优秀人才放在海外、铁路及轨道交通等项目上进行历练，重点培养和造就一批能够胜任大型、特大型项目运作的复合型项目管理人才。

构建人才储备机制，搭建人才梯队。引入竞争机制，选拔出一批优秀员工进入项目经理后备人才库；鼓励有潜质的优秀项目管理人才参加紧缺专业的考证，改善建造师队伍专业结构；将取得建造师资格并从事项目管理工作的优秀年轻同志放在重要管理岗位进行重点培养，促进后备人才快速成长。

6.3 优化项目经理考核激励体系

项目经理分级过程中，对项目经理有了综合评价，项目经理之间的差异一目了然，无形中对项目经理形成了鞭策与刺激，有利于营造项目经理积极向上的氛围；结合分级结果，对于高等级的项目经理辅以进修培训、薪酬激励、表彰奖励等多重激励，达到激励人才的目的。

E企业项目经理的薪酬实行以工程项目目标责任制为基础的兑现工资制，由基本岗薪、各年度绩效考核兑现收入、完工绩效考核兑现收入（超额上交奖励收入）三部分构成。为增强高等级项目经理的荣誉感，对具有较高等级的项目经理进行与绩效考核挂钩的变动津贴奖励。即AA级及以上的在岗项目经理，根据等级按月发放津贴，计算基数为含绩效的年核定工资，津贴系数从0.5～0.1逐级递减。对业绩突出、贡献大的优秀项目经理，在干部选拔上优先使用、待遇适当倾斜，吸引和鼓励更多的管理、技术人员争当项目经理，从而培养出越来越多的优秀项目经理。

7 结论

推进项目经理职业化，对于建筑企业适应市场竞争、提高经济效益、实现企业目标有着重要的意义，也对整个建筑业的管理提升、促进行业发展方式转变有着重要的意义。对于建筑企业来讲，项目经理职业化建设的关键是要按照职业化管理的思路，建立健全与现代企业制度相适应的项目经理管理机制，全面提升项目经理履职能力和水平。构建项目经理分级管理体系，只是建立项目经理团队职业化的第一步，后续必须完善制定项目经理管理相关配套办法，健全和完善职业项目经理选拔任用、考核激励、监督管理、教育培训等制度，才能促进项目经理队伍建设逐步规范化、制度化、科学化。同时随着项目经理动态分级管理制在企业实践中的推广与应用，如何科学进行管理业绩考核、实现信息化自动化评审以及如何提升项目经理培训体系等，仍有待进一步研究。

参考文献

[1] 崔彩云，王建平．建筑工程项目经理胜任力模型研究[J]. 建筑经济，2012，(11).28-30.

[2] 陈芳，鲁萌．桥梁建筑行业项目经理胜任特征研究——以中铁大桥局为例[J]. 中国人力资源开发，2012，12(1)：75-88.

[3] 傅为忠，陈方旻，杨善林．中小型建筑企业经理人胜任力模糊综合层次评判模型的构建与应用[J]. 价值工程，2008.12(2)：6-10.

[4] 蒋天颖，丰景春．基于贝叶斯网络的工程项目经理胜任力评价研究[J]. 科技管理研究，2010，12(1).58-60.

[5] 吴春波．华为的素质模型和任职资格管理体系[J]. 中国人力资源开发，2010，12(8).60-64.

[6] 樊宏，韩卫兵．"五步法"开发任职资格标准[J]. 人力资源，2006，24(19).14-15.

[7] 王广利，白卫广．项目经理任职资格体系的构建与应用——以A建筑施工企业为例[J]. 企业管理，2014，552(25)：104-108.

竞争法与建筑业

余立佐[1]　余伊琪[2]

（1. 中国港湾工程有限责任公司，香港；2. 英国皇家特许土木工程测量师学会，香港）

【摘　要】香港颁布的有史以来第一个跨行业的竞争法——《竞争条例》于 2015 年 12 月 14 日全面生效，是香港第一次对反竞争商业行为进行规范。《竞争条例》的制定和执行规定被看作是一个重大的政策变化，影响营商环境。跨部门的条例对建设供应链产生影响。因此，施工承包现行做法需要进行审查，并在新规则下加以审查。即使做法不违反这些规则，宜应准备特定建设行业的指导，以防范反竞争活动的任何潜在的雷区。本文介绍《竞争条例》的主要特点和对建筑条例的影响，并提出避免违反该条例风险的建议。

【关键词】竞争法；建筑业；合规风险

Competition Law and Construction Industry

Yu Lapchu[1]　Yu Yikay[2]

(1. China Harbour Engineering Company Limited, HK;
2. Chartered Institution of Civil Engineering Surveyors, HK)

【Abstract】Hong Kong enacted the first ever cross-sector competition law - "Competition Ordinance" has been fully entered into force on 14 December, 2015 to regulate anti-competitive business practices. Development and implementation requirements of the Competition Ordiance are seen as a major policy change affecting the business environment. Cross－sectoral regulations have an impact on the construction supply chain. Thus, current practices in construction contracting need to be reviewed, and the same for the new rules. Even if these practices do not violate the rules, prepare specific guidelines for the construction industry in order to prevent anti－competitive activities of any potential minefield. This article describes the main characteristics and the impact of building regulations in resepct of the Competition Ordinance, and put forward recommendations to avoid the risk of breach of the Ordinance.

【Keywords】 Competition Law; Construction Industry; Compliance Risk

1 背景

全球逾100个地方都设有竞争法。针对反竞争行为，尽管有些东盟国家目前正处于立法阶段，但是内地《中华人民共和国反垄断法》2008、台湾《公平交易法》1991、日本、韩国、越南、泰国、马来西亚、印尼以及新加坡都已经颁布了竞争法。竞争法的立法目的与实务管制因不同国家而异。保障消费者利益与确保企业有机会于市场经济内竞争，通常被视为重要目标。近几十年来，竞争法被视为提供更好公众服务的一种方法。随着商业全球化，不同地方的执法机构在各自执行竞争法的同时，亦必须相互合作。香港的《竞争条例》2015年12月14日已全面生效，适用于所有在香港的业务，包括所有在香港的建筑企业。许多建筑企业和建筑行业参与方可能因反竞争行为而面对海外竞争管理机构的处罚，而类似的罚款现在可以在香港被征收。各建筑企业应该注意香港的竞争守则有可能适用于海外的行为或非香港公司的行为。不遵守规则会被严重处罚。涉及违反规定的个人也可能受到处罚。因此，最关键的是企业对现有制度进行规划设计以符合香港《竞争条例》规定，应对变化和对业务的潜在影响。在建筑领域有关的企业必须熟悉香港《竞争条例》的主要内容以及在某阶段的需要，着手竞争审计当前与未来的业务经营，特别是内地及海外的建筑企业应该根据需要适当地考虑香港和公司注册国家的综合情况确保其合规程序、内部审计和宽待策略以符合香港的《竞争条例》是极为重要的。

2 香港《竞争条例》

新《竞争条例》适用于香港所有业务，旨在确保市场充分开放以容纳新的竞争对手；防止现有业务实体单独或联合滥用市场权力排斥新竞争对手；以及防止在某些情况下剥削性滥用市场权力。该条例于2015年12月14日生效不具追溯效力，但即使协议许多年签署了，如仍在继续执行也违反法律的。未能遵守竞争法的处罚会很严重。公司可被处罚或罚款外，也要面对后续对遭损失方提出民事法律索赔的结果。世界各地的竞争监管机构正在通过巨额罚款针对建筑公司有串通投标和卡特尔（cartel）等行为。韩国的竞争监管机构日前罚款21家建筑公司共计港币9亿的铁路项目的投标串通。在英国，103建筑公司被罚款共港币15亿为串通投标及其他反竞争行为。

《竞争条例》适用于任何根据《公司条例》规定注册业务实体的公司，不管其从事经济活动的法律地位如何；政府实体若不属于法定团体不能自动豁免。但是，其他豁免可视乎个案情况执行。该法律主要禁止《行为守则》界定的两种行为，即：第一行为守则界定的反竞争协议。《竞争条例》规定：“如某协议、经协调做法或业务实体的决定的目的或效果，是妨碍、限制或扭曲在香港的竞争，则任何业务实体不得制定或执行此类协议；不得从事该经协调做法；或不得作为该组织的成员，作出或执行该决定”。此项规定亦适用于在中国香港境外签署且对中国香港市场具有经济效应的反竞争协议；以及滥用第二行为守则界定的重大市场权力。《竞争条例》规定：“在市场中具有相当程度的市场权势的业务实体，不得借从事目的或效果属妨碍、限制或扭曲在香港的竞争的行为，而滥用该权势”。此项规定亦适用于在中国香港境外滥用重大市场力量而影响到中国香港市场的行为。两项行为守则所包含的禁例与欧盟、英国及包括新加坡、马来西亚在内的其他亚洲国家所行使的鼓励竞争守则相类似。

因为竞争是一个经济概念，而不是法律概念，所以许多不同的结构和行为特点会影响个别市场。《竞争条例》采用普遍的开放结构模式，有利于在特定市场中判定可能是反竞争的行为。鉴于禁例的性质，关键在于如何提供较大的法律确定性，以便守法的业务实体可以改变商业惯例，避免非法行为和力求遵守法律。违反该法将产生严重后果。这些后果包括：追究高级人员的个人责任；高额罚款；声誉受损；指令业务结构性调整，包括剥夺部分业务的运营权利；公司未来业务行为及内部事务的整顿；以及公司可能受到来自供应商、客户、潜在或实际竞争者对损害所提出的高额私人索赔。

2.1 涵盖建筑业范围

法律禁止在建筑行业的反竞争行为，适用于两个关键的行为规则是：(1) 有防止、限制或扭曲在香港的竞争效果的协议（不论是否以书面形式）是禁止的。(2) 有市场力量在市场相当程度的公司不得以该有对象或香港防止，限制或扭曲竞争的行为效果从事滥用权力。

2.2 四大“不要”的关键竞争

(1) 围标。在项目招投标（或考虑是否投标）或土地出让时不与竞争对手交换信息或同意策略。例如：五家符合资格的建筑承包商投标一个新的工程项目见面的和同意四家会递交非竞争性或不符合规定的投标，以协助第五公司中标。(2) 瓜分市场。不要与竞争对手同意分配销售、地区、客户或市场对商品或服务的生产或供应。例如：对手施工设备供应商同意划分自己的市场，包括每一个单独的目标客户、地域和服务。(3) 限制产量。不要与竞争对手同意制定、保持、控制、预防、限制或消除生产或货物供应或服务。例如：竞争房地产开发商同意限制新公寓建设，以降低供应，提高房地产价格。(4) 合谋定价。不要与竞争对手同意订定、保持、增加或控制商品或服务的供应价格。例如：在香港预拌混凝土的供应商透露给对方自己的未来定价计划，以协调的价格。

2.3 合资企业

合资企业必须妥善组织和管理，以确保它们符合香港的竞争法。一般而言，如果合资企业的目的及其影响没有损害竞争，协议是允许的。合资企业可能是有利于竞争的，例如：它可以让更多企业提供产品或服务，他们将无法单独提供。然而，合资企业可能有反竞争效果。例如：它可能会导致潜在的竞争对手数量的减少——特别是在双方可能独立竞争的情况下。确定任何合营安排之前，在市场竞争中确保它与竞争条例的规定是否有损害竞争。然而，辅助限制例如，母公司和合资企业之间可能有必要的非竞争条款。这些直接关系到合资公司实施的必要限制将不在竞争规则的范围之内。合资方任何合作的行为和各方之间的信息交流应限制在必需的合资操作上。关于价格、市场、商业计划机密信息等交换应小心控制。

2.4 可能违反竞争法的协议

特殊类型的建筑协议可能会在某些情况下违反《竞争条例》。公司应对这些协议谨慎操作，并在必要时咨询法律意见。案例如下：(1) 转售价格订定——供应商不得给买家为产品订定一个固定的或最低转售价格。然而，它可以允许订定一个最高转售价格或推荐转售价格。例如：挖土机的制造商出售设备给经销商转售给最终用户。销售的一个条件是，经销商必须采用由制造商规定的零售价。这很可能是禁止转售价格订定，除非经销商是制造商的代理人。(2) 联合采购——联合购买是指当多家公司同意共同购买商品或服务。例如：一些承包商组织集体购买建筑设备。这使他们能够以更便宜的价格购买，并增加他们与大承包商的竞争力。在这种情况下，联合购买通常将是允许的。然而，如果集体购买者联合起来拥有市场势力，则很大程度上可能出现竞争问题。(3) 独家经销——在独家分销协议，供应商分配给一个经销商在某一特定地区或特定客户转售其产品的专有权。例如：内地大型工程车辆制造商任命单一的分销商在香港销售其车辆。在大多数情况下，这种独家分销协议将不会产生竞争问题。该协议可能有利于竞争的好处，包括保护品牌形象和激励经销商投资于市场营销和客户服务。如果协议导致对相同的产品/品牌经销商之间的竞争减少、市场共享、或限制市场准入的潜在竞争的经销商，可能会出现竞争问题。(4) 集体抵制——如果多家建筑公司与竞争对手同意有针对性或以排除市场中实际或潜在的竞争对手为做生意目的，建筑公司可能违反竞争法。

2.5 滥用市场力量

在市场有相当力量的公司不得滥用该市场权力以达至防止、限制或扭曲竞争目的。以下例子可能构成市场滥用权力行为，但实际上这取决于对竞争的影响的大小。(1) 掠夺性定价时，公司会将其产品或服务的定价之低是故意放弃利润，以迫使竞争对手退出市场，或以其他方式影响竞争对手。(2) 独家经营，供应商要求或激励客户专门或主要从供应商购买货物或服务。另外，也会发生购买者需要或激励供应商只提供给购买者的情况。(3) 拒绝交易时，具有相当市场力量的公司拒绝或以合理条款提供产品或服务。(4) 搭售和捆绑搭售时，供应商销售一种产品时同时规定有条件购买其他的产品。捆绑时，如果一起购买这两种产品时是在打折，这两种策略都经常可以合法在市场上使用，但如果它们干扰或消除一个竞争对手的出售捆绑或捆扎产品的能力也属反竞争的情况。

2.6 违反的后果

竞争事务委员会如有合理理由怀疑一个违反竞争规则的情况已经发生、正在发生或即将发生、便可开始调查。该委员会的调查权力，包括要求一方出示文件或回答问题。委员会还可获得搜查令，为搜查可能与调查有关的文件而进入和搜查处所。若竞争事务委员会有理由相信已发生违反条例的行为，可以申请到竞争事务审裁处决定惩罚或罚款。香港执法模式是竞争事务委员会负责调查和起诉；竞争事务审裁处负责裁断和决定处罚包括罚款。对违反香港竞争法的处罚可以是十分严厉的。处罚不仅对公司，还直接对雇员、代理人以及授权或参与违规行为的董事。每一违规行为的最高罚款是公司集团在发生违规行为的年营业额的10%，并可长达3年。如果违法行为超过3年，最高罚款是违法行为所在的3个最高营业额年度。“营业额”在这里意指公司在香港取得的总毛收入。违规公司可能只是一个集团的一小部分，但最高罚款额将参照整个集团的营业额。竞争事务审裁处裁定谁违反竞争法，可作出适当的命令，例如：公司董事可被取消担任董事的资格或参与公司管理层的资格并可长达5年；要求任何人处置业务、资产或公司的股份；要求当事人修改协议或终止协议；宣布任何协议无效或可撤销；和要求任何人支付一笔不超过避免由于违反而获取的利润或亏损的数额。因为违反《竞争条例》而遭受损失或损害的人有权对违法或参与违法的任何人提起私人诉讼。竞争事务审裁处可命令向遭受损失或损害的人支付损害赔偿金。

3 结语

建筑行业的业务范围和市场地域广阔，加

上供应链复杂和行业惯例多样，一直存在违反竞争法相关的种种问题，尤其是跨地域的国际建筑业务。因此，建筑企业内部应该根据需要进行竞争合规审计，并确保其业务实体不涉及任何严重的反竞争行为，且在将来也不发生此类行为。这应该包括关键协议和销售/采购流程的审查。另外，审查业务的做法，以确定业务存在的违反竞争条例》的风险。高风险业务领域包括涉及与竞争对手和贸易伙伴经常接触的采购和管理职务。经营风险包括：缺乏竞争法律意识；与竞争对手合作（卡特尔行为）；以及共享与竞争对手的信息。

通过制定一份简要基础性的“公平竞争政策”，列明企业要恪守的公平竞争原则及基础性的行为方式和指引，以培养人员基本意识形式和合规文化，树立积极的公众形象向业务伙伴和公众发出正确的信息。利用企业的合规手册，制定竞争法合规政策和风险管理机制。风险管理策略包括辨认及处理高度、中度风险行为；贯彻整个集团的合规培训；制定并遵从正确的行为模式和对外联络政策。

参考文献

[1] 香港法例第六一九章《竞争条例》.2015.

[2] 香港竞争事务委员会，香港的行业协会与《竞争条例》报告.2016，3.

[3] 香港建造业议会，参考资料—建造业竞争法注意事项.2015，11.

[4] 香港竞争事务委员会.年报.2014，15.

[5] 香港《经济日报》.2015，12.

海外巡览

Overseas Expo

日本BIM导入情况及问题之概观

金多隆　古阪秀三　邓尼丝

（京都大学 工学研究科建筑学专业，日本　京都615-8540）

【摘　要】 本文对日本的Building Information Modeling（BIM）的应用情况进行了介绍，并阐明在日本建筑工程项目管理领域中存在的与BIM相关的问题。文章先简单介绍日本BIM的要闻和主要应用事例；然后回顾日本有关BIM的研究开发过程，并对日本建筑工程项目管理的问题点与BIM应用课题的关联性进行探讨；最后，阐述日本在BIM技术领域的研究开发战略。日本的BIM应用的特征为Stand-alone模式，由大型建筑施工企业主导、一般设计公司普及推行，私人设计公司相对实行困难。其原因是在日本的建筑工程承发包及签约模式下，大型建筑企业始终处于主导地位，以至于BIM的优势无法在建筑全领域得以推广。

【关键词】 Building Information Modeling；建筑总承包商；建筑；图纸；发包；项目管理

Overview of BIM implementation and problems in Japan

Kaneta Takashi　Furusaka Shuzo　Deng Nisi

（Department of Architecture and Architectural Engineering，Graduate School of Engineering，Kyoto University，Kyoto 615-8540，Japan）

【Abstract】 This paper aims to overview Building Information Modeling（BIM）implementation and to clarify the problems concerned with BIM in Japan. The hot topics with BIM，e. g. BIM implementation guidelines and pilot projects operated by MLIT（Ministry of Land，Infrastructure，Transport and Tourism）and other public sector are introduced at first. Then the names of BIM software and their vendors popular in Japan are shown as well the typical implementation in large architects firm and major general contractor in Japan. The authors also review past research such as product modeling，integrated information system for design and construction，and other original systems. The concept applied to BIM was already developed in 1990s. At that time the trial to define common coding for all the general contractors was promoted by Japanese government under the policy to enhance CALS/EC (Continuous Acquisition and Life-cycle Support / Electronic Commerce), which ended without success because of the competition with the de facto standard software. BIM implementation in Japan is not always encouraged with top-down consensus in architects firm and general contractors as the client of the project is not aware of the value and incentive to introduce BIM use into the contracts of the project. Japanese general contractors have ability to produce and coordinate architectural drawings and shop drawings by hiring in-house architects and engineers. The client and the architects can reduce project risk concerning design and drawings by transferring it to the general contractor. So they are not sensitive to the schedule to decision making in the project process and they need not introduce BIM. The authors discuss the problems on project management to show the strategy to develop the new version of BIM, hoping to share the value with all of the stakeholders of the project.

【Keywords】 Building Information Modeling, general contractor, architect, drawing, procurement, project management

1 绪论

本文的研究目的在于，就日本的 Building Information Modeling (BIM) 的应用情况进行介绍，并阐明在日本建筑工程项目管理领域中存在的与 BIM 相关的问题。

以下首先简单介绍日本 BIM 的要闻和主要应用事例，然后回顾日本有关 BIM 的研究开发过程，并对日本建筑工程项目管理的问题点与 BIM 应用课题的关联性进行探讨，最后，阐述日本在 BIM 技术领域的研究开发战略。

2 日本 BIM 的政策及社团活动

2.1 日本国土交通省的政策

2.1.1 BIM 应用方针的制定

日本国土交通省官厅营缮部规定，纳入国家税收范畴的政府工程中，设计和施工的承包方需要导入 BIM 技术，并于 2014 年 3 月制定了《BIM 应用方针》[1]。这是由日本国家正式发布的指导性文件。方针中，对 BIM 的应用目的进行了明确并举出了具体技术性事例，同时展示了 BIM 模型制作的“代表例”和“目标详细程度”的说明，期待 BIM 导入后，可以提高设计公司和施工企业的 BIM 模型制作的效率性。

2.1.2 导入 BIM 的工程项目

迄今，日本国土交通省官厅营缮部已经对设计领域应用 BIM 技术进行了相关准备，并于 2010 年出台规定，决定在政府工程中设定导入 (BIM) 试行工程项目，在设计领域率先试行 BIM 技术[2]。下述的 3 个工程为公布的导入 BIM 技术的试行工程项目。

(1) 新宿劳动综合厅舍[3]。

（2）静冈地方法务局藤枝出张所[4]。

（3）前桥地方合同厅舍[5]。

其中，前桥地方合同厅舍于 2015 年 5 月竣工后，其他的导入试行项目尚未被发布。

2.2 其他政府投资工程

2.2.1 法务省管教设施的 BIM 应用

日本法务省在管教设施和政府办公楼的设计中采用了 BIM 技术。在管教设施中，被收容者与外界的通信和视野被隔绝，设施需要具备防止被收容者逃走等安全保卫功能。在少年管教所的设计上采用了 BIM 技术，设计人员和管教职员通过 viewer 对完成后的建筑物视野和死角等进行确认，在设计中对存在的问题点进行调整[6]。

2.2.2 地方政府的试行项目

作为地方政府的 BIM 试行项目，福岛县须贺川市新厅舍项目是其中一个典型事例[7]。参加该项目方案设计竞标的佐藤综合计划公司负责人表示："在项目招标时须贺川市政府要求作为政府办公建筑的典型事例，应用 BIM 在整合度上进行高精度设计，设计信息要同时与市民共有。不仅仅在设计阶段，在施工阶段和竣工后 FM（Facility Management）阶段也要采用 BIM 技术"[8]。

此项目于 2012 年 11 月到 2014 年 3 月期间进行图纸设计，施工期间为 2014 年秋到 2015 年 3 月末，但由于复合结构的施工中，劳务和材料的调配方面出现问题导致工程延期，竣工预计为 2017 年 3 月[9]。

2.3 学会与团体的活动

从 2009 年起在日本各学会关于 BIM 的研究发表开始增加。例如，日本建筑学会信息系统委员会在 2015 年 2 月和 2016 年 2 月召开的两次 BIM 专题研讨会，定员 150 名的会场场场爆满。两次研讨会，虽然就今后 BIM 的可行性及 BIM 导入的迫切需求进行了讨论，但缺乏具体的成功事例报告，而且有关 BIM 在施工现场管理方面应用的反馈也屈指可数。另外，从事 BIM 软件互换性和数据共有规格的研究开发团体日本 IAI（International Alliance for Interoperability Japan Association），与一般社团法人日本建设业联合会（日本建筑业企业联合体的上部组织），及公益社团法人日本建筑预算协会（日本预算企业团体）等组织也在对 BIM 技术方面从事各种积极的工作。

3 BIM 的主要应用实例

3.1 日本的 BIM 软件

日本在 BIM 软件开发和应用上，需要与日本建筑法规法令的相关功能规定一致，这与其他国家的实际应用情况有所不同。具体如表 1 所示。

3.2 设计事务所的 BIM 应用实例

日本设计事务所分为大量的个人、中小设计事务所和少数有大规模组织设计公司。这些个人及中小设计事务所中，除个别事务所（例如 OPEN BIM café[10]）外，大多数未应用 BIM，后者中的设计公司与 Autodesk 等 BIM 开发公司合作有组织地进行 BIM 应用开发。例如，日本设计公司（日本一家大型设计公司）积极地应用 BIM 技术来发挥在缩短时间和信息运用上的优势，如表 2 所示。

在日本经常使用的 BIM 软件　　表 1

领域	BIM Software	Vendor
企划	TP-PLANNER	COMMUNICATION S.
构造计算	SS3（SS7）	UNION SYSTEM
	BUS-5	KOZO SYSTEM
	SEIN LA CREA	NTT-F 综研
	BRAIN	TIS（竹中工务店）

续表

领域	BIM Software	Vendor
构造设计	Revit Structure	Autodesk
	Tekla Structure	Tekla
	SIRCAD	Software Center
铁骨	すけるTON	CALTEC
施工	J-BIM 施工图 CAD	FUKUI COMPUTER
方案	Revit Architecture	Autodesk
	ARCHICAD	Graphisoft
	GLOOBE	FUKUI COMPUTER
	Vectorworks	A&A
设备	CADWe’llTfas	DAITEC
	REBRO	NYK SYSTEMS
	DesignDRAFT	SYSPRO
	CADEWA	四电工
预算	HELIOS	Nisseki Survey
环境	SAVE 建築	建筑 Pivot

设计事务所的 BIM 应用实例
（日本设计·岩村氏演讲）[11]　　表 2

发挥缩短时间这一优点	
（1）直接协作	·日照/日影的研究 ·和高楼风的模拟等数据的协作
（2）大规模数据处理	·把 Autodesk 公司的超级电脑作为云端灵活使用 ·城市模型这样大量的计算有可能实现
（3）复杂的参数	·和 3D 打印协作来实现对复杂形态的研究
（4）超过定量的研究	·在同一熟知的照度下提供不同的感觉，EV 厅照明设计
发挥灵活运用信息这一优点	
（1）属于 BIM 的出图	·平面图上的各个房间用颜色区分（有属性自动生成） ·在进行预算时能用的各部位、材料的颜色区分
（2）3D BIM 协作	·保持由 3D 工具研究出的形状的信息，直接导入 BIM 中

续表

发挥灵活运用信息这一优点	
（3）参数化设计	·操作参数对立体形状进行局部修改 ·自动计算板材的分割 ·最适化（减少曲面板材的张数）
（4）维持管理 BIM 协作	·程序劳作的自动化（有可能设定反复的工作程序） *制作效果图 *建筑方案设计和构造设计的一体化（半圆屋顶的设计等） ·设计阶段中嵌入的各种用品数据的灵活运用 ·在设计阶段决定性能和详细构造

3.3 大型建筑总承包企业的 BIM 应用实例

3.3.1 大型建筑总承包企业的优势

在日本由设计单位绘制的设计图纸交给总包企业后，由总包企业绘制施工图，然后向分包企业进行施工图技术交底。但是，由于设计单位完成的设计图纸内容参差不齐，这就要求日本总包企业对图纸内容进行补充完善，例如，完善平面详图和混凝土结构图后再绘制现场施工图。另外，在日本的私人投资工程中有相当大的比例为设计施工一体化发包方式，总包企业内部有相当多的设计人员存在。因此，日本的总包企业可以在设计和施工两方面同时考虑进行 BIM 应用。

3.3.2 大林组公司的 BIM 应用实例[12]

大林组是一家日本大型施工总包企业，以下介绍该企业的 BIM 应用实例。

该公司于 2010 年设立 BIM 推进室，并于 2013 年改组 PD 中心成为 BIM 的专业部门。

BIM 可以进行三维建模，比较容易进行图面之间和工种间的整合，总包企业和分包企业可以在同一模型下进行设计信息的互相传输。因此，从工程管理设计向施工图设计过程中能够对整合工作进行（Front Loading)。

由于二维图面的限度，该公司应用3D扫描和3D打印，正致力于提高设计的整体效率性。BIM在信息记述传达方法上也正发生着重大变化。

在外墙板的施工上，具体有设计公司和墙体制作企业的合作事例。

设计公司与总包企业对制作的外墙板形状在EXCEL数据中进行比对，发现了设计和施工企业之间的误差，然后，按照自由曲面形状制作→3D-CAD→NC加工机的流程把模型信息进行了传输，该公司称其为“From 3D（设计公司）to 3D（总包企业）to 3D（墙板制作公司)”。另外，在与钢结构加工企业合作中，从结构BIM的Tekla向加工模型的变换，已从使用IFC到开始使用CSV，大大提高了处理的效率化。

4 迄今为止的研究开发的经过

4.1 产品模型（Product Model）研究

日本国土交通省对BIM是按如下进行定义的：“在计算机上制作的三维形状信息中添加各房间的名称、面积，材料、部件的规格、性能，装修等数据，根据以上的建筑物各属性信息建立建筑信息模型”[1]。

这些BIM的基本理念是，20世纪90年代以来在产品模型（Product Model）研究[13]中被提倡的。同时，产品模型（Product Model）在《日本工业规格》JISB3401：1993中被定义为：“根据制造产品所需要的形状、功能及其他数据，产品在计算机内部呈现出的模型。”在建筑领域认为，对建筑物按照材料、部件进行分解，根据三维信息和属性信息进行一体化管理的模型。

与此同时，在20世纪90年代被提倡的目标指向分析和设计中，用等级与等级间关系对全体进行表现，对个别要素进行等级实例化的定义方法，这与BIM的目标指向有着同样的记述。

BIM用这种概念在产品化方面得到了较高评价，但在研究开发的设想上并不是什么新鲜事物。例如，在目标指向分析、设计中，信息在阶段性深化中的“继承”考虑起着重要作用，但在BIM中“继承”的考虑方法并没有得到实际采用。因此，设计者从方案设计阶段向墙体的详细设计阶段进行深化时，可能会影响到设计者的自由构思。

4.2 通用型一体化系统的开发和挫折

日本建筑学会于1978年6月创建电子计算机应用促进会，在1980年成立了电子计算机委员会。其后，伴随着计算机的普及，发展成为现在的信息系统技术委员会。[14]

20世纪90年代日本大型总包企业开发了设计施工一体化信息系统，当时的计算机由于性能尚存在不足，设计部门需要投入大量的人员来配合其工作，而且在施工现场也缺少使用价值，所以也没有得到进一步推广。

另一方面，在当时的建设省建筑研究所，顺应国家提出的CALS/EC的开发普及政策，各企业开发了通用型综合信息系统，但主要企业的负责人仅对主要事项做出定义后，工作并没有继续开展下去，结果是没有开发出实用的设计系统。

Auto CAD等软件作为事实上的业界标准，得到快速普及，而通用型一体化系统没有得到继续发展。其后，大型总包企业开始开发stand-alone型的BIM及BIM合作软件。

4.3 施工现场的应用开发

以上的研究开发的主流，主要为系统工程师和设计工程师来承担的。施工现场的技术人员参与系统开发是从1995年开始的。例如，吊装管理[15]和数量计算[16]等系统的开发，由于开发目的明确和实用价值较高，得到施工现场的较好评价。

即便是设计施工一体化承包的总包企业中，由于设计部门和施工部门的信息系统仍然是分别管理，使得企业内部很难进行统一的共有化管理。

5　日本 BIM 应用的课题

5.1　日本 BIM 应用的阻碍要因

日本 BIM 应用尚处于摸索和自主研发状态，而且大多数的活用实例仅限于日本国内，未做到放眼世界，缺乏对全球化通用供应链发展的关注，因此实际上无法实现提高整体效率。

在各总包企业的推广应用也存在很大差异，在大多数企业中尚看不到真正下大力气成立 BIM 应用体制来开展活动的现象。例如，企业领导层对 BIM 的理解、认同程度对 BIM 的应用起着很大的影响作用。

BIM Manager 的作用如图 1 所示，但如果设计公司没有统一整合各专业设计，设计图纸会在通过审批后不经过整合就被送达施工单位。因此为保证各专业设计图纸的整合性，对 BIM 进行相互调整是 BIM Manager 的重要工作内容，各企业对此处定位是有所不同的。

但实际上，日本的 BIM Manager 没有太大的权限和责任，其工作主要是协调处理各方关系，相应的训练也仅限于自主提高能力。

由于在日本大多数业主感受不到 BIM 应用带来的好处，因此在合同条款中也缺乏对 BIM 应用的考虑。

该作法的弊端是由于无法期待由业主来承担 BIM 导入带来的增加成本，设计公司和总包企业也只能靠从项目成本中节省出相关的费用。

BIM 应用并不是用三维进行设计，而是构筑各组成部分和部件的数据库。日本的设计公司，在对应 BIM 导入带来的事前讨论时，其经营能力往往无法承受在设计阶段集中设定规格时所带来的重荷。

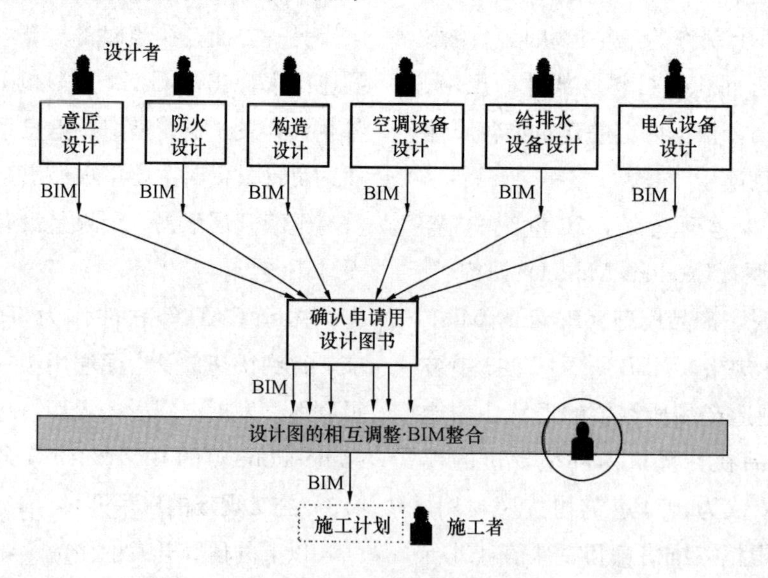

图 1　BIM Manager 的地位与作用

5.2 日本建筑工程管理领域的问题点

讨论日本 BIM 应用时，首先应认识到日本建筑工程管理领域的问题。

5.2.1 总包企业的图纸绘制

如前所述，日本的总包企业需要绘制现场施工图。在国外，例如中国的总包企业不需绘制现场施工图。欧美的设计企业需要绘制包括详图在内的各类图纸并需承担设计责任，而欧美的总包企业是不用绘制图纸的，也不用承担设计责任。欧美的设计变更追加费用是较高的，因此业主在项目早期就会与施工企业协作选择最为有效的 IPD（Integrated Project Delivery）发包形式。

5.2.2 业主与设计公司的“决策工作”的延误

注：“决策工作”为，在设计工程中需要业主对选用何种建筑材料的规格等进行决策。

在日本，总包企业的设计能力起着减缓业主和设计公司压力的作用。以目前建筑行业对业主方和设计方的宽松要求，导入 BIM 仅会相应增加设计公司的负担，并不会降低施工企业操作时的风险。

Front Loaning 作为共同的命题，通过 BIM 来改善业主“决策工作”中存在的不顺畅状况，即通过 BIM 应用对设计进行有效的约束。

5.2.3 第二期的劳动生产性增长

日本在 20 世纪 80 年代由于施工现场邻建问题带来开工和竣工的延误，从而不得不对整体事业计划进行修改，所以，缩短工期作为主要解决办法被提出并被称为第一期劳动生产性增长。

例如，中国的低技能农民工带来了劳动生产性增长问题，新加坡为了削减外国人劳动者，把劳动生产性增长作为重点政策进行实施。

日本过去存在过与中国和新加坡共同的烦恼，虽然已经被解决了，但近年来日本也开始呈现技能劳动者减少的现象。持续下去，日本也将晚于中国和新加坡，不得不针对低技能劳动者推行规格化和单纯化的劳动生产性增长政策，这被称为第二期的劳动生产性增长。

日本虽然与中国和新加坡在“劳动生产性增长”方面的背景和意义是不同的，但同样存在相同的问题。

6 今后的研究开发

6.1 研究开发的方向性

总包企业在设计施工一体化承包项目中，从提高业务效率方面来说，设计部门导入 BIM 优势明显。例如，有总包企业负责人表示，只要可以节约繁杂的相互检查工作，总包企业是可以承受增加 BIM 数据输入带来的设计业务负担的。如果导入 BIM 技术，中长期可能主要由总包企业来主导。

设计公司在导入 BIM 技术进行设计活动时，不应是仅仅作为三维工具进行描画，而是应该利用 BIM 压倒性的数值解析能力提出具有独创性的设计提案。

那么，BIM 应用将会给业主带来哪些好处呢？通过 BIM 的工作过程（Work process）可以认识和分享早期解决“决策工作”。设计公司和总包企业都应该积极地向业主说明应用 BIM 带来的好处。

6.2 BIM 应用被期待的领域

6.2.1 在数量计算领域

现在实施的 BIM 与数量计算软件的数据共有开发工作，处理速度是一个大问题。通过绕过中间 IFC 文件建立与 BIM 直接连接的数量计算软件的开发、改良，可以大大实现处理的高速化。而且，数量计算软件一侧的输入、修改与 BIM 相互反映实现双方向的联动，在粗概算阶段还可以进行模拟设定。

6.2.2 在施工领域

与施工领域共有时也同样存在处理速度的问题。假如从设计公司向施工企业提供全部的 BIM 数据，BIM 中所包含的信息对于各工种的专业分包企业来说许多信息是无用的。因此，需要开发一种在设计后能简单操作就把相关 BIM 信息进行分割，并把相关部分提供给施工方的 BIM 应用软件。

6.2.3 Facility Management 领域

日本的业主方对在 FM 领域的 BIM 应用较为感兴趣。已有关于大学和工厂设施建设的实例报告。

竣工图不仅仅用 BIM 绘制就算结束，需要把 BIM 技术反映到建筑物的实际运用状态中。另外，业界也期待着对既有建筑物的 BIM 数据录入技术的开发。

7 结论

本文对日本的 BIM 导入状况及问题做了阐述。

日本的 BIM 应用的特征为 Stand-alone 模式，由大型建筑施工企业主导、一般设计公司普及推行，私人设计公司相对实行困难。其原因是在日本的建筑工程承发包及签约模式下，大型建筑企业始终处于主导地位，造成 BIM 的优势无法在建筑全领域得以推广。

作为今后的课题，与中国的 BIM 应用进行国际比较，结合日本企业在日本国内和中国市场的差异调查进行分析研究。

谢辞

本文执笔时，得到了日本 Nisseki Survey 公司董事长生岛宣幸氏的大力支持和协助，特此表示感谢。

参考文献

[1] 国土交通省报道发表资料 .2016-03-19. http://www.mlit.go.jp/report/press/eizen06_hh_000019.html.

[2] 国土交通省大臣官房官厅营缮部网页. http://www.mlit.go.jp/gobuild/gobuild_tk6_000094.html.

[3] 国土交通省大臣官房官厅营缮部网页. http://www.mlit.go.jp/gobuild/gobuild_tk6_000096.html.

[4] 国土交通省大臣官房官厅营缮部网页. http://www.mlit.go.jp/gobuild/gobuild_tk6_000098.html.

[5] 国土交通省大臣官房官厅营缮部网页，http://www.mlit.go.jp/gobuild/gobuild_tk6_000099.html.

[6] 日经 Architecture 加入建设 IT 战略. 2014-11-19, http://kenplatz.nikkeibp.co.jp/article/it/column/20141112/683229/.

[7] 须贺川市役所网页. http://www.city.sukagawa.fukushima.jp/3417.htm.

[8] Autodesk 使用者事例. 佐藤综合计划，http://bim-design.com/catalog/img/ad_satosogo_p1_low.pdf.

[9] 福岛民报，2016-02-24.

[10] Open BIM Café，website. http://openbimcafe，blogspot.jp/.

[11] 岩村雅人(日本设计项目管理部副部长，3D 数字解决方案室长). BIM 改变建筑存在方式～活用“信息”～，日经建筑家创刊 40 周年纪念研讨会议，东京，2015-5-20.

[12] 中嶋潤(大林組 PD 中心・项目第三课・課長). BIM 的现阶段推广进展状况，日本 Construction Management 协会关西支部定例会演讲，大阪，2015-5-25.

[13] Grady Booch：Object-oriented Analysis and Design with Applications，Benjamin/Cummings Publishing Company，1994.

[14] 日本建筑学会 120 年略史. 建筑杂志增刊，日

本建筑学会，第 122 集，第 1556 号，2007-01-20.

[15] 山本伸雄，沢田隆志，今西和，渡辺正宏，渡辺純一，植野修一. 吊装管理系统的开发－利用个人计算机的资材的吊装管理. 日本建筑学会第 12 回建筑生産和管理技術研讨会议论文集，pp. 233-238，1996-07.

[16] 曽根巨充，永尾眞，東間敬造，藤井裕彦，綱川隆司，松葉裕，萱島敬. 由生产设计算出数量和控制成本的可能性－生产设计三维 CAD 的利用(其 1). 日本建筑学会第 20 回建筑生产研讨会议论文集，pp. 333－338，2004-07.

典型案例

Typical Case

基于项目管理的高校园区建筑风貌规划
——以贵州大学花溪校区建筑风格规划为例

刘建浩[1]　龚　镭[2]

（1. 贵州大学土木工程学院，贵阳，550025；2. 贵州大学建筑与城市规划学院，贵阳，550025）

【摘　要】 近年来，随着高等教育的扩招，对大学园区基础设施配置的要求也日益提高。高校园区的建筑风貌是体现高校文化底蕴、表达高校地域风格、彰显高校整体形象的重要方式，与校区内部建筑的使用功能、使用人群等也有密切的联系。本文对高校园区风貌规划的现状研究进行了分析，探讨高校园区风貌规划的管理与控制，着重分析了校园风貌规划中地域风格、文化精神、标志性建筑等方面的规划设计管控，并以贵州大学花溪校区的风貌规划为例，通过风貌规划的整体布局与“三环”分区模式，具体阐述其规划管控方法。

【关键词】 高校园区；风貌规划；项目管理；贵州大学

The Planning of Building Style of University Campus Based on Project Management
——A Case Study of the Building Style Planning of Huaxi Campus of Guizhou University

Liu Jianhao[1]　Gong Lei[2]

(1. College of Civil Engineering Guizhou University，Guiyang，550025；
2. College of Architcture and Urban Planning Guizhou University，Guiyang，550025)

【Abstract】 Recently，with the college expansion plan，the demand of infrastructures of college campus is increasing. The building style of college campus is an important aspect to express the culture，regional spirit and holistic image of a university，which has intimate relation with the function and users of the buildings in the campus. With the analysis of the current researches about the building style planning in college campus，this paper discusses the building style planning of college，emphasizing historical background，cultural spirit and the landmark building among various profiles. Taking Huaxi Campus of Guizhou University as a case study, this paper presents the specific campus planning method in terms of the master plan of overall campus and "Three Ring" partition mode of each building group.

【Keywords】 College Campus; Building Style; Project Management; Guizhou University

1 引言

自主创新、重点跨越、支撑发展、引领未来是我国提出的建设创新型国家的指导方针，教育系统是创新型国家的一个重要的子系统。在这样的背景下，我国高校前些年进行了大规模的新校园建设，从就地扩建（如武汉大学）、择地新建（如浙江大学）到大学城建设（如广州、重庆、贵阳等），取得了显著成效，也留下了许多值得总结的经验和应该反思的地方：短期内进行大规模建设，形势发展过快使得无暇思考很多问题，对大学校园建设管理产生巨大影响；出现多个校区的环境关系无法协调，新旧建筑之间的衔接过于生硬，文化的延续与传承渐有缺失，各高校对新建筑的体量、高度、风格、材料、色彩及环境等方面缺少严格的规划管理，使得校园不仅在整体性上不协调，同时亦缺乏个性特色。

高校作为业主，由于时间紧、任务重、缺乏规划设计方面的专业人才，项目管理更多偏重于建设程序、造价、工期、质量等硬问题，往往将校园风貌创意等软问题交由设计单位研究并提交成果。设计师对于高校的办学理念、办学特色缺乏深入理解，对校园建筑风貌的分析实为欠缺，从而导致本可充分彰显大学精神风格的校园形象整体失衡，引起了一系列的建筑风貌、色彩无序与混乱，对使用者的视觉感受与心理感受均造成不良的影响，不仅不能反映校园的文化气息，甚至降低了整体的人文品位。因此，高校校园建筑风貌规划研究和管控具有应对高校扩招扩建衔接、改善校园氛围环境、积淀校园人文底蕴、促进校园和谐发展的重要意义。

2 高校园区整体风貌的管控

通常新校区项目立项之后，完整的设计过程包括：修建性详细规划、建筑设计、建筑建造、建筑使用及使用后评价等步骤。其中修建性详细规划与建筑设计之间的关系往往是不明晰的，使得修建性详细规划与建筑设计之间缺乏有效衔接，建筑师往往根据成熟的经验，将大学校园归纳总结为一套设计手法，在设计过程中仅对此进行一些因地制宜的调整与变通，造成千篇一律的校园风貌[1]。因此为解决当前大学校园建设中存在的这些问题，项目建设管理前期有必要对校园的整体风貌与地域特征、文化精神等的延续与协调进行管控，着重关注园区的整体性与和谐性，同时关注特定高校在地域、文化等方面的异质性表现。

2.1 整体布局与功能完善

世界级的大学都致力于创造独特的校园风格来吸引生源和师资。校园整体布局要体现与城市、自然共融，优美、有序、高雅、和谐的主基调，使得校园开放空间、教学区、生活区、运动区等功能明确分区，行为半径合理，自然景观与人工景观协调，整体上体现高校的创新、典雅、厚重、开放、现代人文、生态，弘扬大学精神的特色和风格。

2.2 地域文化的协调

高校园区总是处于一个特定的地域，整体

风格首先要基于地域的文化特征，不同的地区随其气候、环境、建筑等自然特点和人文特点的不同，也具有各异的色彩风格。没有抽象的建筑，只有与地域不可分离的、适应某一地区的气候、地形、地貌、材料等自然环境、社会环境、人文传统的具体的建筑。正是由于本土的自然环境特征、技术经济特征等综合因素的影响和制约，才构成了地域性建筑的建筑形式和风格，并构架出地域性的独特风貌。校园建筑作为地方建筑的一个组成部分，理应充分考虑其地域性，创造出适合当地具有自己特色的建筑。

2.3 文化精神的表达

文化是一个群体精神上的共通，大学是文化教育的精髓所在，大学园区的精神性与校园风貌的和谐统一关系尤为重要[2]。高校校园，从生活与规模的角度，相当于一个大的社区，从管理上相当于一个社区，高校校园建设的核心内容是实现校园物理空间的建设与校园文化之间的有机统一。在校园建设中应力求传承、渗透、融合学校已有深厚的历史文化，处理好不同时代建筑、空间、场所等元素之间的关系，通过这些元素传承校园文化的记忆。

2.4 标志性建筑

将校园礼仪性入口、中心开放空间与独具特色风格的校门、图书馆、行政楼等校园主体建筑，作为学校标志性建筑或建筑群，构建新校园的校前区空间、中心区，学院楼、教学楼、学生活动中心等采用书院模式以形成有一定文化内涵和学科交融、引人遐想、催人奋进的院落空间，吸引着莘莘学子接受这浓厚文化气息的熏陶。

3 以贵州大学花溪新校区为例的校园建筑风貌规划管控

3.1 贵州大学校园建设历史背景

贵州大学始建于 1902 年，是按清廷谕旨在贵山书院（建于 1733 年）基础上创建的贵州大学堂，当时的校址在今贵阳市省府路；1928 年，在贵州大学堂的基础上建立了贵州大学，校址选在贵阳市花溪。新中国成立后，贵州大学直属贵州省政府。在之后的数十年中经过了数次重组和调整，先后合并了贵州农学院、贵州艺专、贵州农干院、贵州工业大学等高校，学科建制逐渐完整。2005 年 9 月 8 日，贵州大学经教育部、财政部、国家发展改革委员会三部门批准，进入 211 大学建设行列，百年名校迎来了发展的春天。

贵州大学（简称“贵大”）曲折的发展历程，决定了其文化上存在连续性与多元性并存的特征，展望未来，贵大期待一个更为团结、进步、辉煌的明天。反观贵大校园发展，融合了多个时期、多种风格的建筑，因此新校区建设更适合以现代主义建筑为基调，弘扬大学精神，既需顾全整体、统一风格，也需体现新气象、新特征，成为具有时代特征的里程碑。

3.2 贵州大学新校园建筑风貌规划设计理念

2008 年初时任贵州省委常委、贵州大学党委书记龙超云女士预见性地指出：“不久的将来，一座崭新的生态型、园林式、数字化的高水平大学会矗立在美丽的花溪河畔，将为贵州的现代化建设，培养更多、更高层次的人才，做出更大贡献。”为贵州大学新校区的发展定位、校园整体风貌描绘了蓝图。

“溪山如黛，常沐春风，学府起黔中”[3]，贵州大学的校歌采用比兴的手法描述了新校园的意境与风貌，在黔中大地之上，遥望溪山美景，蓝天白云之下，林木葱葱，溪水如碧玉织带，气势宏伟的现代学府拔地而起，历经百余年的发展历史，自然与人文相互衬映，风物宜眼，前途无量。“明德至善、博学笃行”[4]是贵州大学的校训，结合时代赋予贵州大学的新要求，追求真理、崇尚完美，强调博学与实干。

3.3 指导思想

根据贵州大学的文化背景与地域条件，色彩的整体规划应要求“现代”、“典雅”、“简洁”、“朴素”，体现贵大文化地域特色。“不求统一，但求协调”，各建筑单体需保证其学科性质与使用功能特征，在风格上总体协调，保证形象风格设计能够融入校园整体意象，同时体现自身的工业、文艺、科研、生活、行政等性质特色。根据建筑功能、区位和面积规模等，允许在规定范围内对建筑细部处理、色彩、材料搭配等做个性化处理，体现自身创意和特征。允许各个时期的建筑，在总体风格协调的前提下，体现阶段性的发展痕迹、把握时代的建筑特征。

3.4 校园风貌的管控

贵州大学新校区规划设计管理经历了“校园发展规划—概念性规划设计国际竞赛—修建性详细规划—设计导则—单体设计—景观设计—建造—使用—后评价”等环节。在建筑风貌管理上增加了“设计导则”环节，分离出规划设计阶段的关键问题，对建筑设计空间关系、风格协调、材质使用等进行规定。

3.4.1 整体布局与功能完善

根据“设计导则”，以图书馆为核心，功能分区成三环分布（图1）；采用组团式建筑

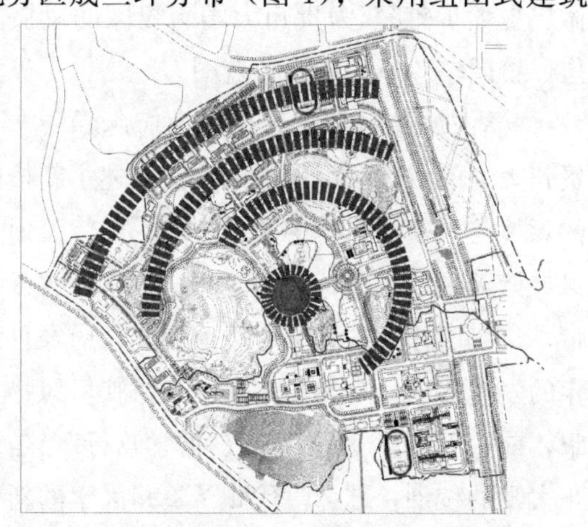

图1 贵州大学校园“三环”整体布局模式

布局，不同组团的建筑风貌在统一中有变化。色彩规划遵循“以基调色为整体，以单体色创风格”的规划原则，通过整体配色与分区单体配色进行规划，符合地域条件，应对校园生活。（图2）

图2 贵州传统建筑因地制宜，随势而筑

校园风貌第一环为校园大门、主入口建筑群、教学楼、实验楼，以4～5层建筑为主，不强调绝对对称，巧妙利用地形高差，形成均衡、稳重的视觉景观，礼仪轴线两侧建筑外墙材质统一采用陶土板为主，玻璃幕墙为辅，色彩以暖色墙面为基调，烘托入口礼仪轴线；公共教学楼、实验楼体量较小，采用坡屋顶丰富校园景观层次，外墙以纤维水泥板为主，玻璃幕墙为辅，色彩同样以暖色为基调，与校园总体风貌相协调（图3）。

校园风貌第二环为各院系学科群等，建筑群围合成书院形式，同样以暖色为基调，材质选用较为便宜的劈开砖和软瓷，局部采用券廊、木色百叶等手法。

校园风貌第三环由学生生活区、风雨操场、重点实验室、国际交流中心构成，以暖色墙面为基调，以12～15层宿舍为主体，既节约用地，又形成丰富的校园景观层次。

3.4.2 地域文化的传承

地域文化的传承重点考虑基地的地域特征和基地的自然特征，新校区建筑风貌要能体现贵州的山地建筑特征。贵州民居，它是贵州边远少数民族用取之于自然的乡土材料，通过木匠、泥瓦匠和普通的庄稼汉，日积月累、代代相传创造出来的，它具有浓郁的山地特色、民族特色，是朴实而又完美的西部山地民居形

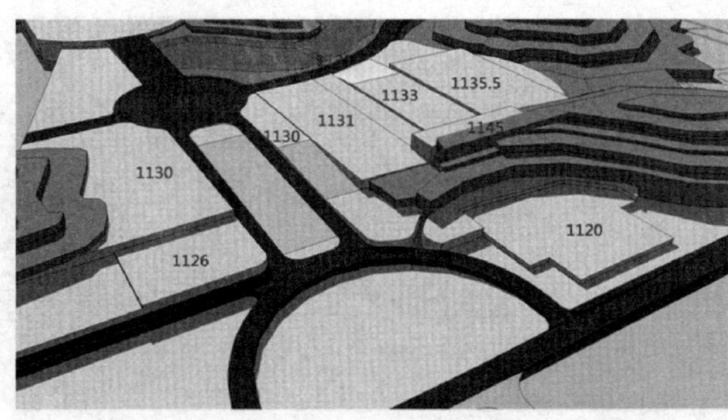

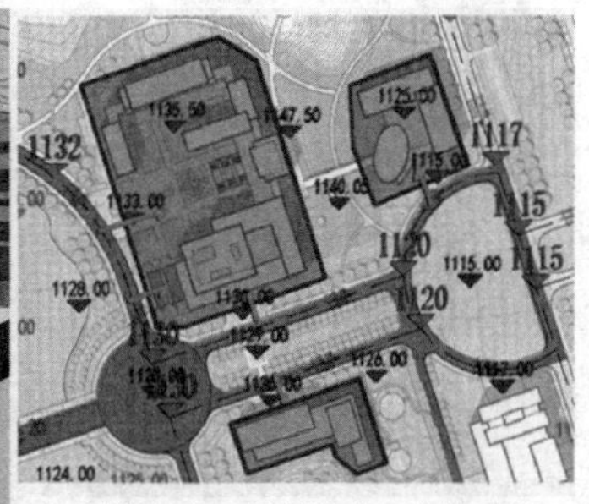

因地制宜，层层抬升，依势而筑

图 3　行政楼建筑群充分考虑基地高差的自然特性

态。吸取本地传统建筑精华，体现地域文化特色，让校园建筑更好地扎根在贵州的山水之中。

干栏式建筑很好地适应了贵州的地形地貌和气候特征，长久地保留并发展延续。在贵州大学新校园中以现代的方式再现这种经过历史考验的建筑形式，丰富了空间形态。虽然用现代的建筑材料取代了传统的木材，但仍然起到了其原始的功能——增加通风透气以避湿热，同时也提供了停车空间满足日益增长的停车需求（图 4）。

图 4　利用地形，再现干栏式建筑适应当地气候的特色

3.4.3　大学精神的彰显

当代的大学不应仅仅是教书育人的地方，它更应是一个思想交融的场所，各种独立的思想在这里传播、交流、融合，产生微妙的化学反应后将爆发出巨大的能量。这才是大学的价值所在。大学精神的本质需要独立和自由的研究氛围，使师生能在没有外界干扰的前提下，心无旁骛地追求真理。书院，是中国传统文化传道授业的场所，它体现了儒家文化对知识的尊重以及知识的传授方式；与此同时，也是西方现代大学发展之初普遍采用的空间形式。在新时期的校园建设中体现书院的意象，既有传承历史之意，也是充分汲取历史的养分，站在历史巨人的肩膀上继往开来，开拓新的天地。贵州大学新校园的公共建筑布置以建筑群围合的方式布置，错落方整的院落围合，造就体现了大学教学空间的书院特征，增强了向心感，使各自独立的学院联系成一个有机的学科组团，也正是学科交融的体现、资源的共享，创造更多更有效率的交往空间，营造出一个孕育新思想的空间容器（图 5、6）。

图 5　阳明文化书院正立面

图 6　食品与酿酒学院学科交融的书院空间

3.4.4 标志性建筑

3.4.4.1 图书馆

校园主轴线上的图书馆是贵州大学校园的标志性建筑，采用理性、简洁的立面风格、色调、材料，形成入口广场处的视觉节奏，烘托礼仪性空间氛围，整体设计融入图书馆和文化建筑的特征，将传统篆体图案意向，结合贵大红[2]将“贵、学、书”字，以红色的构架制成完整的遮阳系统，配以干挂石材和玻璃幕墙，体现厚重、沉稳大气的形象，以对应贵大明德、博学的文化传统。

图书馆立面选材以简洁、现代、朴素、稳重为原则，石材、构架、玻璃三种材料相得益彰（图 7）。“贵大红”遮阳构架为立面主体，选用复合铝板干挂幕墙，线条挺拔，构架质量轻、强度高，施工和维护难度低。石墙部分采用花岗石石材干挂，密实厚重，石材的肌理和质感都具备公共建筑大气沉稳的形象要求。玻璃幕墙采用 Low-E 双层中空玻璃，保温节能，极大地降低了空调的负荷；玻璃幕墙与复合铝板构架结合，在保证照度的同时可以避免阳光直射，也减少了建筑照明和空调能耗（图 8）。

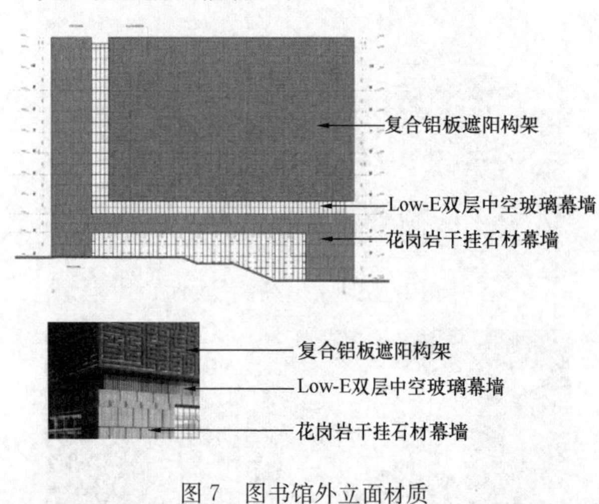

图 7 图书馆外立面材质

3.4.4.2 校园大门

校门设计在整个校园风貌设计中举足轻重，它是校园与城市的联系通道与分隔界面，

图 8 贵州大学新校园图书馆实景

是整个校前区空间中最为重要的标志，直接影响着校园整体风貌的品质和形象。贵州大学新校区大门沿用贵州当地民族建筑样式，外墙材料使用贵州当地石材红砂岩，体现书院的历史渊源与校园整体色彩相统一（图 9）。

图 9 贵州大学新校园礼仪性入口正大门

3.4.4.3 校前区入口空间形态

校前区空间指进入校园前后的一片相对独立的空间，广义上可以把校前空间理解为校园与周边空间交接的主要空间节点。是校园入口处与校园其他功能区的联系空间，也是校园与城市的联系空间，是联系两个不同性质空间的特殊节点，具有三方面的作用：标识作用——学校风貌的标识；展示作用——文化底蕴的展示；导向作用——大学精神的导向。贵州大学校前区为长条枝状形，以规整、大尺度的草坪为轴线，周边自由围合以点状的建筑群的空间形态，对景是中心水景和图书馆，营造了有视觉冲击力、理性空间秩序、又有很好的人性化场所的校前区空间（图 10）。

图 10　贵州大学新校园校前区入口空间形态

4　结论

近年来，我国的高等教育及其配套设施规划已有了迅猛的发展，校园风貌是体现高校建筑视觉美感与精神氛围的直接媒介之一。本文对高校园区风貌规划管理的探讨主要集中于整体规划的外部分析及应用，以及贵州大学花溪校区体现时代精神的入口校前区空间、体现大学研究精神的围合书院空间、体现地域文化精神的山地建筑形态，通过“三环”式的整体布局和管控，应对校园内不同功能分区的建筑特色进行了相应的调整，可以为其他兄弟院校的新校园建设和管理提供借鉴和思路。

参考文献

[1]　胡昱. 高校校园规划与建设，2008 年 9 月.

[2]　刘建浩，张琳. 高校园区色彩规划的外部统一与内部调和. 华中建筑，2014.

[3]　贵州大学. 贵州大学校歌[EB/OL]. http：//www.gzu.edu.cn/s/2/t/620/p/3/c/4906/d/4950/list.htm.

[4]　贵州大学. 贵州大学校训[EB/OL]. http：//www.gzu.edu.cn/s/2/t/620/p/3/c/4906/d/4951/list.htm.

基于BIM的地铁建养一体化管理技术及应用

方　琦　骆汉宾

(华中科技大学 土木工程与力学学院，湖北武汉 430074)

【摘　要】中国地铁建设进入了一个新的快速增长阶段，其为城市居民提供了巨大出行便利的同时，也对地铁建设及运营维护的整体管理水平提出了更高的要求。本文分析了传统的地铁运营信息系统中所存在的问题，引入以BIM技术为核心的协同管理平台，消除信息孤岛，提高业务水平和生产工作效率，用三维可视化的信息模型驱动工程分析、设备管理、商业空间管理、应急管理以及知识库等多个功能模块，实现地铁建设安全，运营资产保值、增值，以及运营安全。

【关键词】BIM；施工风险；抗震分析；地铁运维管理

Technology and Application of Metro Construction and Maintenance Management Based on BIM

Fang Qi　Luo Hanbin

(School of Civil Engineering and Mechanics，Huazhong University of Science and Technology，Wuhan 430074)

【Abstract】China metro construction has entered into a new rapid growth stage，which provides a great convenience for urban residents，but also have higher requirements for the metro construction and operation and maintenance. This paper analyzed the problems existing in the traditional metro operation information system，introduced a collaborative management platform using BIM to eliminate information isolated island，and raise the efficiency. The platform is composed of engineering analysis，equipment management，business space management，emergency management and knowledge database，and can achieve construction safety，asset to maintain and increase value，and operation safety.

【Keywords】BIM；Construction Risk；Seismic Analysis；Metro Operation Management

1 引言

当今，地铁工程建设在我国实现了迅猛的发展态势，其速度和规模居世界之首。2000年至今第三世界国家的城市地铁发展迅速，中国进入了地铁全面建设时期，并以惊人的速度跃居世界运营总里程排名第一。累积到2013年，运营总长度达到1766.5公里，站台数目1118个，北京、上海、深圳等大都市相继全面跨入了地铁时代。目前全国42个城市地铁在建，运营线路94条，在建线路120条，总投资超过1.5万亿元[1]。以武汉市为例，截至2014年12月已投入运营1、2、4号线，共75座车站，运营里程95.6公里。根据武汉市国土资源和规划局关于武汉地铁远景规划，2017年武汉市将建成投运1、2、3、4、6、7、8号线等7条地铁线路，共158座车站，路线总长235.9公里；2049年武汉地铁线路将达22～23条，总长度达到1000公里左右，车站总数预计500座左右[2]。

随着经济的高速发展，城市地铁因其低碳、经济、快速和准时的优点吸引了大批客流，有效地缓解地面交通拥堵的现状。然而，在地铁建设规模不断扩张的同时，地铁工程所带来的问题是不容忽视的。在整个全寿命周期的各个阶段有各种问题暴露出来，在设计阶段，有设计碰撞、建筑性能不高、未考虑使用要求等问题；在施工阶段，有工期紧张、预算超支、质量缺陷、安全风险大等问题；在运营维护阶段，设备管理难度大、客流量大、危险易发、资产管理需求迫切等问题亟待解决。

针对施工阶段，由于地铁建设处于城市中心区域，工程周边环境复杂，各种建构筑物、地下管线众多，加之工程地质与水文地质多样性和不确定性，使得诱发地铁施工过程中各种突发工程安全事故和灾害的因素增多；施工过程中城市生命线工程系统（如城市供水、供气系统、道路交通系统、通信系统、电力系统等）等维系城市与区域经济功能的基础性工程设施系统、关键设备等也相应带来严重隐患。稍有不慎就会导致周边建筑物塌陷，危害周围群众的生命、财产安全，引发公共危机。

针对运营维护阶段的问题，通过对地铁运营事故致因的相关统计，发现设备因素是导致地铁运营安全的重要因素，整个系统的正常运营，必须要以设备安全运行为前提和保障，例如，2014年11月20日，武汉地铁1号线轻轨再次出现STC设备故障，2014年3月8日晚高峰时，武汉地铁2号线光谷站C出口装饰物脱落引发连锁反应，慌乱中，多名乘客发生踩踏，导致7人受伤入院治疗。运营期是花费成本最大的阶段，也是能够从结构化信息递交中获益最多的项目阶段，传统的地铁工程项目运营维修信息主要来源于纸介质，在查询相关资料时往往需要从海量纸质的图纸和文档中寻找所需的信息，而项目在实施全过程中产生的文档图纸可以吨计，这样造成了一定程度上的信息流通问题。研究表明：美国商业建筑、工业建筑和公共建筑因信息不能互用，使美国本土建设成本每平方英尺增加了6.12美元，运营成本每平方英尺增加了0.23美元，解决信息互用难题，改进信息互用效率对提高建筑业的效率至关重要。另外，客流量大、危险易发是一个重要的安全问题，地铁车站是城市轨道交通系统的基层单位，大量乘客在此集聚、中转和疏散，客流量非常大，其本身又属于地下建筑，是一个相对狭小和封闭的系统，一旦发生火灾等突发事件，乘客极易产生恐慌和绝望等心理反应，此时如果不能及时采取有效的疏散措施，可能造成人员拥挤甚至践踏等严重后果，从而导致巨大的人员伤亡，例如2003年韩国大邱市地铁发生人为纵火事件，造成198人死亡，147人受伤；2004年的莫斯科地铁连环爆炸案，导致41人遇难，148人受伤。从上述问题可以看出，如果不能解决这些地铁工程带来的各种问题，不仅会造成地铁运营维护的不便，也会引发很多安全问题，严重时会导致人员和财产的损失，对社会经济和人民的生活造成深远影响。总结这些故障及现象，主要是以下三方面的问题：(1) 设备管理难度大。地铁运营的投入较成本费用增多，且维修维护的重复几率较高；另一方面，缺乏对设备安全性能的整体掌控把握，给行车安全带来隐患[3]。(2) 客流量大，却缺乏有效的动态监测和预警手段[4]。突发的大客流会导致车站内设备设施和客运组织超负荷工作，影响车站的安全[5]。(3) 资产管理需求迫切：伴随着数量庞大的地铁车站，由广告区和商铺区组成的商业空间的规模和数量越来越大，最大化利用商业价值、充分挖掘资产价值、商铺资产科学定价非常重要。

这些问题，其根源在于地铁建设和运营阶段存在信息孤岛和信息损失。首先，企业内部信息流通缓慢甚至不畅，各部门工作基本处于相对独立而较少有效信息交流的状态，缺乏整体视角；上层管理者获取的信息是否有效而全面关系到其制定的方案决策是否科学合理，而项目管理人员获取有关建设、运营的信息大多通过定期的会议和纸质报表，这种信息获取方式并不能保证实时、全面。亟需一个对当前运营业务的总体规划，设计好各部门之间的接口关系，以实现各部门信息共享，然后通过一种更加直观、动态的方式把信息传递给项目管理人员，打破“信息孤岛”[6]。另一方面，信息损失：传统工程项目中 2/3 的问题都与信息交流有关。工程项目中 10% ～33% 的成本增加都与信息交流问题有关；在大型工程项目中，信息交流问题导致的工程变更和错误约占工程总成本的 3%～5%[7]。信息损失的现状亟须建立一个知识库，进行知识管理，为工作人员提供借鉴以往地铁运营相关工作的经验和避免后续工作重复犯相同错误的平台。

为了解决上述问题，不少学者做出了研究：钱彬、林燕等（2012）详细介绍了地铁设备维修管理系统，总结出地铁设备维修管理系统应该包括：设备管理、预防性维修计划、工单管理、维修预算和报表分析等功能模块，由此确保地铁设备能够正常运营[8]。温雪等（2013）分析了轨道交通设备管理的特点与设备管理的业务流程，建立了设备维护管理的基本功能模型，以应对大连地铁设备维护运营管理的发展[9]。曾小旭（2011）建立了天津地铁网络化运营应急预案数字化模型，最终实现了应急预案的数字化应用[10]。张宇（2013）详细论述了地铁网络化运营应急预案管理系统，包括其功能模块、逻辑结构、系统数据库，以及计算机实现[11]。周林森（2013）介绍了用友艾福斯公司的依托企业内部局域网平台所开发的资产管理计算机应用系统，其功能及应用主要为资产管理、工单管理、工具管理、财务管理、合同管理、项目管理等[12]。

但是，已有的传统地铁运营的信息管理系统缺乏直观的、可视化的信息表达，面对安全隐患缺少预见性，面对突发状况也缺少紧急应变能力，处于一种被动应对的状态[13]。

引入 BIM 建筑信息模型可以有效地改善上述问题。BIM 是以三维数字技术为基础，集成建筑工程项目各种相关信息的工程数据模型，对工程项目相关信息详尽的数字化表达。基于 BIM 的可视化的、各参与方协同工作的管理平台，能打破“信息孤岛”，实现信息共享，消除信息损失。以 BIM 技术为核心的信息管理系统，能在操作层面产生多种效益：减少工期和成本、提高生产效率、提高项目质量、减少变更、提升安全性、自动建造、全寿命周期信息利用[14]；战略层面上为组织者提供及时、准确、全面、直观的物流、客流、成本、安全风险等重要信息，这是科学决策的依据；组织层面：提升协作性、节约劳动力、员工学习；管理层面：交流顺畅、数据传递准确、实现模型存档、降低风险、支持决策制定。

本文从国内外相关的施工与运维管理系统的理论研究分析和工程建设实地调研相结合的方式，针对某地铁车站项目，通过建立BIM地铁建养一体化管理模型，建立超近接多孔盾构隧道的有限元静动力分析模型，提出在建隧道施工对超近接既有运营隧道影响的关键风险点与技术对策，研发与应用手持管理系统、设备管理系统、地铁商业空间管理系统、消防应急管理系统、知识库管理系统。通过上述课题的研究与应用，最大程度地保证建设安全要求，运营期资产保值、增值，列车运行安全；达到资产运营的效益最大化，实现纯运营盈利。

2 基于BIM的地铁建养一体化管理平台功能需求

基于BIM可视化的、各参与方协同工作的管理平台，能打破传统的地铁建设与运维管理中产生的——由于管理过程涉及的单位和部门众多，信息输入只能停留在本部门或者单项作业的界面，难以进行及时的相互传输，形成“信息孤岛”。实现信息共享，消除信息损失。能达到以下目标：

(1) 建设安全要求。通过统一的BIM模型，辅以大型商用工程分析软件，实现对地铁施工的动态模拟，提前发现复杂工况中可能出现的风险点，如：超近接多孔盾构隧道的施工，预先进行风险防控，保障在建与运营地铁结构的安全。

(2) 资产保值要求。通过建设完善的设备管理系统，实现对企业资产生命周期的全过程的管理。提高维护、维修管理状态，保证设施、设备始终处于良好的状态，降低总体维护成本，提高整个设备资产利用率，从而提高设备管理、资产管理的整体水平，为地铁运营提供坚实的保障，为企业创造效益。

(3) 资产增值要求。通过建设完备的商业空间管理系统，实现对地铁大量商业资源（商铺、广告位等）的高效管理。基于BIM模型的可视化界面，与全景图片相结合，达到对车站空间进行良好的定位展示的效果，加强商业资源的租赁、维护等过程管理，保证商业资源处于高度的透明化，减少管理中的信息不对称，从而提高地铁地下商业资源管理的整体水平，为地铁公司带来可观的商业地产收益，提升物业价值。

(4) 运营安全要求。通过建设具有模拟分析培训等功能的应急管理系统，保证地铁运营安全。全面科学检验和评价安全事故应急预案的可操作性，从而进一步修改和完善预案，以对其安全疏散系统提出改进意见，优化方案；模拟演练培训员工，提高各组织各部门的员工对安全事故的快速响应能力，最终将安全事故的损失降至最低。

3 平台架构

本文提出的基于BIM的地铁建养一体化管理平台由协同管理平台与BIM模型两部分构成。协同管理平台主要是为地铁建设与运营维护管理各方主体营造一个信息沟通与协同工作的平台，实现系统集成。各部门各专业人士在其权限范围内，通过访问平台的各个子系统，获取BIM模型的三维数据库所包含的信息，进行管理操作，再将得到的成果反馈到SQL数据库中，保存以供使用和参考。

3.1 数据模型的建立

建筑信息模型（BIM）是项目生命周期信息的可计算或可运算的表现形式，与建筑信息模型相关的所有信息组织在一个连续的应用程序中，并允许进行获取、修改等操作，以

BIM 作为构建基础的系统可以持续、即时提供项目各种实时数据，使工程师、管理人员、业主等所有项目系统相关用户可以清楚全面地了解地铁运营维护的状态。

BIM 作为整个系统的技术核心，具有以下作用：

（1）实现地铁运维信息的数字化。数字化信息在系统之间的自动交流可充分保证信息的准确及时和完整[15]。

（2）BIM 包含了全寿命周期内所有工程项目信息，各种信息始终集成在一个三维模型数据库中。其信息集中存储有利于工程信息的传递和共享；同时可形成全寿命周期数据库。

（3）通过 BIM 模型与大型商业有限元分析软件的接口，实现了对地铁施工与运营隧道相互影响的三维有限元静动力分析，包括隧道结构的施工应力应变分析、地震响应分析、列车运营振动对既有隧道和在建隧道的影响分析。

（4）利用 BIM 配置的三维数据库，可以实现地铁运维的商铺空间合同管理、设施维护进度管理跟踪、可视化虚拟培训、疏散仿真模拟、协同工作等功能，将极大地推动运维管理的有效实施。

BIM 模型可实现水暖电设备的信息集成与关联，但无法展示电路元件间的电路图，因此，引入系统信息模型 SIM，完善电气设备管理。

SIM 是在整个项目全生命周期，用适当的软件（例如 Dynamic Asset Documentation 软件）来描述复杂的系统。在 SIM 中，每个元件和连接件都可以在关系数据库中以 SIM 与现实世界 1∶1 的关系建模。运用 SIM 模型，能清晰展示元器件间的逻辑关系，实现快捷的上下游关联分析和故障排查。

BIM 是一个很好的工作协同平台和信息交互中心，BIM 模型可以调用某一对象的 SIM 模型，如图 1 所示。

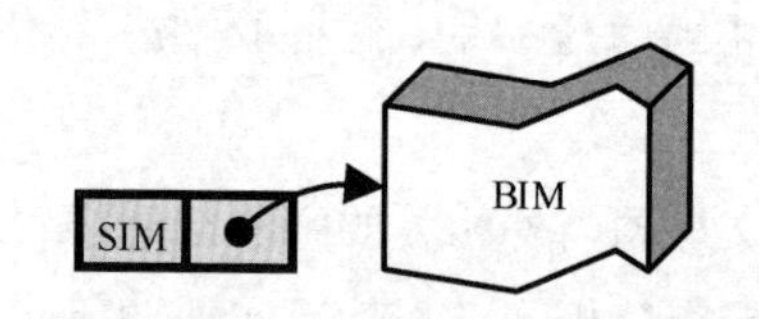

图 1　BIM 模型对 SIM 模型的调用

3.2　基于 BIM 的协同管理平台架构

由于地铁工程 BIM 模型数据量较大，为保证平台流畅运行，基于 BIM 的地铁运营维护协同管理平台采用 C/S 结构，服务器端配置路由器、防火墙以及 SQL Server 服务器一台，负责提供数据存储、访问和管理等服务。客户端为个人计算机，以及支持无线网络传输的手持终端。

在 C/S 模式应用开发中，系统的层次结构根据其功能的不同可以分成三层，如图 2 所示。

第 1 层是操作层，也叫用户界面，供终端用户群通过相关技术软件在自己的客户端进行操作。第 2 层是应用层，将管理信息系统应用程序加载于应用服务器上，通过中间件接收用户访问指令，再将处理结果反馈给用户。第 3 层是数据服务层，通过中间件的连接，负责将涉及数据处理的指令进行翻译和处理，如读取、查询、删除、新增等操作。

4　协同管理平台各模块及其主要功能

基于 BIM 的地铁建养一体化管理平台的设计构架要实现两个目标：（1）整合、协调地铁运营期间各部门的工作范围，以达到项目集成化、信息共享和全寿命周期管理的理念。（2）基于 BIM 的协同管理平台的构建要立足于地铁建设运营及维护业务，是对实际工作业务中遇到的瓶颈和苦难，利用信息化技术手段去解决或优化，最后达到建设安全、资产保值、资产增值和运营安全的要求。基于上述目标，平台的基本模块划分，如图 3。

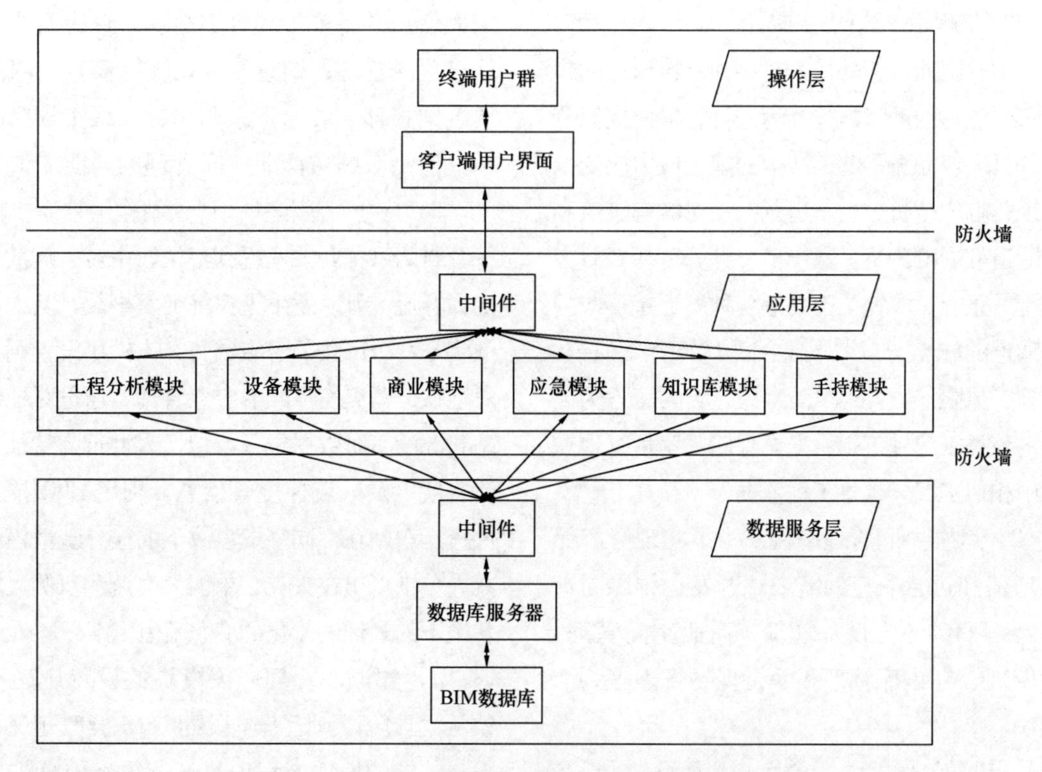

图 2 C/S模式下的地铁运营维护协同管理平台架构图

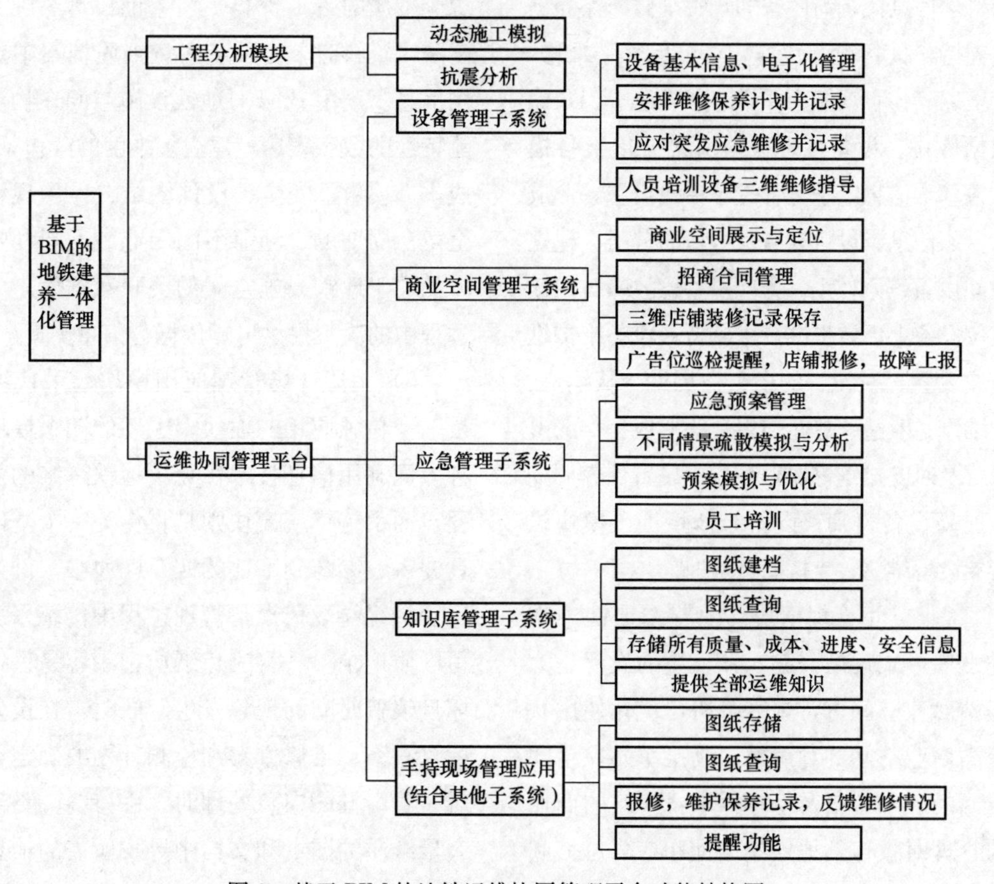

图 3 基于 BIM 的地铁运维协同管理平台功能结构图

（1）工程分析模块。应用BIM三维模型，导入大型有限元分析软件，对多种近接形式的超近距多孔隧道的动态施工行为进行有限元模拟分析，分析内容涵盖了隧道结构的施工应力应变分析、地震响应分析、列车运营振动对既有隧道和在建隧道的影响分析。基于模拟计算分析，对包括平行、正交、非完全正交等各种超近接形式的多孔隧道的施工与运营风险问题进行详细研究，提出施工风险点，并对风险对策进行讨论，为高风险的该类工况施工提供安全保障，为后续地铁建设中相似工况，提供工程依据。

（2）运维协同管理平台。为了实现资产保值、增值和运营安全的需求，开发运维协同管理平台，平台分为设备管理、商业空间管理、应急管理、知识库管理和手持现场管理等5个子系统。

1）设备管理模块。该模块是为了实现设备管理的科学信息化，为设备的日常维修、保养提供数据支持，具备设备快速定位、保养、维修、应急、培训等核心功能，并最终形成电子记录保存在数据库中。设备管理模块应细分以下各模块：设备基本信息电子化管理子模块设置，形成设备的台账信息、设备类型及区域的分类、建立BIM空间设备编码体系，为应对紧急故障时快速查找定位设备上下游提供技术支持；设备维护维修子模块设置，对设备的全寿命周期，从购买、使用、维修、改造、更新到报废等形成完整的电子记录，及时安排维修保养计划，设置保养周期提醒，提高设备寿命；设备维修培训子模块设置，指导设备维修，支持人员培训。

2）商业空间管理模块。随着“地铁＋物业”的发展模式逐渐兴起，该模块的设置是为了对车站商业空间进行规划分析，优化使用状况，提高商业空间的利用率，满足车站在空间管理方面的各种分析及管理需求：车站的商业空间的管理对象包括地铁站商铺和广告位，利用BIM技术对商业空间管理过程中所产生的庞大信息进行采集和分类整理，形成商业空间信息集成管理的信息平台，支持商业空间的租赁合同管理、装修记录归档、三维实景招商展示，满足车站对商业空间管理的功能需求。

3）应急管理模块。地铁站作为地下空间的一个封闭系统，并考虑到集聚、中转、疏散产生的大客流，万一发生火灾等突发事故，其人员疏散将是一个严峻的潜藏威胁。该模块设置则是针对地铁运营突发事故的应急管理，通过对地铁车站状况的实时数据录入，包括人群行为特征、人流密度以及人流速度等信息，利用BIM技术软件进行车站在不同突发事故下的应急疏散模拟仿真，分别得出在火灾、单侧大客流和双侧大客流状况下的最佳的量化的应急疏散方案。

4）知识库管理。该模块的设置应建立地铁从设计阶段到运营阶段的BIM模型知识数据库。传统的地铁工程项目运营维修信息主要来源于纸质的竣工资料，在查询设计、施工、竣工阶段资料时，需要从海量纸质档案中寻找有用信息。利用BIM对地铁设施空间在物理和功能特性的数字表达，建立多维度的（包括进度、成本、质量、安全、设计图纸、操作规程等）、全寿命周期的、涵盖不同专业、不同利益相关方的关于地铁设施空间的关联数据库，为运维过程中的决策提供可靠依据与信息支持。

5）手持现场管理应用模块。手持终端不是一个单独应用的模块，上述的四个模块都从各方面利用信息技术优化了地铁运维的业务流程，而手持终端模块则是将作为一个基础的工具嵌入、参与到上述的四个模块中。例如，利用手持终端取代设备管理过程中传统采用的手写纸质记录单，将避免纸质记录容易丢失、损坏且浪费时间的现象发生。同时，在设备基本信息查询、维修方案和检测计划的确定，以及对紧急事件的应急处理时，手持终端不需要从大量纸质的图纸和文档中寻找所需的信息，这有利于快速获取有关该设备的信息，从而达到设施管理的目的。可见，手持终端模块作为数据信息的采集、查询、记录、上传、派工工具，代替了传统的纸质档案，实现了现场管理数据简单录入、数据共享、快捷查询、提高人力效率、降低成本并挖掘数据后期分析利用能力的价值。这也是地铁运维业务信息化、标准化、规范化的关键工具。

5 应用实例

在系统设计的基础上，本研究完成了系统开发工作，并将系统示范应用于某地铁车站。

5.1 案例背景

该地铁车站位总长 298.4m，总体建筑面积 30800m²。车站为地下两层：地下 1 层为站厅层，地下 2 层为站台层。车站共设置 6 个出入口、1 个紧急消防安全疏散出入口。车站共有 6 个出入口。车站北侧隧道内有 2 号线与 4 号线的联络线。该站点地下采用同台换乘模式，两条线路 4 条轨道一字排开。设有两个位于同一层的岛式站台，其中靠外侧的两条独立轨道为 4 号线，两个站台之间所夹的两条轨道为 2 号线（图 4、图 5）。

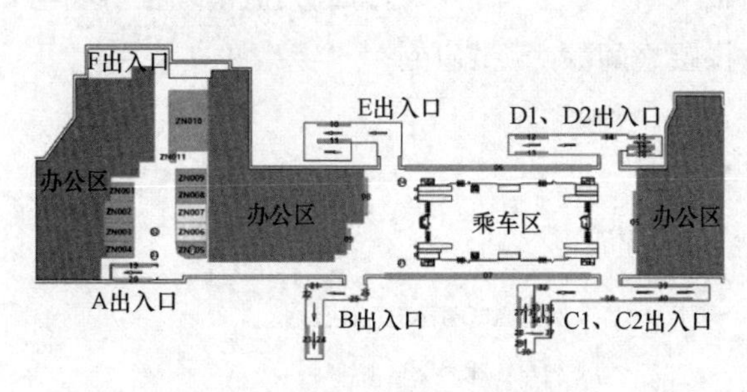

图 4 某地铁车站站厅层平面图

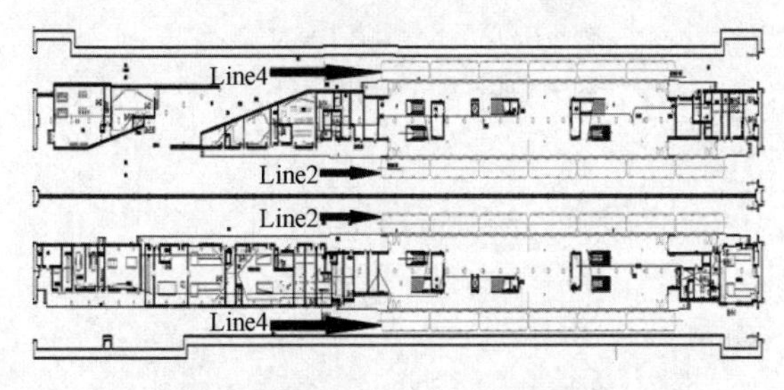

图 5 某地铁车站站台层平面图

5.2 建立 BIM 模型

首先依据有效施工图纸、施工总进度计划；建造过程中的设计变更图纸、图纸会审记录、技术核定单、建设单位口头指令确认单；设计文件参照的国家规范和标准图集、专业技术操作规程等，建立地铁站 BIM 模型——包括建筑模型、结构模型、空调系统、消防系统、给水排水系统、机电系统等各专业 BIM 模型（图 6）。各专业编码规则如表 1 所示。

某地铁车站 BIM 模型系统分类规则 表 1

系统名称	代号	系统分类
建筑模型	JZ	建筑模型
结构模型	JG	结构模型
空调系统	KT	空调水系统
		空调风系统
消防系统	XF	消防栓系统
		喷淋系统
		消防水炮系统
		防排烟系统
给排水系统	JP	给水系统
		排水系统
机电系统	JD	电缆系统
		电柜系统

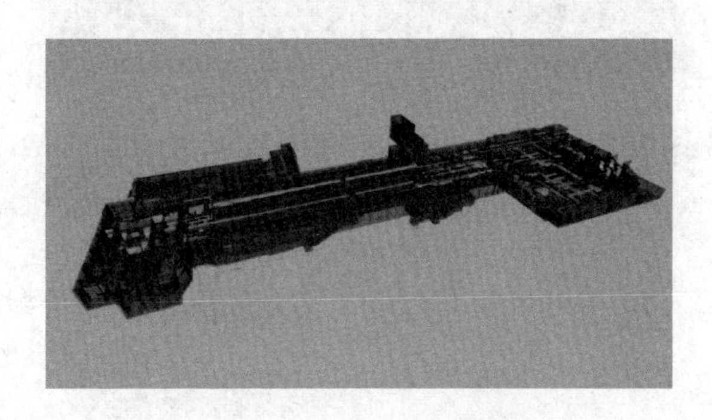

图 6 某地铁车站 BIM 模型

5.3 基于 BIM 模型的多线近距交叠地铁区间动态施工模拟与抗震分析

针对区间多线换乘地铁隧道结构的施工及长期运营安全的问题，应用 BIM 三维模型，导入大型有限元分析软件，进行数值模型的开发，并对多种近接形式的超近距多孔隧道的动态施工行为进行了有限元模拟计算与分析。

5.3.1 动态施工模拟

在分析区间隧道整体分布特征后，将其细分为五个区段（图 7）。

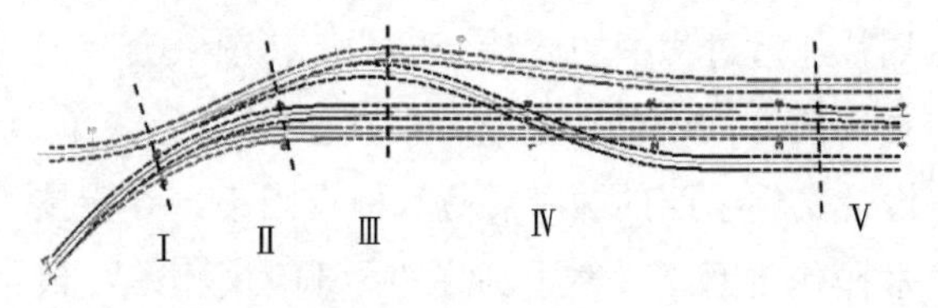

图 7 区间隧道分区示意图

根据实际施工时盾构机自身特点，同时基于目前国内外盾构隧道施工模拟的常规方案，本研究进行了更精细化的模拟分析，对盾构机自身重量的考虑上更为精细。分别对各个区段给出了相应的计算模型，分别进行了隧道变形、隧道受力、地层加固和地层加固后管片受力分析（图 8）。

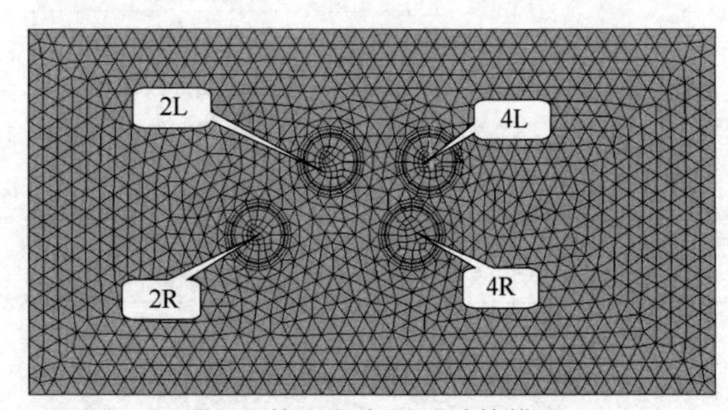

图 8 某区段有限元计算模型

5.3.2 抗震分析

已有研究成果表明，对于紧邻隧道，隧道的空间位置：角度和间距是影响其动力响应的关键因素。因此，为简化计算，根据区间的空间分布特点，将实际复杂的空间曲线隧道简化为不同水平间距和竖向间距的四孔水平平行重叠隧道，即交叠角度为 0°和四孔垂直交叠隧道，即交叠角度为 90°。

本次动力响应分析包括两类动力响应分析：地震响应分析和列车振动分析。

地震响应分析时，计算分析在中震（50 年超越概率为 10%）以及大震（50 年超越概率 2%）的武汉人工波作用下紧邻多孔交叠隧道的三维地震响应规律，分析在地震荷载作用下隧道结构的变形与受力。图 9 为动力计算的工况情况，其中地震响应分析有 12 种工况，列车振动分析有 30 种工况。

由不同工况的地震响应的计算分析，可得如下结论：

（1）隧道结构的变形与内力均沿结构纵向对称分布，变形与内力的最大值均出现在结构纵向跨中截面上，因此，该截面可按平面应变问题考虑，且得到的结果是偏于保守的；

（2）隧道的弯矩最大值出现在拱底，轴力最大值出现在拱腰，剪力最大值出现在拱底与拱腰之间的 45°拱肩处；

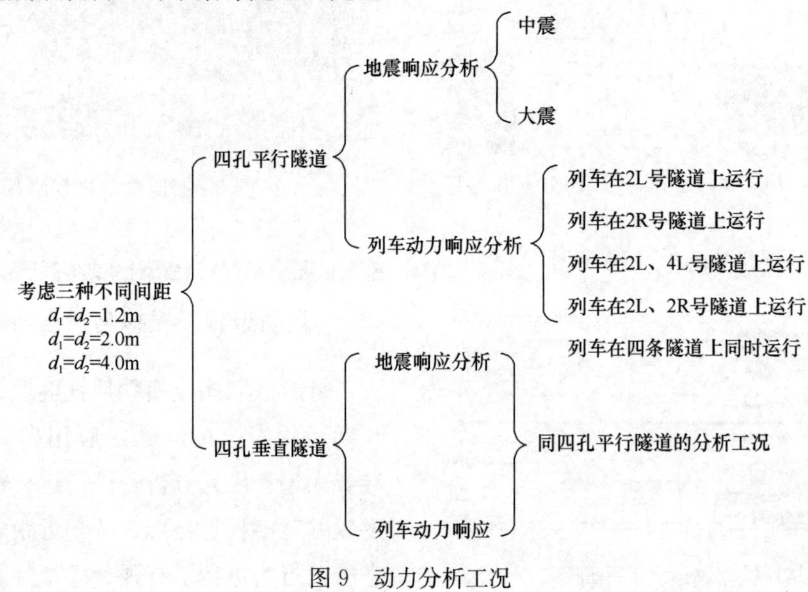

图 9 动力分析工况

(3) 对于地震引起的内力增幅，由于是横向剪切地震波作用，因此，轴力的增幅不大，其次是弯矩，剪力的增幅最大；

(4) 相比较而言，四孔平行隧道时隧道的地震响应（结构变形与内力）均大于四孔垂直隧道的情形；

(5) 隧道间距的变化对隧道结构地震响应的影响并不显著；

(6) 总体而言，在中震和大震条件下，隧道结构的变形满足相关规范（标准）的要求，具有良好的抗震性能，其抗震能力可得到保障。

5.4 运维管理系统开发

基于车站地铁站 BIM 模型，开发基于 BIM 的运维协同管理平台，满足第 4 节中的各模块的功能需求。平台分为设备管理、商业空间管理、应急管理、知识库管理和手持现场管理等 5 个子系统，具体的各子系统功能及其模块划分如图 10 所示。

设备管理系统在 BIM 三维模型的基础上作进一步的业务功能开发，该系统具有以下功能：(1) 支持设备基本信息电子化管理；(2) 及时安排维修保养计划，记录维护保养过程；(3) 实现设备突发应急维修过程并记录，并生成各类统计报表；(4) 设备三维维修指导，支持人员培训。设备管理系统界面如图 11 所示。

商业空间管理系统的功能设置针对资源部、物业部业务需求，实现车站在空间管理

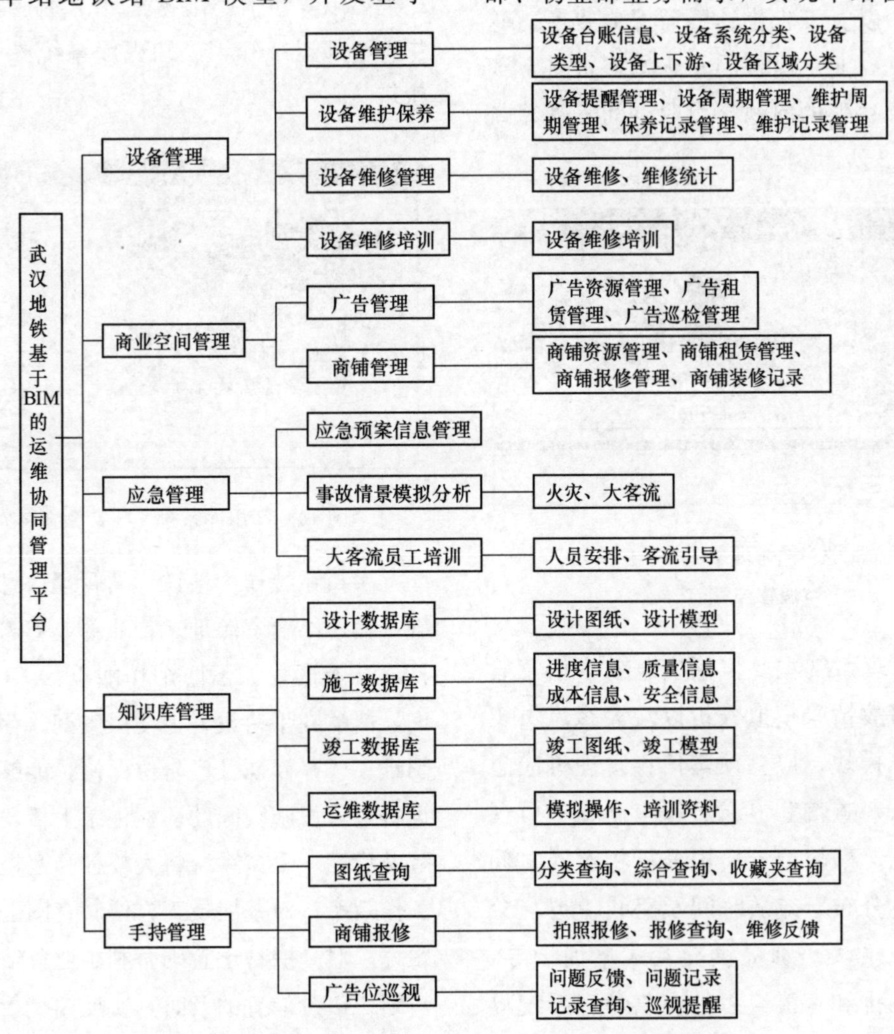

图 10 平台各子系统功能及其模块划分

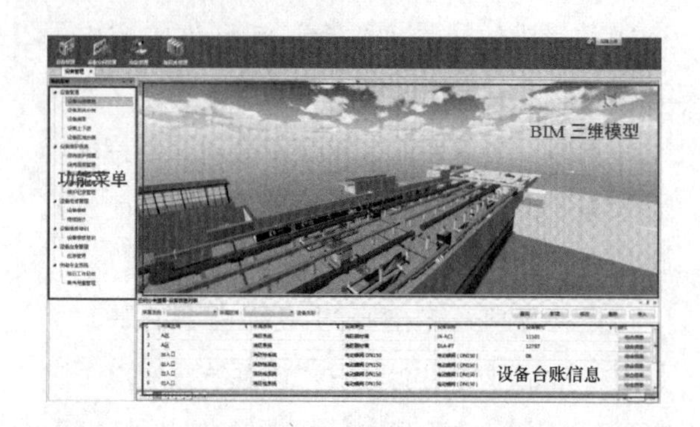

图 11　设备管理系统——设备信息管理功能界面

方面的各种分析和管理，以及空间分配的请求和高效处理日常相关事务要求。商业空间的管理包括如下四部分：(1)招商合同管理，包括到期提醒、合同额递增管理；(2)商业空间的三维实景展示与定位；(3)商铺装修的图纸记录以及广告位的障碍保修提醒。这将有效解决商业空间合同管理繁多混乱、商铺装修记录丢失的问题。商业空间管理系统界面如图 12 所示。

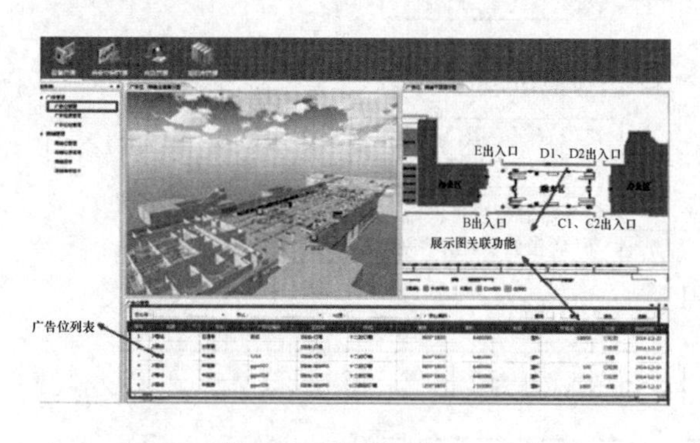

图 12　商业空间管理系统——广告位资源管理界面

应急管理系统主要包括应急预案信息管理系统、事故情景模拟分析以及大客流员工培训三个子模块。应急预案信息管理将应急预案的录入、查询和更新过程电子化、可视化、结构化；事故情景模拟分析将不同时间分布、人员分布下疏散时间及路线模拟与分析；大客流员工培训提供交互式培训指导，包括人员安排和客流组织。应急管理系统界面如图 13 所示。

图 13　应急系统——人员安排培训

知识库系统是基于 BIM 的可视化工程数据库，由设计、施工、竣工、运维四个数据库构成，包含勘察设计的图纸模型、所有施工过程中产生的全部工程信息记录（包括施工进度信息、成本信息、质量信息和安全信息）、竣工模型以及包括操作规程、培训资料和模拟操作等全部运维知识。知识库系统界面如图 14 所示。

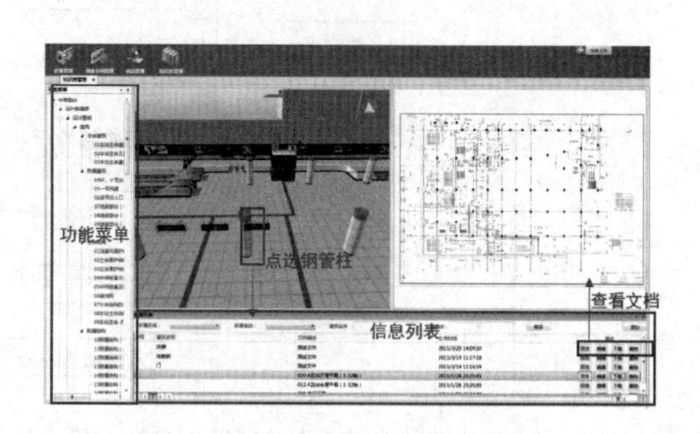

图 14　知识库系统——文档查看界面

手持系统作为地铁运营管理信息系统的基础工具，结合资源部、物业部业务需求，在手持终端上设置如下两个功能点：（1）图纸查询，能够在手持设备上便捷查询、存储或更新图纸；（2）商铺及广告位保修，能够利用手持设备进行设施空间的巡检记录上传、查询、提醒及反馈。手持系统将大幅提高巡检与报修的工作效率：对基层员工方便其查图上报及反馈跟踪；对高层管理者则有利于业务信息的条理清晰化以及信息的及时真实反馈。手持系统界面如图 15 所示。

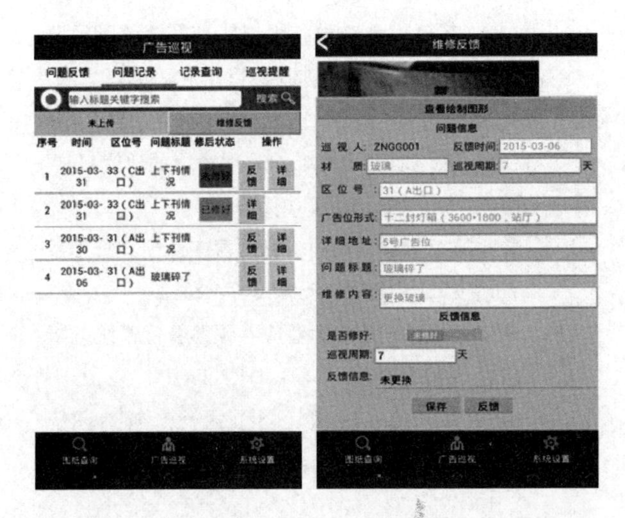

图 15　手持系统——问题记录及维修反馈界面

5.5　应用效益

系统的实施应用，能带来如下效益：(1) 提出了一系列施工风险点，并对相应的风险及对策进行了讨论，为该区间的高风险施工提供了安全保障，为后续地铁建设中越来越多的超近接盾构隧道施工的工况，提供了有效的工程依据。(2) 建筑设施信息的电子化、可移动化管理，缩短了 50%～70%查询时间，不必填写大量的资料且现场操作性好，不需要资料层层传递，手持一键上报数据共享，更重要的是有准确的数据支撑设备、商业空间的维护保养管理，延长资产寿命，提高了工作效率、节约业务时间。(3) 业务电子化，省去了管理资料的空间成本和管理成本，解放了人力资源、降低人力成本；利用信息系统的模拟仿真及培训功能，减少工程变更和拖延，减少工程返工、变更、延误，极大地节省成本。(4) 利用系统对突发状况的疏散模拟来检验已有的应急预案并进行优化，通过仿真分析，得出不同突发状况、不同时间分布、人员分布下最短的疏散时间以及最佳路线，最终从人员布置和客运组织两方面优化应急预案，并提供交互式的培训模拟，提高突发状况下人员疏散能力，保证极端情况下地铁运营的安全。(5) 作为间接效益，运维数据电子化后，后期可以用作数据分析，作为决策依据。信息化也是公司标准化、规范化的过程。通过业务信息化规范公司的业务流程以及相应的监管机制。

6　结语

基于 BIM 的地铁建养一体化管理平台，以 BIM 三维模型建立知识库，并对隧道结构进行施工应力应变分析、地震响应分析、列车运营振动对既有隧道和在建隧道的影响分析。基于大量模拟计算分析，对包括平行、正交、非完全正交等各种超近接形式的多孔隧道的施工与运营风险问题进行了详细地研究，提出了一系列施工风险点，并对相应的风险及对策进行了讨论。运维管理平台，囊括地铁全寿命周期的多维度信息，包括设计数据库、施工数据库和运维数据库，为科学决策提供数据支持；以手持终端为信息传输和查询工具，通过业务流程电子化带动成本节约和工作效率提高，使信息化技术深入地铁运维业务中；以商铺空间管理和机电设备管理为平台系统的落脚点，对设施空间中的固定资产，包括商铺位、广告牌、机电设备等等，进行及时有效的保养维护、更新替换，最终实现资产保值、资产增值；以应急疏散模拟分析应对地铁运营遇到的极端突发状况，通过量化分析疏散的时间和路线，优化应急预案并利用三维实景虚拟培训提高地铁工作人员面对突发状况的反应能力和处理能力，实现地铁运营安全。

总体来说，基于 BIM 的地铁建养一体化管理平台作为信息化技术的载体，将信息化技术带入地铁运维的实际业务，给地铁公司的工作流程和思维带来了深刻的改革，产生巨大的转变。信息化技术的应用普及是地铁运营业务不可遏制的发展趋势。

参考文献

[1]　国家发改委综合运输研究所 .2013 年全国各省

市城市轨道交通项目概览.[EB/OL]. http://www.ccmetro.com/newsite/readnews. aspx? id=68629. 2011-3-23/2015-4-5.

[2] 武汉地铁.[EB/OL]. http://baike.baidu.com/link? url = oy1lBwyv9sR22mImkq6G9kjFGXOx6GuCZiwZE5hC8yyTXifLWp-Rk26NbMUOgmF6UdCYYQh7MfyUMspUyjjJ4.

[3] 田明宇. 地铁设备管理中信息化应用研究[J]. 黑龙江科技信息, 2014, (02): 144.

[4] 李得伟, 孙宇星, 黄建玲. 地铁客流预警技术基础探讨[J]. 都市快轨交通, 2013, 02: 62-66.

[5] 田栩静, 董宝田, 张正. 地铁突发大客流安全控制方式设计[J]. 中国安全生产科学技术, 2013, 09: 188-192.

[6] 吴凡, 骆汉宾, 周迎. 武汉地铁工程建设管理信息化规划研究[J]. 土木建筑工程信息技术, 2010, 01: 59-63.

[7] Xu S, Luo H. The Information-related Time Loss on Construction Sites: A Case Study on Two Sites[J]. International Journal of Advanced Robotics Systems, 11, 2014: 128.

[8] 钱彬, 林燕. 地铁设备维修管理系统及其运营管理功能[J]. 精密制造与自动化, 2012, 02: 2-5.

[9] 温雪. 大连地铁设备维护管理系统的研究[D]. 大连: 大连理工大学, 2013.

[10] 曾小旭. 天津地铁网络化运营应急预案管理系统研发[D]. 天津: 天津大学, 2012.

[11] 张宇. 地铁网络化运营应急预案管理系统分析[J]. 科技与企业, 2013, 18: 111.

[12] 周林森. 南京地铁运营公司资产管理系统(EAM)的应用与实践[J]. 中国设备工程, 2013, 03: 14-16.

[13] 徐勇戈, 张珍. 基于BIM的商业运营管理应用价值研究[J]. 商业时代, 2013, 18: 87-88.

[14] Ding L, Zhou Y, Akinci B. Building Information Modeling (BIM) application framework: The process of expanding from 3D to computable n D [J]. Automation in Construction, 2014, 46: 82-93.

[15] 丁士昭. 建设工程信息化导论[M]. 北京: 中国建筑工业出版社, 2005.

BIM技术在超高层施工总承包工程中的应用

朱早孙 程志军 赵玉献 张 多

（中国建筑第二工程局有限公司深圳分公司，深圳518000）

【摘 要】本文主要介绍了BIM技术在深圳腾讯滨海大厦的应用，详细描述了施工总承包单位中建二局深圳分公司是如何应用BIM的可视化技术来促进本项目的设计施工流程，及各个工种之间如何相互协作的。同时，公司通过Autodesk Buzzsaw信息平台整合BIM模型、无线移动终端以及web等技术，进一步提高了施工管理水平。最后，有关该项目BIM技术的推广使用也进行了总结，对超高层建筑行业具有一定的借鉴意义。

【关键词】BIM技术；信息化集成平台；项目全过程管理；运维管理

Application of BIM Technology in Super High-rise Construction General Contracting Project

Zhu Zaosun Cheng Zhijun ZhaoYuxian Zhang Duo

(China Construction Second Engineering Bureau Co., Ltd. Shenzhen branch, Shenzhen 518000)

【Abstract】 This paper mainly introduced the application of the BIM Technology in Buliding of Binhai, Shenzhen, and the descriped how China Construction Second Engineering Bureau Co., Ltd. Shenzhen branch , which was the general constract unit of construction, used Bim-based visualization techniques to promote the design and construction process of the project, making various types of Subcontractors to cooperate with each other. Meanwhile, the company achieved a further improved level of construction management by means of Bim-based Buzzsaw Autodesk informatization integration platform, wireless mobile terminal and web . Finally, it summarized the generalization and application of BIM technology in this project, which has certain reference meanings to super high-rise building industry.

【Keywords】 BIM technology; informatization application integration platform; whole process management of project; Operation Management.

1 工程概况

1.1 工程概况

腾讯滨海大厦位于深圳市南山区后海大道与滨海大道交汇处，西面为后海大道（白石路），南面为滨海大道。整个用地位于深圳市高新技术工业园的西南角。北侧为园区内道路，相邻芒果网用地，东侧为规划的数栋高层或超高层建筑。

本工程项目建设用地 18650.95m²，总建筑面积为 341431.98m²。项目主要功能为研发、商业、食堂、文体设施，由南北两栋塔楼及高、中、低三道分别象征知识、健康、文化的连廊组成。

其中南塔楼 50 层，建筑高度为 244.10m，北塔楼 39 层，建筑高度为 194.85m。南北塔楼在 1～5 层相连形成裙房，裙房建筑高度为 35m，主要功能为大堂、展厅、餐厅（商业）等。南北塔楼在 21～25 层相连，主要功能为健身、活动等员工配套设施。南北塔楼在34～37 层相连，主要功能为阅读、培训等研发配套设施。本项目地下部分为框架-剪力墙结构，地上部分为框架核心筒结构。

1.2 工程特点与重难点分析

1.2.1 创优目标高

项目定位目标高，包括创鲁班奖、中建质量管理大奖、詹天佑大奖、全国建筑业绿色施工示范工程、美国 LEED 金级认证等。

1.2.2 钢结构体量大、结构复杂

钢结构重量约 5 万 t，伸臂桁架、环带桁架、连体桁架等节点复杂，钢构件单件最大重量达 45t。

1.2.3 管理要求高

该项目属于“交钥匙”工程，本工程机电、精装、弱电、家居、家私等设计标准高，对总承包管理要求高，而且要求竣工验收后即达到拎包入住办公的所有要求，施工全过程需精细化管理，确保一次性验收合格，让业主满意。

1.2.4 超高空连廊提升难度大

本工程三道连体连接，均采用液压同步提升施工技术，最大提升高度 175m（高区），最大跨距 51.25m，连体钢结构最大重量达 3200t（中区），同步控制提升点为多达 13 个，最大提升速度控制在 21m/h（高区）。连体结构自重量大、跨度大、提升高度大、高空对接控制精度要求高，属国内首例。

1.2.5 幕墙形式新颖独特

结构（南塔北侧与北塔南侧）在竖向上呈现弧线型变化（中部外凸），从下至上有低、中、高三道钢结构连廊；幕墙采用外倾鱼鳞式玻璃幕墙及锯齿型单元幕墙。

1.2.6 机电系统复杂、施工质量要求高

该工程为互联网领军企业腾讯科技公司未来的总部大楼，其内部机电系统复杂而密集，所涉及的新技术新工艺较多，如地台送风系统等，对施工质量的要求非常高，给施工过程质量、工期、成本等的控制提出了更大的挑战。

2 BIM 实施组织介绍

2.1 BIM 概况

本项目应业主要求，需全过程采用 BIM 技术指导施工，设计利用 BIM 进行管线综合检查碰撞出图，总包单位利用 BIM 指导施工，并最终形成一套包含建筑、结构、机电、幕墙等全套建筑信息模型，提交物业运维使用。

2.2 建立 BIM 团队

2013 年成立了公司-项目两级 BIM 工作团队，公司统筹整个公司 BIM 工作的实施，由公司总工负责主抓公司的 BIM 工作。项目技术总工担任项目 BIM 负责人，作为公司 BIM

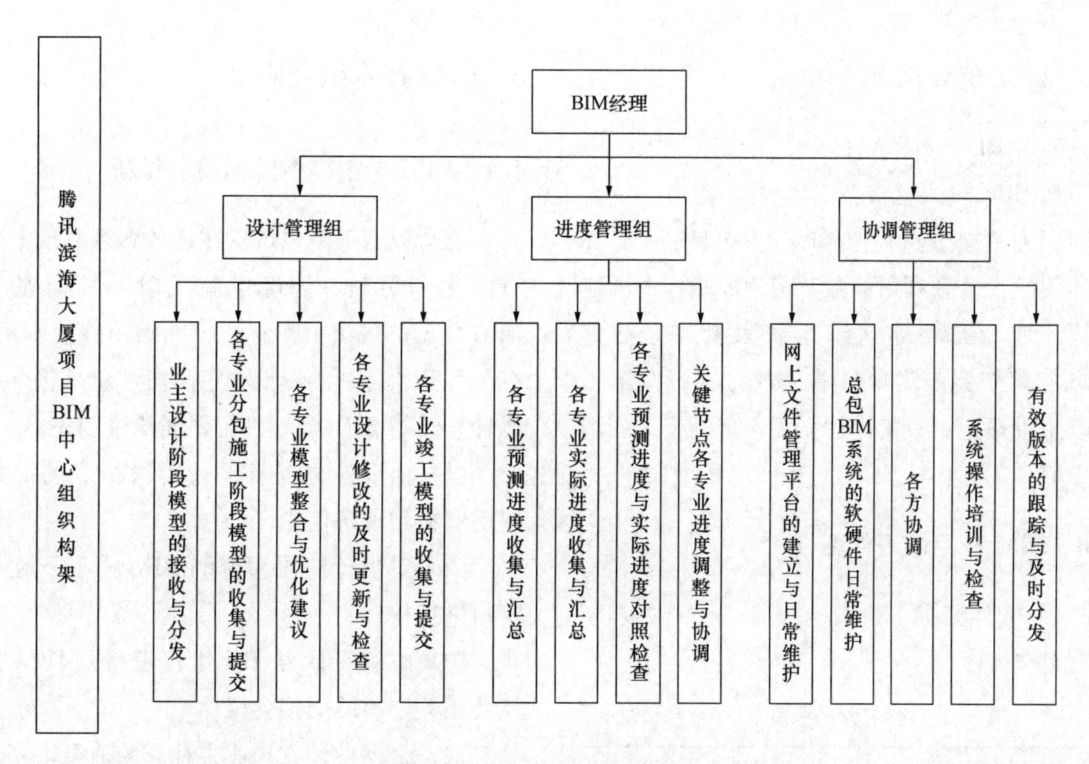

图1　项目BIM中心组织架构

小组成员全程参与BIM管理工作，根据项目实际情况，制定项目BIM工作方向和内容，并落实项目BIM工作的实施。

BIM工作团队设BIM经理1名，并分为设计管理组、进度管理组和协调管理组（图1）。

2.3　建立BIM制度及标准

项目初期，建立BIM实施组织架构，并编制项目BIM标准及命名规则、BIM总包管理要求等标准文件。

2.4　BIM平台搭建

采用云技术构建协同工作平台，BIM各个相关单位可以在此平台进行成果的及时交互，同时方便管理方及时掌握BIM工作进展情况（图2）。

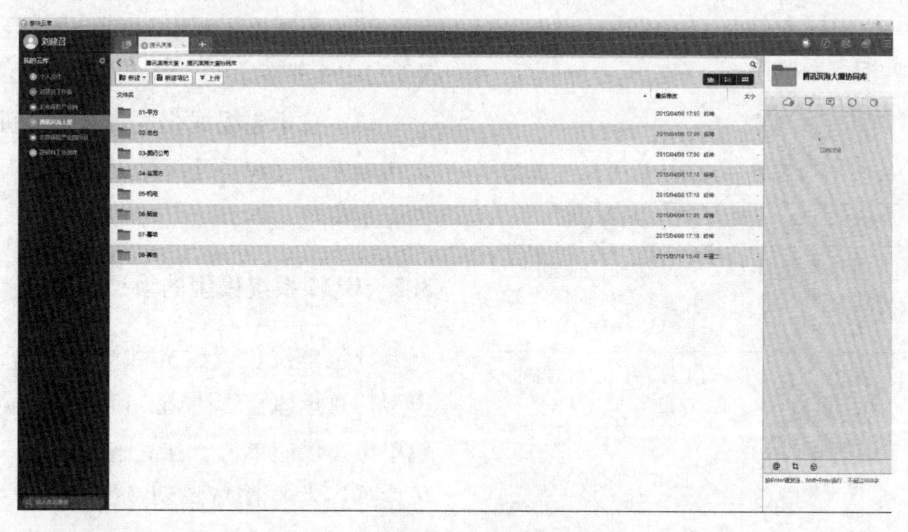

图2　BIM云协同工作平台

2.5 建立 BIM 族库

随着 BIM 技术在工程应用广泛深入，多数项目 BIM 投入已成为工程成本支出的重要方面。为了减少重复性 BIM 建模工作，提高工作效益，合理利用资源，节约成本，中国建筑第二工程局决定组织系统力量建立转述 BIM 族库资源。本项目响应局号召，在施工过程中批量定制收集，建立了丰富的施工现场模型库。

2.6 BIM 应用软硬件配置

2.6.1 软件配置

见表 1。

软件配置一览表 表 1

软件配置	应用范围
AutoCAD2013	CAD 图纸查看、绘制
Revit2014（Revit2013）	各专业模型建立、施工现场总平面布置及优化、辅助方案三维交底、物料计划、辅助现场安全、质量、进度管理
Tekla17.0/19.0	钢结构模型的建立、钢结构检测碰撞以及材料明细表，复杂节点的深化设计
Sketchup2013	装修工艺做法和施工模拟、精装效果图优化

2.6.2 硬件配置一览表

见表 2。

硬件配置一览表 表 2

设备名称	用途	硬件配置
操作工作站（2 台）	创建和维护项目 BIM 局部模型	DELL Precision T1850 E3-1240（3.4G/8M）/1T/4*4G/E2311H*2
协同工作站	整合和展示项目 BIM 整体模型	DELL Precision T1850 E3-1240（3.4G/8M）/1T/4*4G/E2311H*2
移动工作站	方便施工现场展示 BIM 模型	CTOI7- 3720/8G/1TB（5400）/15.5 超清 K1000M 显卡

3 BIM 技术综合应用

3.1 BIM 系统模型的创建、维护

总承包施工单位负责在设计图纸基础上进行深化和更新。为确保施工阶段所有基于 BIM 模型的各项工作有一个准确的数据基础，在工程开始之初的图纸会审阶段，总承包方对设计阶段的 BIM 模型进行仔细核对和完善。

（1）由设计方提供设计阶段相应的 BIM 应用资料和设备信息。

（2）对设计阶段相应的 BIM 模型及相关资料进行核对。

（3）组织设计方和业主代表召开 BIM 模型及相关资料的交接会议。

（4）根据设计方和业主补充的信息，完善设计阶段 BIM 模型。

总承包负责在服务期内为腾讯滨海大厦项目创建并维护主要专业的施工阶段的 BIM 模型，在设计深化和现场施工过程中将 BIM 设定为必要环节，保证 BIM 模型中的信息正确无误，完成由设计 BIM 模型到施工 BIM 模型的转化：

（1）根据设计变更及设计深化及时修改和更新 BIM 模型。

（2）根据施工现场的实际进度及时修改和更新 BIM 模型。

（3）总承包根据业主要求的时间节点，提交与施工进度和设计深化相一致的 BIM 模型，供业主审核。

3.2 BIM 系统模型的协调、集成

分包单位负责建立和维护自有专业 BIM 模型，总承包负责协调、审核和集成各专业分包单位、供应单位、独立施工单位、工程顾问单位等提供的 BIM 模型及相关信息。

（1）总承包负责督促各施工分包在施工过

程中应用BIM模型，并按要求深化。

（2）总承包负责基础和验证最终的BIM竣工模型，在项目结束时，向业主提交真实准确的竣工BIM模型、BIM应用资料和设备信息等，确保业主和物业管理公司在运营阶段具备充足的信息。

3.3 基于BIM模型完成施工图综合会审和深化设计

总承包在施工图图纸会审和施工图深化过程中，应用BIM模型来提高各专业之间的协同设计能力，同时加强项目设计与施工之间的协调。

（1）基于BIM模型完成施工图纸综合会审。

（2）基于BIM模型完成土建结构部分的深化设计，包括综合结构留洞图（CBWD）等施工深化图纸。

（3）基于BIM模型完成机电安装部分的深化设计，包括机电综合管道图（CSD）等施工深化图纸。

（4）基于BIM模型完成钢结构制作图纸深化设计。

（5）基于BIM模型完成装饰工程图纸深化设计。

3.4 基于BIM模型进行碰撞检测，空间调整设计

总承包将通过BIM模型进行各相关专业碰撞检测，形成包括具体碰撞位置的检测报告，并在报告中提供相应的解决方案，以便及时避免和协调解决碰撞问题。应用BIM碰撞检测将包括并且不少于如下范围：

（1）施工图会审阶段。

（2）施工图深化设计阶段，包括完成综合结构留洞图（CBWD）和机电综合管道图（CSD）等施工深化图之前。

（3）节点复杂和专业工程交叉多的部位在施工前半个月内应用BIM模型进行碰撞检查，空间调整。

3.5 基于BIM模型的4D施工模拟

总承包将基于BIM模型，结合本工程整体施工方案和进度计划，完成4D施工模拟，用于探讨和优化施工计划和施工方案。应用4D施工模拟将包括并且不少于如下范围：

（1）基于本工程整体施工方案和进度计划，制作中、长期4D施工模拟，用于优化中、长期的施工方案和进度计划（图3）。

（2）根据业主及施工管理的需要，制作短期可建性4D施工模拟，用于优化短期施工方案和进度计划。

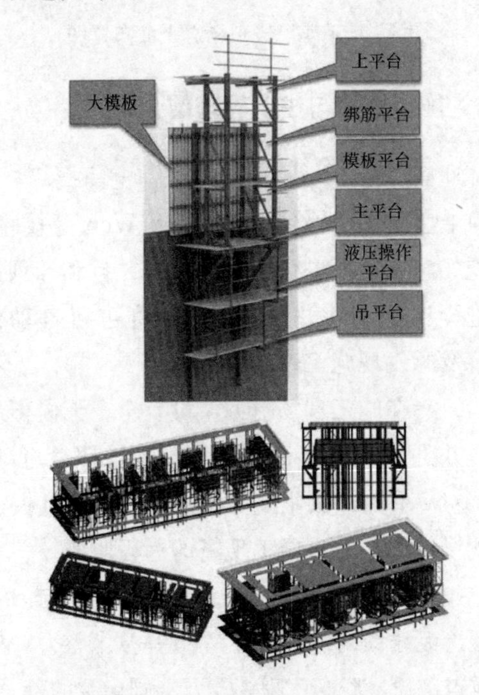

图3 液压整体爬升模板安装运行施工方案模拟

3.6 施工总平面管理

施工现场场地条件有限，顶板标高复杂、洞口多。项目实行空间立体总平面布置。

根据工程施工部署，在BIM模型中模拟

出各个施工阶段工程所有地上、地下、已有和拟建建筑物、施工设备、各场地实体、临时设施、库房加工厂等的现场情况，将需要布置的现场设施设备与工程 BIM 模型进行整合通过调整位置来优化平面布置方案。有关管理人员通过漫游虚拟场地，了解场地布置，提出修改意见（图 4）。

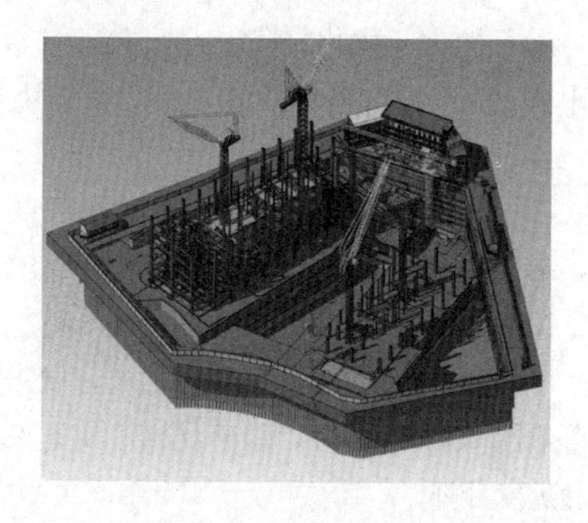

图 4　地下室阶段现场总平面布置图

3.7　施工监控与进度管理结合

通过 Autodesk Buzzsaw 信息平台整合 BIM 模型、无线移动终端以及 Web 等技术，对现场施工进度进行实时跟踪，并且和计划进度进行比较，对每天的施工进度进行自动汇报，及时发现施工进度的延误。

（1）在施工现场附近架设 4 个全天候摄像头，并通过无线网络将施工现场照片上传 Buzzsaw 系统，供业主及相关部门随时掌握施工现场情况，实现施工现场的远程监控。

（2）将 Autodesk Buzzsaw 信息平台与 BIM 模型、无线移动终端以及 Web 等技术整合，对于重点部位、隐蔽工程等需要特别记录的部分，现场人员将以文档、照片等记录方式与 BIM 模型相对应的构件关联起来，使得工程管理人员能够更深入的掌握现场发生的情况。

开工之初，快速建立土建结构 BIM 模型，结合主体结构施工进度计划，对建造全过程进行模拟，以让项目所有参与人员对工程结构形式、施工平面布置情况、大型机械设备安装等有整体而全面的认识，并作为后续施工进度控制的依据。

根据总控计划，建立详细的月进度计划模型（图 5），主要工作包括混凝土模型、钢筋模型、模板（铝模）模型、钢结构施工模型、机电管综模型、幕墙施工模型等，用于指导和辅助现场施工管理。

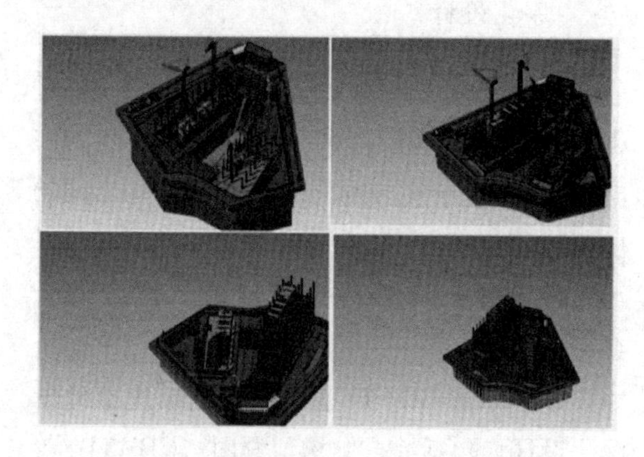

图 5　主体阶段月度计划模拟

3.8　变更管理

将施工过程中产生的变更情况转化为 BIM 模型，如对结构柱、结构框架、机电模型链接合成，进行三维分析辅助变更论证，通过模型直观分析结构梁移动是否影响建筑功能。

随时添加变更信息且进行变更信息统计，将变更信息录入 BIM 模型中，以方便后期竣工模型的整理与制作。

3.9　商务管理

总承包将通过 BIM 模型的自动构件统计功能，快速准确地计算出各类构件所需要的数量，以便及时评估因为设计变更引起的材料需求变化，已经由此产生的成本变化，如对浇筑混凝土量精确提取及地下室拆除工程量统计。

3.10　运维管理

根据业主及运维平台的要求，以及《腾讯

滨海大厦竣工模型交付标准》，协调钢结构、机电、幕墙、精装修专业对模型运维信息进行添加，并整合为完整的竣工模型交付后期运维使用（图 6）。

图 6　运维管理

4　应用效果

4.1　提高场地使用率

本工程占地 1.8 万 m^2，可用场地不足 $9000m^2$，场地狭小。通过三维模拟现场总平面布置，实物模拟施工操作的真实状态，逐步优化，确保平面布置的合理节约用地，提高了项目总平面管理的科学性、有效性、合理性。

4.2　资源合理利用

根据工程量统计结果，并结合施工定额、市场当期物价水平等相关信息，计算出人工、材料、机械的需求量和费用情况，作为招投标管理、周转资金储备数量、劳工需求量预估、材料进场数量和进场时间安排、机械设备配置等相关工作的依据，并为后期竣工模型提供基础数据。

4.3　现场动态管理

通过建立各类现场模型与族库，直接在三维模型中进行各阶段平面布置，并导入 4D-BIM 系统，与进度计划关联，进行现场平面布置 3D 动态展示，便于进行平面布置管理及调整。

4.4　技术辅助

通过施工方案三维交底与高难度施工工艺模拟，保障施工安全，提高施工质量。

4.5　集中控制、综合管理

利用 BIM 技术加强集中控制管理工作，建立全方位、全过程的集控系统，保障项目施工顺利运行。

4.6　信息的有效传递

从项目生命周期角度出发，利用高效的信息技术，在项目的设计、施工及运维使用的全过程，有效地控制项目过程当中关于工程信息的采集、加工、存储和交流，从而协助总承包单位对项目进行合理的协调、规划、控制。

5　创新点

5.1　信息化集成平台

由总承包单位组织建立的 BIM 集成平台，实现了多部门跨专业信息交流，结合移动技术，项目各专业分包乃至参与方可即时查询、调用任意时间点的 BIM 模型信息，包括各施工阶段的文档资料，不仅解决工序穿插和立体碰撞的问题，还为现场办公和跨专业协作提供极大的便利（图 7）。

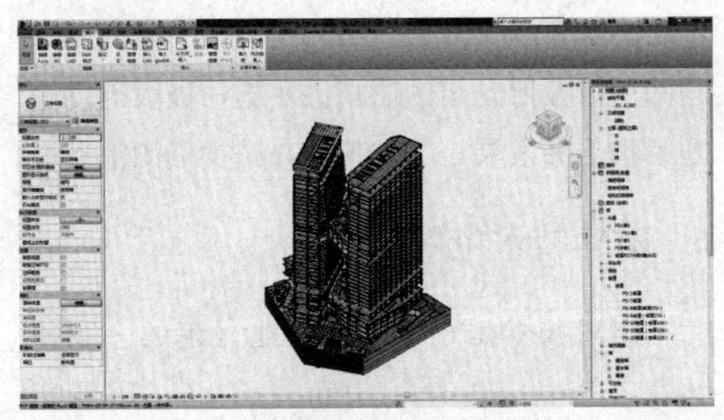

图 7　项目 BIM 中心组织架构

5.2 项目各参与方基于 BIM 系统的协同配合

总承包方与业主、设计方、监理方通过定期参加 BIM 工作会议、执行业主提供的 BIM 规划、实现 BIM 信息协同配合；总承包将通过派驻 BIM 工程师的方式，保证施工分包方在施工过程中应用 BIM 模型，并按要求深化 BIM 模型，并提供必要的产品信息。

5.3 动态仿真分析

本工程中区高区大型钢结构连廊提升属于具有一定规模的危险性较大分部分项工程范畴，超重、超高空、超负荷，危险源较多，我们结合 BIM 技术三维可视化的特点，建立安全防护设施三维模型，直观显示安全风险及预防措施，避免了安全事故的发生。

施工过程中，我们采用了 BIM 技术，对结构进行施工全过程动态仿真计算以及三维可视化监测等，有力地保障了提升过程的安全性和施工效率。

5.4 信息资源共享

近些年深圳超高层办公建筑越来越多，作为国内顶尖领先的超高层施工承包企业，公司在施工类似的超高层建筑项目也遭遇同样的问题和挑战。

BIM 信息库的建立发挥了公司在超高层施工方面的技术优势、管理优势和经验优势，可以少走弯路，对其他项目过程中所遇到的问题都可以按照既定的原则去实施，极大地促进施工水平的发展，节省工期，减少资源浪费。

6 BIM 技术应用展望

BIM 技术是近年来全行业兴起的一项影响着建筑业未来发展方向的新技术，作为国内领先的建筑施工企业，我们自 2012 年开始就通过在可视化方案展示、虚拟建造、4D 施工模拟等方面的运用，以提前发现施工中重点、难点，直观快速地将施工计划与实际进度进行对比并作出调整，集中把控，有效协同项目参与各方，大大减少了建筑质量问题、安全问题，减少返工和整改。同时，通过对数据信息的提取还实现了工程算量、实时统计工程变更情况、生成物资采购计划等，大大提高了项目管理的科学性、有效性，以及项目管理的精细化、信息化、标准化水平。

为了将本工程 BIM 实施的成果有效地整理，并能在公司其他项目上推广使用，我们将成立专门的 BIM 工作组，负责 BIM 相关技术的开发和试点工作，针对 BIM 技术在项目建造过程信息储存、综合计划管理（涵盖了工程、物资、商务、计划、技术等）体系建立、互联网技术在施工物资管理中的应用等展开相关工作，为公司后续的 BIM 发展积蓄更多力量。

基于 BIM 技术的施工全过程管理也存在诸多问题有待解决。首先，受限于国内建筑类软件开发水平，BIM 软件更多的依赖进口，导致 BIM 软件的使用单位往往需要对人才培养以及技术风险、资金风险承担更多的压力。其次，BIM 软件对我国规范的适应还有待时日。再次，为熟练使用 BIM 技术进行项目管理，管理团体仍要不断结合国内施工管理制度，对施工与管理具备更多的认知才能探索到符合项目实际需要的手段。

计划进度控制模型和建筑信息模型的比较

任世贤

（贵州攀特工程统筹技术信息研究所，贵阳 550005）

【摘　要】本文从数据信息的角度阐述了 BANT 模型（BANT 计划）和 BIM 模型（BIM 模拟）的基本概念和特性，并对之进行了全方位的比较，在此基础上指出了 BIM 多维模拟管理软件开发的技术路径。

【关键词】BIM 模型（BIM 模拟）；BIM 多维模拟管理；BIM 图形数据；BIM 进度控制软件；BIM 协调性

The comparison between the schedule control model and the building information model

Ren Shixian

（Guizhou BANT Information Research Institute of overall Planning Technology in Engineering，Guiyang 550005）

【Abstract】 In this paper，from the angle of data information describes the basic concepts and properties of the Bant model (Bant planning) and the BIM model (BIM imitating)，to carry out a full range of comparison between them，on this basis points out the development technology path of the BIM multi dimensional simulation management software.

【Keywords】 the BIM model (BIM imitating)；the BIM multi dimensional simulation management；the BIM graphic data；the BIM schedule control software；the BIM harmony

建筑信息模型（Building Information Modeling）是以建筑工程项目的各项相关信息数据作为基础建立的模型，通过数字信息仿真模拟建筑物所具有的真实信息，它是依托计算机的集成制造理论及其技术，在大数据背景下发展起来的信息模型集成技术。本文在研究建筑信息模型概念和特性的过程中，将计划进度控制模型（BANT 计划）的概念和特性与之对照。

1 计划进度控制模型与建筑信息模型的概念与特性

1.1 计划进度控制模型与建筑信息模型的概念

1.1.1 计划进度控制模型的概念

《BANT 网络计划技术——没有逆向计算程序的网络计划技术》[1]和《工程统筹技术》[2]是作者关于网络计划技术的两本专著，前者获得国家自然科学基金研究成果专著出版基金资助。BANT 网络计划技术也称为结构符号网络计划技术，简称网络计划技术。这两本专著表明：在继承传统网络计划全部研究成果的基础上，以系统科学为指导，以图论和网络作为数理分析的依据，引入符号学理论，作者建立了网络计划技术的专门基础理论即网络计划符号学；以结构符号网络计划作为支撑技术，作者及其团队历经十多年成功开发了 BANT 网络计划技术软件，并在开发实践中形成了工程项目管理软件开发的基础理论，即项目管理软件工程学。网络计划符号学和项目管理软件工程学统称结构符号网络计划理论[3]。这些标志着中国已经掌控了世界网络计划技术和项目管理软件开发的核心技术[4]。

从本质上讲，BANT 网络计划是工程项目的网络计划技术进度控制模型，简称计划进度控制模型（BANT 计划）；而 BANT 网络计划技术软件则是工程项目的计划进度控制模型软件，简称 BANT 计划软件。BANT3.0 软件是 BANT 计划软件的集成之作。

本文用 BANT3.0 软件进行网络计划构图。限于篇幅，本文仅述及单个工程项目计划，而不涉及工程项目计划和子工程项目计划[10]，并且仅以基本（简单）和搭接网络计划为例；对网络计划技术、网络计划和网络计划系统不做严格区分，在通常情况下，简称为计划。

1.1.2 建筑信息模型的概念

二维平面和三维空间通常用 2D 和 3D 表示。CAD 技术将手工绘图推向计算机辅助设计制图，实现了工程设计领域的第一次信息革命。从 CAD 到 BIM，即从二维（2D）设计转向三维（3D）设计，标志着建设工程领域的第二次信息革命。

建筑信息模型（BIM）的本质是信息技术。BIM 是关于建筑的三维设计方法，简称 3D 模拟。3D 模拟是一种在三维坐标系中对建筑物进行模拟的技术，它可以采集建筑物的客观数据，并应用之模拟建筑物的真实图景，因此，3D 模拟是一种虚拟信息技术。同时，依托 3D 模拟 BIM 又是一种新的管理行为，称为 BIM 多维模拟管理，二者统称建筑信息模型（BIM 模拟）。

“三维空间、四维时间、五维成本”是文献[5]对其模拟信息的表达，四维时间通常还用（3D+时间维）表示，五维成本通常用（3D+成本维）表示；相应地，三维模拟管理（三维设计）可用 3D 模拟表示，四维模拟管理可用（3D+时间维模拟）表示，五维模拟管理可用（3D+成本维）表示，N 维模拟管理即 BIM 多维模拟管理可用（3D+N 维模拟）表示。从设计的角度看，BIM 是一种建筑三维信息模拟（3D 模拟）技术；同时，依托 3D 模拟技术 BIM 又是一种新的管理行为即 BIM 多维模拟管理，二者统称建筑信息模型（BIM 模拟），这是一种新型的信息模型集成技术。在建设工程中，工程项目的设计、施工及后期的物业运营构成建筑及其管理的全生命周期。BIM 模拟通过数字化手段可以获得建筑及其管理全生命周期的仿真信息。

3D 模拟软件就是三维设计软件。四维模拟管理（3D+时间维模拟）软件可以命名为 BIM 进度控制软件，相应地，五维模拟管理

(3D＋成本维模拟）软件是 BIM 成本控制软件；多维模拟管理（3D＋N 维模拟）软件称为 BIM 多维管理软件。BIM 多维管理软件可以具体命名，例如质量模拟管理（3D＋质量维模拟）软件可以命名为 BIM 质量控制软件。又例如监理模拟管理（3D＋监理维模拟）软件可以命名为 BIM 监理软件。

BIM 多维模拟管理软件都是基于三维设计软件的。

从本质上讲，BIM 模拟是实现建设工程信息化的工程技术；该模型软件则是指以 BIM 模拟为支撑开发的模拟建筑和 BIM 多维模拟管理的信息资源软件，简称 BIM 软件。BIM 软件可以分为三维设计软件和 BIM 多维模拟管理软件两大类，前者用于建筑设计，采集建筑物的客观数据和模拟建筑物的真实图景是其主要的功能；后者是三维设计软件获得数据的拓展应用，用于建筑物的施工和后期的物业运营过程，例如，BIM 进度控制软件是施工阶段的 BIM 软件。在工程项目的不同阶段，BIM 软件可以向利益关联方提供相关的可用信息。

依据以上分析，本文提出建筑信息模型和计划进度控制模型比较的内容如表 1 所示。

计划进度控制模型和建筑信息模型的比较　　表 1

序号	比较内容	计划进度控制模型（BANT 计划）	建筑信息模型（BIM 模拟）
1	模型的本质	计划进度控制模型就是 BANT 计划，它是在建设工程中工程项目在各个阶段工期的管理方法	建筑信息模型就是 BIM 技术，它为建筑及其全生命周期运营提供协同的信息资源
2	模型的坐标系	BANT 计划采用的是四维坐标系	BIM 技术采用的是三维坐标系
3	模型描述的对象	在建设工程中工程项目从设计到竣工过程的生命周期是 BANT 计划描述的对象	工程建设项目的设计、施工到后期运营的全生命周期是 BIM 技术描述的对象
4	模型的真正价值	BANT 计划是一个时间信息系统，为元素（工序）提供实时的时间参数，为计划系统提供整体的运行时间信息是其真正价值	BIM 技术是一个信息资源数据库，为建筑物和 BIM 多维运作提供协同的资源数据是其真正价值
5	模型的亮点	工期优化理论是 BANT 计划的亮点	设计优化是 BIM 技术的亮点
6	模型的实质性差异	BANT 数据是系统化数据，BANT 计划的曲线模型和数学模型之间具有同一性，因而 BANT 计划是典型的时标网络计划	BIM 数据是非系统化数据，描述 BIM 多维运作的图形与 30 数据模拟的建筑图形仅具有关联性，而不具有同一性
7	模型的主要特性	不可逆性、层次结构性、相容性、工期优化性和可视化是 BANT 计划的主要特性	可视化、协调性、模拟性、优化性和可出图性是 BIM 技术的主要特性

1.2 建筑信息模型的特性

依据文献[5]和文献[6]，本文提出建筑信息模型和计划进度控制模型的特性如表 2 所示。

BIM 模拟和 BANT 计划的特性　　表 2

建筑信息模型（BIM 模拟）	计划进度控制模型（BANT 计划）
不可逆性、层次结构性、相容性、工期优化性和可视化是 BANT 计划的主要特性优化性和可视化是 BANT 计划的主要特性	可视化、协调性、模拟性、优化性和可出图性是 BIM 技术的主要特性和可出图性是 BIM 技术的主要特性

2 计划进度控制模型与建筑信息模型的比较

2.1 BANT 网络计划简介

前面已经述及，结构符号网络计划就是计划进度控制模型。没有逆向计算程序是其鲜明的特点。除此之外，对结构符号网络计划做如下简介：

（1）表 3 和表 4 的结构符号是用来绘制网络计划的图形符号，它具有独立的结构，因而具有独立的物理意义。结构符号通常叫作绘图符号。从这两表可以看出：结构符号网络计划赋予了肯定型和非肯定型计划类型以统一的结构符号，并赋予了统一的构图方法（图 2 和图 3），称为实现了网络计划曲线模型的结构符号化，简称结构化符号。

表 3 中的“结构符号之间的关系”揭示了基本网络计划与其他肯定型网络计划类型之间的层次结构关系。这种层次结构关系也适用于表 4 所示的 BANT 网络计划的非肯定型计划类型。依据层次结构关系作者成功设计了基于基本计划的网络计划技术[7]，其特性是：在基本计划的基础上，增加了表 3 中的结构符号“o———o”者就是搭接计划；增加了表 2 中的结构符号“⌐———o”者就是流水计划；增加了表 2 中的结构符号“⌐”者就是时限计划；同时增加了表 3 中的这 3 种结构符号者就是综合计划。

肯定型 BANT 网络计划类型的结构符号　　表 3

i	网络计划类型	结构符号	结构符号之间的关系
1	基本计划	o(i)→ | o- - -→	
2	搭接计划	o———o	
3	流水计划	o⌐———o	
4	时限计划	⌐	
5	综合计划	由以上绘图符号构成	

非肯定型 BANT 网络计划类型的结构符号　　表 4

i	BANT-PERT	BANT-DCPM	BANT-MOTN
结构符号	o-[i]→ $D_i(a,m,b)$	◇(A)-[ ]→	o-[i]→ $D/(i,j)$

（2）从图 1 可以看出：结构符号网络计划赋予了肯定型和非肯定型计划类型以统一的数学符号和统一的计算方法，称为实现了网络计划数学模型的数学符号化，简称数学符号化。结构符号计划的曲线模型和数学模型之间具有对应关系，且二者之间具有相容性，称为计划曲线模型和计划数学模型的同一性。

（3）计划曲线模型和计划数学模型的同一性是时标计划产生的理论根据。从图 2 可以看出：结构符号时标计划是其等权计划的赋权展开。

结构符号网络计划赋予了肯定型和非肯定型计划类型以统一的时标计划，称为时标计划化。例如，图 3 所示的是某工程项目的结构符

	时间参数名称	BANT 算法的数学表达式	CPM 算法的数学表达式
1	最早时态参数	$ES_j=\max\{EF_i\}$ 和 $EF_i=ES_i+D_i$	$ES_j=\max\{EF_i\}$ 和 $EF_i=ES_i+D_i$
2	最迟时态参数	$LS^0_i=ES_i+BFF_i$ 和 $LF^0_i=EF_i+AFF_i$	没有
3	自由时差	$FF_i=ES_j-EF_i$	$FF_i=ES_j-EF_i$
4	逻辑约束时间	$DF_{(i)k}=ES_k-LF_i^0$	没有
5	系统时差参数	$SF_i=\min\{\Sigma DF_{(i)k}+\Sigma AFF_i\}$	没有
6	总时差	$TF_i=FF_i+SF_i$	$TF_i=LS_i-ES_i$ 或 $TF_i=LF_i-EF_i$
7	完工和开工时差	$AFF_i=BFF_i=FF_i$	没有
8	总完工和总开工时差	$ATF_i=TF$ 和 $BTF_i=\min\{ATF_i\}$	没有
9	最迟必须时态参数	$LF_i=EF_i+ATF_i$ 和 $LS_i=ES_i+BTF_i$	$LF_i=\min\{LF_j-D_j\}$ 和 $LS_i=LF_i-D_i$
10	节点最早和最迟时间	$ET_j=ES_j$ 和 $LT^0_j=LF^0_i$	$ET_j=ES_j$，没有 $LT^0_j=LF^0_i$
11	节点最迟必须时时间	$LT_j=LF^0_i+SF_i$	没有

结构式	等权搭接单元结构	搭接单元结构数学表达式
i STS j	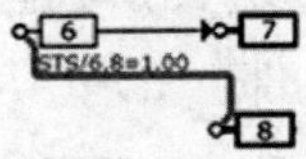 6, 7, 8; STS/6.8=1.00	$ES_j=ES_i+STS/ij$
i FTS j	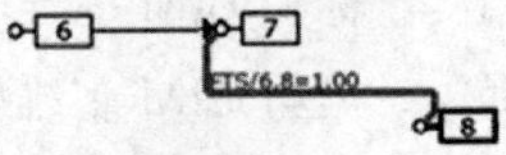 6, 7, 8; FTS/6.8=1.00	$ES_j=EF_i+FTS/ij$
i STF j	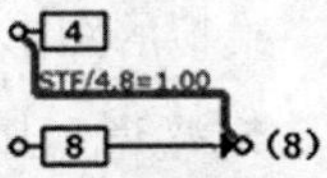 4, 8, (8); STF/4.8=1.00	$EF_j=ES_i+STF/ij$
i FTF j	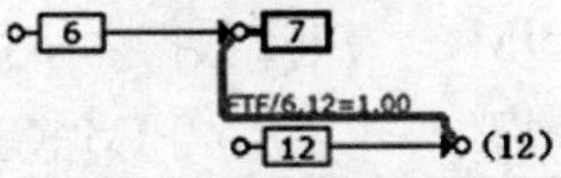 6, 7, 12, (12); FTF/6.12=1.00	$EF_j=EF_i+FTF/ij$

图 1　网络计划类型的计划时间及其数学表达式

(*a*) 基本计划；(*b*) 搭接计划

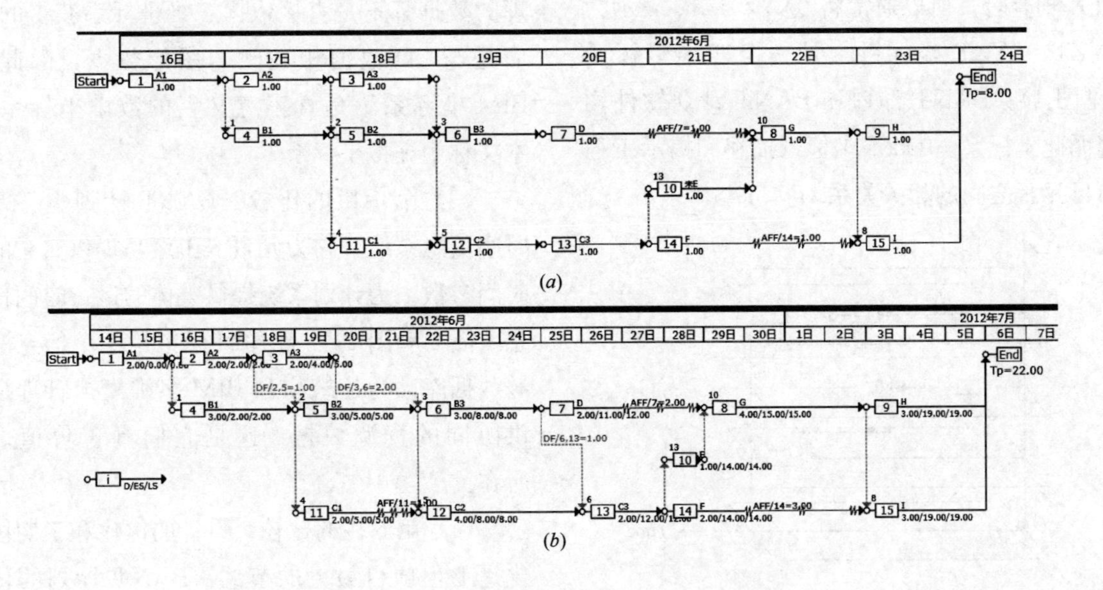

图 2　用 BANT3.0 软件绘制的某工程项目的基本网络计划

(*a*) 等权计划；(*b*) 时标计划

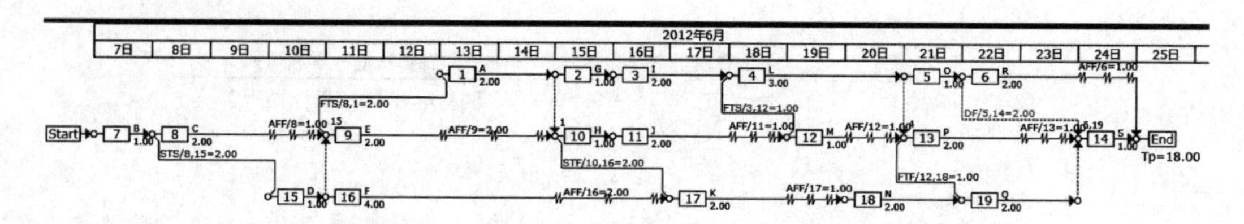

图 3 用 BANT3.0 软件绘制的某工程项目的结构符号搭接时标计划

号搭接时标计划。

2.2 计划进度控制模型和建筑信息模型的比较

根据表 1，对第 1～第 6 栏目作如下比较：

(1) 第 1 栏和第 3 栏的比较：计划进度控制模型（BANT 计划）是工程项目从设计到竣工各个阶段工期的管理方法，它适用于全部建设工程；在建设工程中，建筑信息模型（BIM 模拟）为建筑及其管理全生命周期的运营提供协同的信息资源，从理论上讲，BIM 模拟也同样适用于全部建设工程，但目前一般仅用于土木建筑工程。

(2) 第 2 栏的比较：0XYZ-Time 坐标系是计划进度控制模型的坐标系，因为 Time 轴和 X 轴叠合，所以通常将 0XYZ-Time 表示为 0YZT。0YZT 坐标系[8] 是一个四维坐标系（见图 4）。BANT 计划和 BANT 计划软件均遵循此坐标系。0YZT 坐标系描述和揭示工程项目元素之间的相关关系 $\{i \leqslant j\}$。

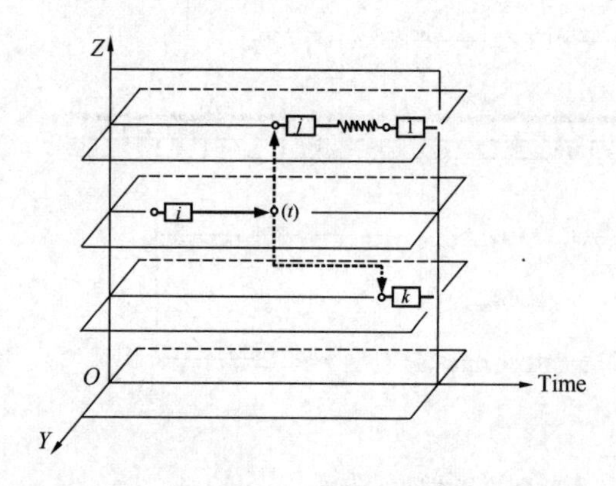

图 4 BANT-0YZT 坐标系

BIM 数据是在 BIM 坐标系中用 BIM 模拟获得的。三维坐标系中的任意一点的坐标可以表示为 (x, y, z)，这是点的 3D 数据 (x, y, z)。数据 $\{(x, y, z)\}$ 模拟的是建筑图形，因此，本文将确定建筑图形的数据称为 3D 图形数据。基于 3D 图形数据的 N 维数据即（3D＋N 维）数据界定的也是模拟图形，称为 BIM 多维模拟管理图形数据。3D 图形数据与 BIM 多维模拟管理图形数据统称为 BIM 模拟的图形数据，简称 BIM 数据。因为是加和数据，所以 BIM 数据是非系统化数据。BIM 数据之间具有协同性。

在 BIM 模型（BIM 模拟）数据中，描述四维模拟管理（3D＋时间维模拟）、五维模拟管理（3D＋成本维模拟）和 N 维模拟管理（3D＋N 维模拟）的数据即 BIM 多维模拟管理的数据都不是直接依据三维坐标系获得的，而是与 3D 数据相关联的图形数据，因此，BIM 坐标系不是真正意义上的数学坐标系，本文称为虚拟坐标系。

(3) 第 4 栏的比较：BANT 计划是一个时间信息系统，它为元素（工序）提供实时的时间参数，为计划系统提供整体的运行时间信息（图 2 和图 3）；而 BIM 模拟是一个信息资源数据库，为建筑物和 BIM 多维模拟管理提供协同的资源数据，这是它们真正价值之所在。

(4) 第 5 栏的比较：设计的优化和工期优化是工程项目最大的节约。BANT 计划的优化是通过工期优化理论实现的；而 BIM 模拟的优化是通过 3D 图形（或 BIM 多维模拟管理图形）的比较现实的［参见第 2.3.2 (2)

节]。

(5) 第6栏的比较。BANT计划的曲线模型和数学模型之间具有对应关系，这时BANT时标计划是其等权计划赋权展开的根据，BANT计划能够为元素提供实时的时间参数和为计划系统提供整体的运行时间信息，表明BANT数据是系统化数据；通过3D图形(或BIM多维模拟管理图形)的比较，最后由人来确定是BIM模拟的优化手段，这表明BIM数据是非系统化数据。

综上：计划进度控制模型(BANT计划)是工程项目生命周期(工期)的时间管理系统，建筑信息模型(BIM模拟)则是一个信息资源数据库；前者为元素提供实时的时间参数和为计划系统提供整体的运行时间信息，这些数据都是系统化数据，是由计划系统内在的数理机制产生，其定性与定量的相容性以及时差优化是计划系统的自觉行为；后者为BIM多维模拟管理过程提供BIM多维模拟管理图形，这些图形数据是非系统化数据，其BIM协调(性)性和BIM优化(性)具有浓厚的人工色彩。

2.3 BANT计划和BIM模拟特性的比较

根据表2所拟定的内容对BANT计划和BIM模型特性进行比较。

2.3.1 BIM模拟和BANT计划独有的特性

可出图性是BIM模拟独有的特性，本文称为BIM可出图性。它主要是指：综合管线模拟图；综合结构留洞模拟图(预埋套管图)；碰撞检查侦错报告和改进方案等，它们都是在进行了可视化展示、协调、模拟和优化以后产生的[5][6]。例如，综合管线模拟图是指经过碰撞检查和设计修改并消除了相应错误以后的图纸，它对相关的各方都有帮助。

不可逆性和层次结构性是BANT计划独有的特性：BANT计划的数学模型没有逆向计算程序，矢不可逆是其计划曲线模型的设计原则，不可逆性是BANT计划曲线模型与数学模型同一性的具体体现；BANT计划是一个复杂系统，它具有层次结构性，依据之，作者成功设计了基于基本计划的网络计划技术，它不仅是当今最先进的网络计划技术，而且还是学习网络计划技术最先进的方法。

2.3.2 BIM模拟和BANT计划相近的特性

在下面的比较说明中，BIM模拟的特性是依据文献[5]、[6]整理的。

(1) BIM建筑信息模型可在建筑物建造前期对各专业的碰撞问题进行协调，生成协调数据，防患于未然，本文称为BIM协调性。BIM协调性还表现在建筑设计与其他附属设计方面，例如：电梯井布置与其他设计布置及净空要求之间协调，防火分区与其他设计布置之间的协调，地下排水布置与其他设计布置之间的协调等。因此，协调性是BIM模拟最主要的特性。为建筑物的设计和BIM多维运作提供协同的资源数据BIM模拟协调性的真正价值。

相容性是BANT计划曲线模型与数学模型同一性的一个重要特性。该特性在BANT计划软件开发中具体体现为定性和定量相容辨识功能。BANT计划的相容性是关于计划逻辑关系的和谐性，在BANT计划软件中具体表现为定性与定量相容辨识功能[9][10]。限于篇幅，仅以定性相容辨识功能为例。在网络计划曲线的绘制中，定性相容辨识功能具体表现为自动生成虚元素功能、实矢杆拉长功能、自动消除赘联系功能、自动消除网络回路功能(图5)和插入一个元素的功能5个方面。

(2) BIM模拟可以为建筑及其管理的全生命周期提供仿真信息，这是其优化的基础，本文称为BIM优化性。目前，依据BIM优化性可以做好项目方案和特殊项目的设计两方面的工作：例如，前者关于投资回报的模拟分析

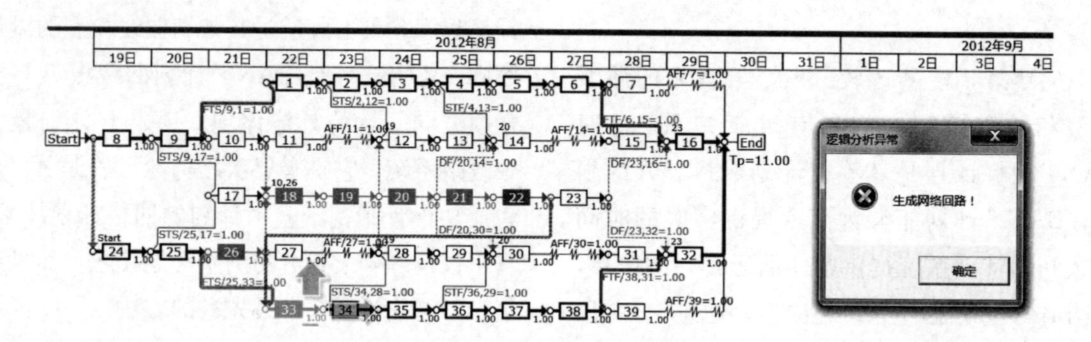

图 5 BANT3.0 软件自动消除网络回路功能的示意图

有益于业主对项目设计方案自身的需求；后者关于裙楼、幕墙、屋顶、大空间等异型设计和施工方案的模拟优化，可以带来显著的经济效益。

机动时间就是计划时差。发现和提出了计划系统时差 SF_i[11]，据之建立了全新的计划时差体系和计划时差优化理论[12]，是 BANT 计划重大原始创新之一。工期优化性是计划时差优化理论的具体体现。

工期优化性是 BANT 网络计划系统自觉的行为；优化性与 BIM 模拟不存在实质性的必然联系，但应用 BIM 模拟有益于建筑和 BIM 多维模拟管理的优化。

(3) 可视化即“所见所得”。在 BIM 建筑信息模型中，整个过程乃至效果图和各种报表都是可视化的，项目设计、建造、运营过程中的沟通、讨论和决策都可以在可视化的状态下进行，本文称为 BIM 可视化。BIM 可视化提供了新的思路，将以往线条式的构件形成一种三维立体建筑图形展示在人们的面前，使得建筑物与构件、构件与构件之间形成形象的互动和反馈。

时标计划是网络计划可视化集中的表现。BANT 计划赋予了肯定型和非肯定型各种计划类型以统一的时标计划的表达方式，曲线模型与数学模型同一性是其理论根据。BANT3.0 软件实现了 BANT 时标计划化的开发（图 2 和图 3），这是由 BANT 计划的可视化特性决定的。

综上：BIM 模拟的特性展现在建筑及其管理的全生命周期中，模拟图形是其实现的主要手段，BIM 多维模拟管理的过程具有强烈的人工色彩；BANT 计划的特性体现在工程项目各个阶段的生命周期（工期）中，它们由 BANT 计划的系统结构的内在机理决定，是计划系统的自觉行为，数理分析是其实现的主要武器。

3 总结

BIM 模拟的 3D 模拟给予了建筑以新的生命，依托 3D 模拟的 BIM 多维模拟管理赋予工程项目的施工和后期的物业管理以图形载体的新方式，这是其优势；但是，非内在系统机制是 BIM 多维模拟管理不可克服的硬伤。BANT 计划没有逆向计算程序的原始创新给予了网络计划技术以新的生命，赋予了肯定型和非肯定型各种计划软件以统一的崭新功能，从而为 BANT 工程项目规划—控制信息平台[13]的开发奠定了坚实的基础；但是，在计划系统运行的全过程中没有图形载体的手段是 BANT 计划不可克服的硬伤。因此，将 BIM 模拟和 BANT 计划结合起来是开发 BIM 多维模拟管理软件唯一正确的技术路径。

参考文献

[1] 任世贤. BANT 网络计划技术——没有逆向计算

程序的网络计划技术．长沙：湖南科学技术出版社，2003.
[2] 任世贤．工程统筹技术．北京：高等教育出版社，2016.
[3] 任世贤．工程统筹技术．北京：高等教育出版社，2016.
[4] 任世贤．继承华罗庚先生的遗志——占领国际网络计划技术和项目管理软件的制高点．//徐伟宣编．贴近人民的数学大师——华罗庚诞辰百年纪念文集．北京：科学出版．
[5] 刘占省，赵雪锋，编著．BIM模拟与施工项目管理．北京：中国电力出版社，2015.
[6] 筑龙网．BIM的应用特点．筑龙网，2012-11-13.
[7] 任世贤．工程统筹技术．北京：高等教育出版社，2016.
[8] 任世贤．工程统筹技术．北京：高等教育出版社，2016.
[9] 任世贤．BANT项目管理软件关于网络复杂性的研究和开发．详见中国土木工程学会计算机应用分会、中国建筑学会建筑结构分会计算机应用专业委员会编(第12届全国工程建设计算机应用学术会议论文集)《计算机技术在工程建设中的应用》．北京：知识产权出版社，2004.
[10] 任世贤．项目管理软件AHP嵌套-网络结构及其特性与功能的研究．自然科学进展，2008，18(6)：686-693.
[11] 任世贤．论相关时差．贵州科学，1992，10(1)：15-22.
[12] 任世贤．论网络时差．科技进步与对策(《中国工程管理论坛·2009文集》)．北京：科学出版社，2009，21(10)：171-175.
[13] 任世贤．基于企业内部管理建设的《工程项目规划-控制信息平台》设计．//中国建筑学会工程管理研究分会2011年年会(ASC-CMRS2011)论文集．“面向可持续建设的工程管理”．武汉，2011．北京：中国建筑工业出版社，2011.

BIM 技术在某大型复杂游艺项目土方平衡中的应用

董春山　金　戈　李　飞　王红磊

（舜元建设（集团）有限公司，上海 200050）

【摘　要】 大型复杂游艺项目土方工程在整个项目成本中所占的比重较大，其中土方平衡对施工总承包单位来说是关乎项目盈利水平最为重要的环节之一。运用先进的 BIM 技术做到土方平衡计算的精确化和精细化，通过无人机三维扫描成像以及土方平衡多方案的施工模拟对比，选择最优和最切合项目实际的土方开挖及土方平衡方案。文中介绍了 BIM 技术在该大型复杂游艺项目土方平衡中的具体应用，对项目成本管控发挥了重要作用。

【关键词】 BIM 技术；游艺项目；土方计算；土方平衡；无人机

Application of Earthwork Balance based on BIM Technology to Large-scale and Complex Recreation Project

Dong Chunshan　Jin Ge　Li Fei　Wang Honglei

(Sunyoung Construction Group Co. , Ltd, Shanghai 200050, China)

【Abstract】 The cost of earthwork subproject in a large-scale and complex recreation project has a large proportion of the total cost, especially for general construction contractor, which is one of the important profitability. Through simulated multi-scheme comparison of earthwork balance and 3D scannerless imaging by UAV (Unmanned Aerial Vehicle), selecting the better and more practical scheme of earth excavation and earthwork balance, the results of earthwork balance can be more accurate and obtain detailed computational process based on BIM technology. In the article, a practical application of earthwork balance based on BIM technology to large-scale and complex recreation project is introduced, which has played a great role in cost control in the project.

【Keywords】 BIM Technology; Recreation Project; Earthwork Calculation; Earthwork Balance; Unmanned Aerial Vehicle (UAV)

随着科学技术的不断飞速发展，BIM技术进入施工领域的速度也在不断加快，它为解决建筑施工和成本管控中遇到的诸多难题提供了新的解决思路和方法。

1 工程概况

1.1 建筑概况

某大型项目位于三亚市海棠湾，总占地面积约806亩，总建筑面积约40万m^2，整体项目包括三大部分：大型水上乐园、超高层星级酒店（200m高）、公寓式酒店等。其中水上乐园项目位于海棠湾海岸线中部，项目用地面积约168亩，建筑面积约为90000m^2，可同时容纳约8000人，设有过山车、海豚湾、美食广场、滑梯塔、造浪池等。

1.2 地形概况

三亚地区在区域地质上属于琼南拱断隆起构造区。地质构造以华夏纬向构造体系为格架，新构造运动以不对称的穹状隆起为特点，间歇性上升为主，局部产生断陷，形成各级夷平面台地等。

该项目用地面积大，场地开阔，而且地势起伏较多，整体呈西高东低之势。所以本项目中土方平衡极其重要，精准的土方计算以及合理的调配，可以节约很多的人力物力财力，给项目带来很大的经济效益。

2 传统土方计算方法

2.1 断面法

当地形复杂起伏变化较大，地狭长、挖填深度较大且不规则的时候，宜选择横断面法进行土方量计算。断面法（图1）就是把土方按一定长度L设横断面，断面法的表达式为

$$V=\sum_{i=2}^{n}V_i=\sum_{i=2}^{n}(A_{i-1}+A_i)L_i/2$$

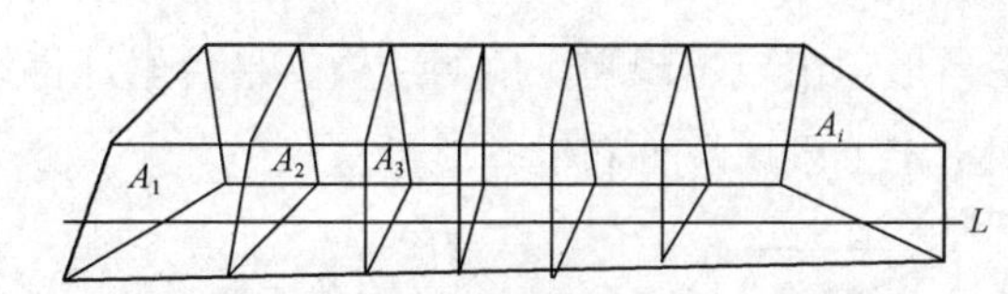

图1 断面法示意图

其中，A_{i-1}，A_i分别为单元土方段起终断面的土方面积，L_i为土方段长，V_i为土方体积。土石方量精度与间距L的长度有关，L越小，精度就越高。

2.2 方格网法

此方法用于面积较大以及一些地形起伏较小、坡度变化平缓的场地（图2）。这种方法一般将场地划分为边长相同的正方形方格网，再将场地设计标高和自然地面标高分别标注在方格角上，场地设计标高与自然地面标高的差值即为各角点的施工高度。然后分别计算每一区域的填挖土方量，最终把每一块土方量相加

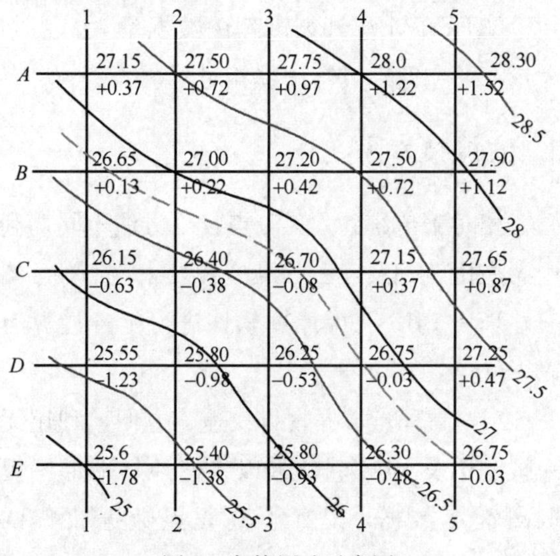

图2 方格网法示意图

得出最终的挖填土方量。

2.3 DTM 法（不规则三角网法）

此方法利用实测地形碎部点、特征点进行三角构网，对计算区域按三棱柱法计算土方（图 3）。基于不规则三角形建模是直接利用野外实测的地形特征点（离散点）构造出邻接的三角形，组成不规则三角网结构。最后累计得到指定范围内填方和挖方总量。

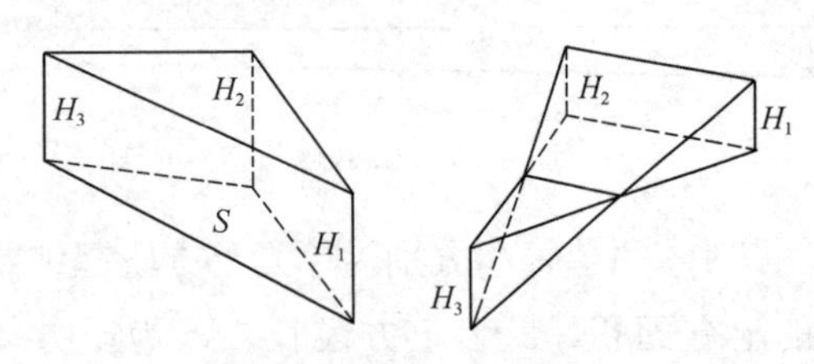

图 3 DTM 法示意图

2.4 传统计算方法存在的不足

（1）断面法计算量大，尤其是在范围较大、精度要求高的情况下更为明显，若是为了减少计算量而加大断面间隔，就会降低计算结果的精度，所以断面法存在着计算精度和计算速度的矛盾。

（2）方格网计算法精度不高，不适合复杂地形。

（3）DTM 法计算过程中数据量大，占用大量存储空间，计算过程相对复杂。

3 实施技术方案

相对于传统的人工测点计算方法不同，利用无人机航拍及点云三维成像技术（图 4、图 5），采用 BIM 三维计算软件进行土方计算有以下优点：

（1）高程点数据收集快速、方便，利用无人机航拍及 BIM 软件可以快速地从地形中提取高程点数据，提高了高程点数据收集的效率。

图 4 准备起飞

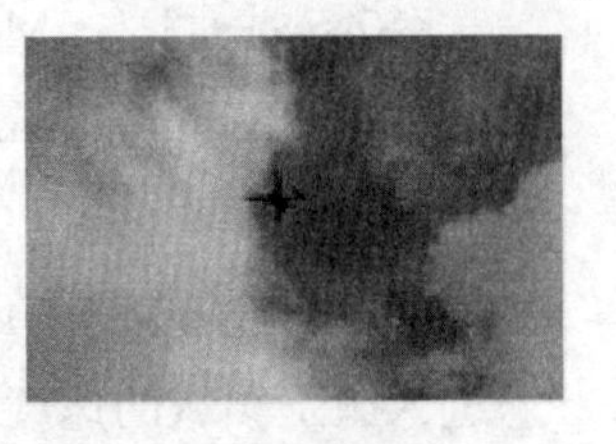

图 5 航拍中

（2）效率高，通过 BIM 三维软件，快速、准确地将高程数据转化并且生成土方模型，从而避免了人工测量大量数据，并且减少了人工录入数据的工作量。

（3）精度高，BIM 三维模型软件可以提取两点距离为 5～8cm 的高程数据，而传统测量方法精度无法达到如此高度。

3.1 资料收集

（1）利用无人机航拍处理得到的点云数据。

（2）带有坐标、高程、等高线的竣工地形图纸（图 6）。

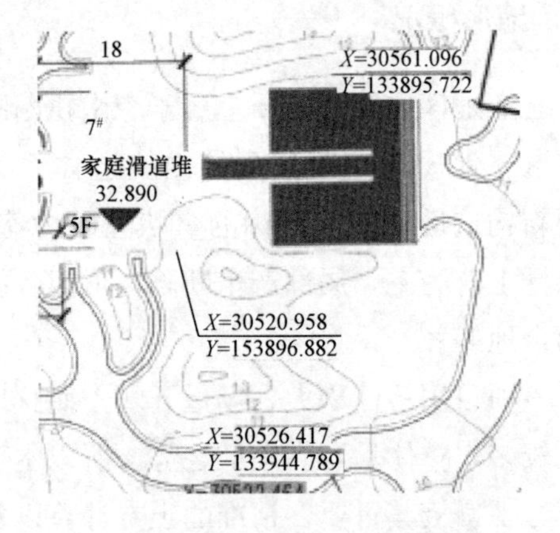

图 6 竣工后坐标、高程图

（3）所有单体设计施工图纸及土方施工方案。

从设计图纸及土方实施方案中提取高程数据，由于建筑面积比较大，设计图纸中每个单体的相对标高正负零对应的绝对标高是不一样，所以需要转化为绝对标高。实施方案在施工承包单位先进行审批后，还需要由监理或业主审批。

(4) 各单体的土方开挖基坑平面布置图。

将上口、下口线坐标及高程反映在平面布置图中。

(5) 各单体的土方开挖剖面图。

如果是分多层开挖的，每层放坡坡度、坡顶坡底的标高都应进行标注（图 7）。

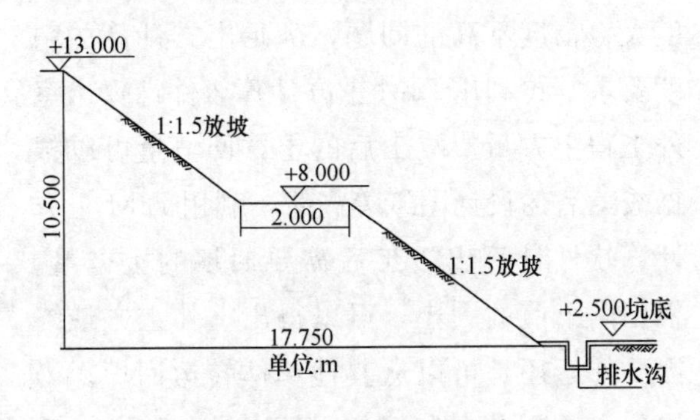

图 7 分层开挖剖面详图

(6) 工程完工后的平面图。

从平面图中获取场地的最终标高和坐标。

3.2 土方模型生成及计算

(1) 首先利用无人机航拍地形并提取原始数据。

航拍后可以得到原始数据，包括影像数据、POS 数据及控制点数据，需要确认原始数据的完整性。

(2) 将原始数据导入 BIM 软件进行处理，设置需要生成 LAS 点云、等高线格式文件。

按顺序将影像数据导入、设置 POS 数据坐标系、加入控制点，并设置相关属性以满足软件处理要求（图 8）。

(3) 将点云或等高线格式的文件导入 BIM 土方模型生成计算软件中，生成地形土方模型。

将点云或等高线文件导入 BIM 三维土方模型软件中，生成曲面模型（图 9），再通过体积计算功能计算不同曲面间的土方开挖、回填、外运净量，图 10 中模型上面是土方工程量表。

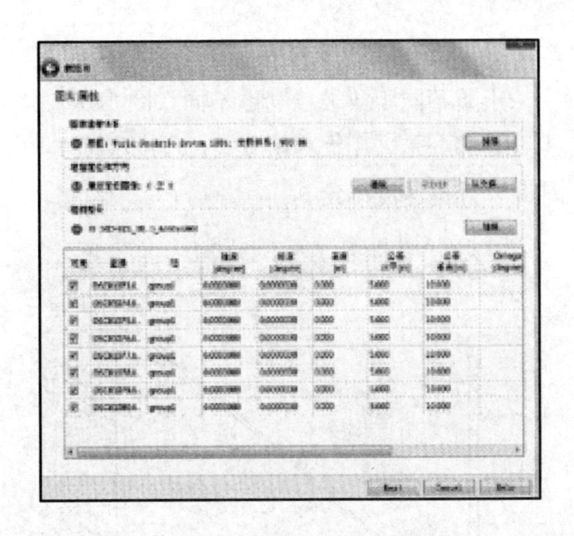

图 8 影像数据导入

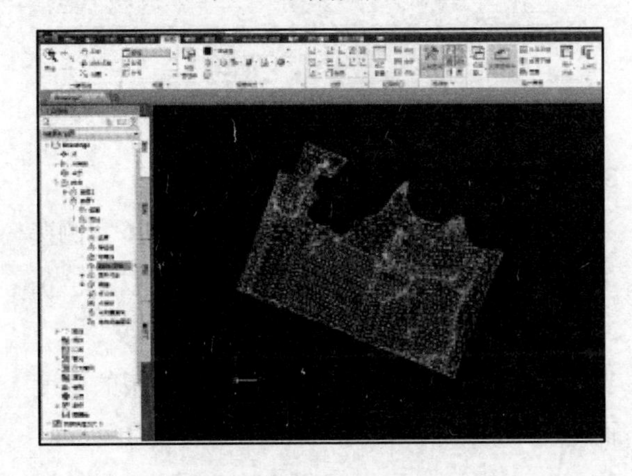

图 9 二维三角网格

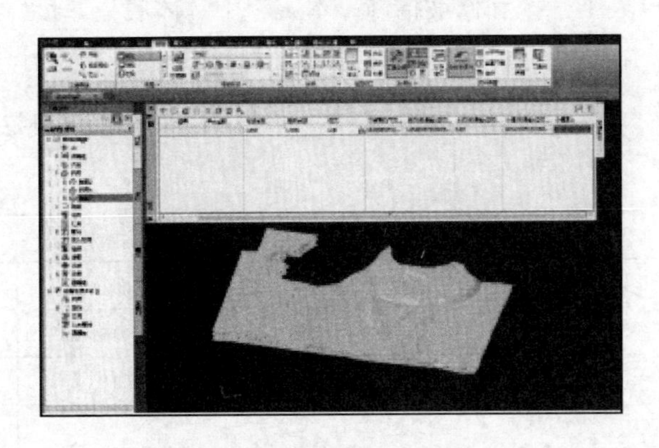

图 10 模型及土方工程量

3.3 单体

由于游艺项目单体比较多，在单体土方开挖方案时应该确定下面几个关键参数，依据各项参数利用 BIM 软件生成土方模型，从而得到土方工程模型量。

3.3.1 坡度

土质不同则放坡坡度也不同（图 11）。本工程大部分是采用大开挖方式，坡度根据土质情况、开挖深度确定。

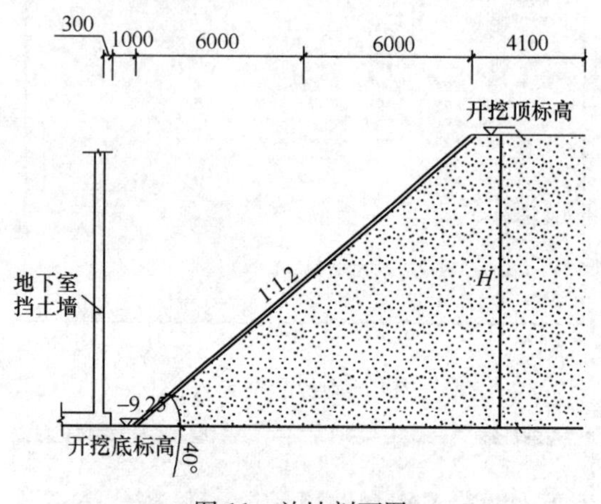

图 11 放坡剖面图

3.3.2 坡底线与地下室边缘线距离

该距离的存在，主要是为了考虑地下室侧壁的施工空间以及基坑排水。一般情况下取1～2m。

3.3.3 基底标高

基底标高根据建筑标高及基础底板的厚度而定，一般底板厚为 400mm，垫层 100mm。为了防止超挖，可以预留 300mm 厚土层，用人工开挖和修坡措施。本工程中具体底板厚度有 300mm、400mm、500mm、1000mm 等。

3.4 室外部分

本工程室外场地大，室外面积约十几万平方米，原始地貌土方开挖利用传统测量方式计算土方工程量，工作量大、精度不高，而利用无人机航拍及点云三维成像技术，精度达到 5～8cm，效率也更高。解决了测量难度大、精度不高的问题，满足土方计算的精度要求。再利用 BIM 土方计算软件计算出室外工程土方量。竣工后的土方回填量可以根据竣工后的设计图纸等高线，利用 BIM 土方计算软件计算出竣工后需要回填的土方量。根据两个值的大小，可以得出室外土方最终需要外运还是可以从其他单体转运回填。当然这里还要考虑有部分回填土是种植土，需要外购。

3.5 土方工程量计算成果

最后统计出土方开挖、回填、外运工程量，形成土方工程量清单（表 1）。项目可以根据此清单，以及项目工程进度计划，排出土方工程进度计划。土方平衡有了量是第一步，如何管理利用这些数据是关键。

土方开挖及回填量 **表 1**

单位：m^3

土方开挖范围	开挖方量	开挖起始标高	回填方量	回填标高	外运
单体 A	144680	原始面标高	63894.00	设计标高	80786.00
单体 B	16500	原始面标高	4935.00	设计标高	11565.00
单体 C	148080	原始面标高	34456.00	设计标高	113624.00
单体 D	97203	原始面标高	54359.00	设计标高	42844.00
单体 E					
单体 F	17655	原始面标高	7368.00	设计标高	8692.00
单体 G				设计标高	1595.00
单体 H	31837	原始面标高	11952.00	设计标高	19885.00
单体 I	17475	原始面标高	11687.60	设计标高	5787.40
单体 J	109297	原始面标高	52158.00	设计标高	57139.00
单体 K	18679	原始面标高	8629.00	设计标高	10050.00

续表

土方开挖范围	开挖方量	开挖起始标高	回填方量	回填标高	外运
单体 L	11700	原始面标高	4756.00	设计标高	6944.00
单体 M	86591	原始面标高	1031.00	设计标高	85560.00
单体 N	1950	原始面标高	900.00	设计标高	1050.00
单体 O	210	原始面标高	82.00	设计标高	128.00
单体 P	1500	原始面标高	498.00	设计标高	1002.00
室外需回填			19791.00	设计标高	
开挖总方量（K）			回填总方量 H		外运土方总量（$K-H$）
合计	703392		301991.00		401401.00

4 技术展望

大型复杂游艺项目的土方平衡思路是“根据地形特征进行区域划分—近似简化—采取合适的测量方法取得地形三维特征数据—最后通过三维重构的方法得出计算结果”，文中采用的方法对类似地形工程均可提供参考。

(1) 本文获取数字高程模型 DTM 是通过无人机高空摄影成像技术实现的，对于覆盖物较多的场地，如森林植被茂密的山地是无法获得精确的地表信息的，未来可以通过无人机搭载轻型雷达扫描设备的方式，快速获取地形信息。

(2) 现如今随着摄影成像的技术迅速崛起，大量国内外优秀的摄影成像软件已不满足图像拼接、空三加密等初期应用，这些软件还具备了一定的模型分析和计算的能力，未来从地形测量到土方计算结果的获得，人工成本和时间成本都将大大降低，而测量的精度也会比传统测量手段要高。

5 结论

BIM 技术在该大型游艺项目土方平衡中得到成功应用，较传统的土方平衡方法，其在精确计算土方工程量、选择最优土方开挖及土方平衡方法具有独特优势，对同类施工具有较大的借鉴参考价值和宝贵施工经验。

参考文献

[1] 熊志坚，张雷，于贵有，王建锋．三维场地设计与土方平衡的计算机实现．计算分析与研究，2008 年 S2 期．

[2] 吴小燕，陈玉莹，康莉．基于复杂区域土方计算的研究[J]. 工程地质计算机应用，2009(01).

[3] 赵志强．土方量计算方法的比较与分析[J]. 西部探矿工程，2009(S1).

浅谈贵州大数据下建筑工程项目全生命周期碳排放数据库建设

龙江英[1,2]　于　泉[1]　伍廷亮[1,2]

（1. 贵阳学院，贵阳 550005；2. 应对气候变化低碳生态城市群发展研究中心　贵阳 550005）

【摘　要】 本文以以国家对碳排放相关政策及大数据发展相关信息为支撑，讨论如何在互联网＋大数据＋建筑背景下建立建筑全生命周期碳排放数据库。通过收集分析相关研究资料，确定建筑全生命周期碳排放分为建筑材料生产、建筑施工过程、建筑运营、建筑维护更新、建筑拆除和重新利用几个阶段，需对各个阶段CO_2核算边界确定、排放因子选取、活动数据采集进行研究分析。最终建立建筑全生命周期CO_2排放量数据库，为低碳建筑设计施工提供参照。

【关键词】 建筑；碳排放；大数据；全生命周期

Shallow Discussion on Guizhou Big Data and the Database of Building Lifecycle Carbon Emissions

Long Jiangying[1,2]　Yu Quan[1]　Wu Tingliang[1,2]

(1. Guiyang University Guizhou province Guiyang city 550005；
2. Research center of fighting climate change and Low carbon ecological urban agglomeration development Guizhou province Guiyang city 550005)

【Abstract】 In this paper, with national carbon emissions policies and big data developing relevant information to support, discuss how to establish database of whole life cycle of building carbon emissions under the background of big Internet ＋ data ＋ architecture. Through analyzing the related research data collection, we know that the whole life cycle of building carbon emissions can be divided into building materials production, construction process, construction operation, construction maintenance updates, building demolition and reused in several stages. We need to research the boundary determination, selection of emissions of CO_2 accounting factor, activities data collection in each phase. Eventually, we can establish the lifecycle CO_2 emissions database of building, to provide reference for low carbon building design and construction.

【Keywords】 Buildings; Carbon emissions; Big data; Full life cycle

1 引言

中国政府2009年在哥本哈根大会上向全世界宣布，2020年中国国内生产总值CO_2排放下降40%～45%。2015年11月30日国家主席习近平在气候变化巴黎大会开幕式上讲话："应对气候变化，中国将把生态文明建设作为"十三五"规划重要内容，落实创新、协调、绿色、开放、共享的发展理念，通过科技创新和体制机制创新，实施优化产业结构、构建低碳能源体系、发展绿色建筑和低碳交通、建立全国碳排放交易市场等一系列政策措施，形成人和自然和谐发展现代化建设新格局"。中国在"国家自主贡献"中提出将于2030年左右使CO_2排放达到峰值并争取尽早实现，2030年单位国内生产总值CO_2排放比2005年下降60%～65%，非化石能源占一次能源消费比重达到20%左右，森林蓄积量比2005年增加45亿m^3左右。同时习近平主席还指出，巴黎协议不是终点，而是新的起点，作为全球治理的一个重要领域，应对气候变化的全球努力是一面镜子，给我们思考和探索未来全球治理模式、推动建设人类命运共同体，带来宝贵启示。

为建立碳排放权交易市场，促使企业加强碳排放管理，有效控制碳排放，促进产业结构调整升级。中国承诺将于2017年启动全国碳排放权交易市场。随着未来大数据信息采集范围的扩大，在碳排放权交易形成的强有力的倒逼机制下，能源互联网等以清洁能源为主导的能源发展新格局将加速形成。大数据时代的到来，人们已经认识到必须采取先进的信息管理技术和方法，以提升整个建筑业的管理水平，促进建筑业的发展。对于建设项目全生命周期内信息创建、管理和共享的研究，已经成为重要的研究方向和发展趋势。据资料显示，中国建筑业能源消耗约占总能耗的30%，可见要实现温室气体减排，建筑业降碳有着至关重要的影响。但是，在建立建筑项目全生命周期碳源数据库的研究上还很欠缺，本文将从如何利用大数据对建筑项目全生命周期碳减排入手，讨论如何建立建筑项目全生命周碳排放数据库。

2 建设项目全生命周期碳排放源构成

建设项目的生命周期，指项目从可行性研究、设计、材料选择、采购、安装、运营、维护到最后报废的全过程。工程项目的生命周期可以划分为5个阶段[1]。一栋建筑物全生命周期内到底排放多少CO_2，则应该从建筑物的建材生产过程、建造过程、运营过程、报废、拆除过程五个方面研究建筑物碳源。

原材料开采的碳源主要指原矿开采过程中耗能排放，成品及半成品建材生产过程中的碳源主要指水泥、钢材、铝型材、玻璃、石灰、砖、瓷砖等高耗能产品生产过程排放。材料运输过程中产生的碳源主要指采购过程、远距材料运输、施工现场短距运输等。施工过程中产生的碳源主要指施工设备能耗、施工过程产生的能耗等。包括现场大型机械设备、施工过程中必要的辅助设施排放等。运营维护产生的碳源主要指维护过程产生的能耗。项目拆除报废后产生的碳源主要指拆除过程中产生的能耗、废品处理及再生利用产生的能耗等。建筑碳排放量的科学计算方法可见参考文献［2］。

3 中国建筑碳减排的计划与目标

中国计划于 2017 年启动全国碳排放交易体系，覆盖钢铁、电力、化工、建材、造纸和有色金属等重点工业行业。同时，中国承诺将推动低碳建筑和低碳交通，到 2020 年城镇新建建筑中绿色建筑占比达到 50％，大中城市公共交通占机动化出行比例达到 30％。中国作为发展中国家，建筑业作为国民经济的支柱产业，处于快速城市化阶段，“十一五”期间，建筑行业增加值占国内生产总值的比重保持在 6％左右，2010 年达到 6.6％，建筑业社会从业人数达到 4000 万人以上，是拉动国民经济发展的重要产业，在国民经济中的支柱地位不断加强。“十二五”规划中，不仅计划了建筑行业的产业规模目标，即全国建筑业总产值、建筑业增长值年均增长 15％以上，而且强调了建筑业节能减排和技术创新，建筑产品施工过程的单位增长值能耗下降 10％，C60 以上的混凝土用量达总用量 10％，HRB400 以上的钢筋用量达总用量 45％，钢结构工程比例增加，新建工程的工程设计符合国家节能标准要达到 100％[3]。

4 建筑与大数据

建筑大数据互联网＋建筑＝？建筑领域如何应用大数据，美国一些创新公司对每一栋建筑都绘制了一个能耗图谱（图 1），纵轴表示 365 天，横轴表示 24 小时，每一个时间点的能耗数据都有明确显示。根据这张能耗基因图谱，就可以有的放矢地进行节能改造。还有不少建筑能耗分析公司利用大数据优势进行能耗数据远程分析，技术人员不需要亲临现场，通过网络即可对建筑能耗基因图谱进行远程诊断，节省了时间和人力成本[4]。

当前，我国建筑大数据其实未被充分利用，且大量浪费。如能耗监测平台，虽然投资巨大，收集了不少数据，但实际上我们仍然无法确认建筑能耗与碳排放的具体数据，每个专家给出的能耗数据都不同。这种情况下，制定建筑节能的政策与标准便较为困难。纵观其他行业，一辆新车出售前需标明百公里油耗数值，空调等家用电器都由国家强制贴上能效标识。在建筑领域，美国能源部将每年的建筑能耗数据作为官方数据向大众公示，过去、当下

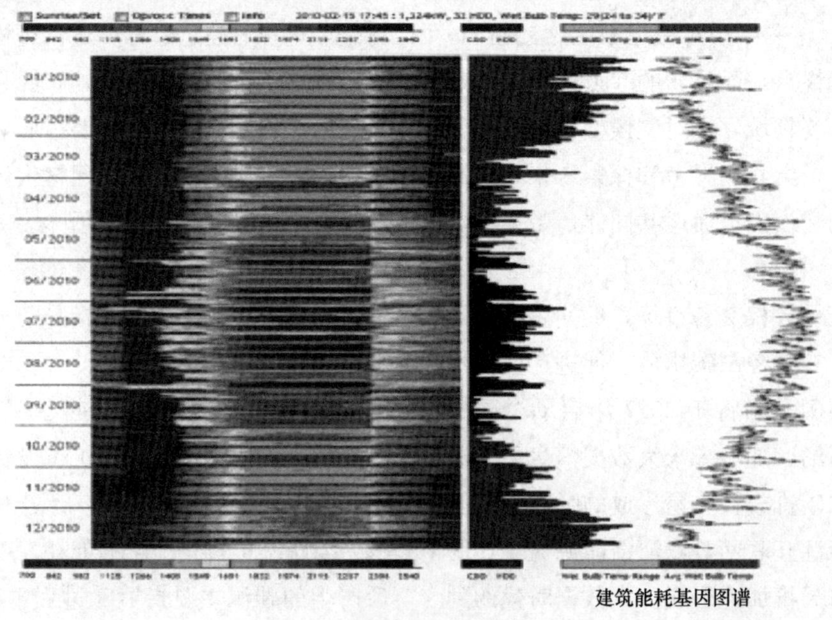

图 1 建筑能耗基因图谱

及未来的预测都有明确的数据支撑。而我国建筑能耗数据却依旧神秘，且收集的研究资料表明我国建筑能耗数据有 25%～50%的差距。造成这样结果的主要原因是没有利用好大数据这一工具。

最早提出“大数据”时代到来的是全球知名咨询公司麦肯锡，麦肯锡称：“数据，已经渗透到当今每一个行业和业务职能领域，成为重要的生产因素。至 2014 年 3 月，贵州在京举办“贵州省大数据产业推介会”，在接下来的两年里，建立了数据中心、呼叫中心、大数据交易中心。实施了“云上贵州”大数据产业立法，举办大数据博览会。2016 年 2 月，贵州被挂牌为国家大数据产业综合实验区。2016 年 5 月，李克强总理在贵州大数据峰会上说：大数据时代的来临，将给世界带来了一场新的革命。在大数据时代，数据成为一种新型的战略资产，“21 世纪的钻石矿”极富开采价值。在这一新形势下，贵州如何通过大数据建立起建设项目全生命周期碳排放数据库建设，填补大数据这一空白领域已成为刻不容缓的事。

5 贵州大数据下的建设项目全生命周期碳排放数据库建设

5.1 数据采集与分类整理

5.1.1 建筑材料生产

以国家发展改革委即将实施的控排企业碳核查为基础，开展对建筑材料碳排放的数据采集、分类、整理，得出原料开采、材料生产、运输等各方面过程中的碳排放量数据。具体为分析建筑材料生产各个环节的能耗因素，根据国家现行排放因子，计算建筑材料从原材料到成品或半成品建材所产生的 CO_2 排放量，计算数据与相关数据库进行比较分析，得出每种建筑材料在其生产过程中相应产生的 CO_2 当量，为建筑物设计与施工选材提供相应的基础数据。

5.1.2 建筑施工过程

以施工组织计划为依托，根据项目建设的规模及组织程序落实施工过程中碳排放的核算边界。收集施工过程中如大型机械设备、施工辅助生产设施的能耗数据、活动水平数据。根据国家推荐排放因子及相关碳排放方法学，计算施工过程中 CO_2 排放量，计算数据与相关数据库进行比较分析，得出主要施工设备及施工辅助设施的 CO_2 排放当量，为建筑物施工组织，施工工艺选取提供相应的基础数据。

5.1.3 建筑使用期间能耗

数据主要包含建筑采暖、制冷、通风、照明等维持建筑正常使用功能的能耗。对于建筑使用部分的碳排放量计算，要根据建筑在使用过程中的能耗，区分不同能源种类（石油、煤、电、天然气及可再生能源等），计算其一次性能源消耗量，然后折算出相应的 CO_2 排放量。

5.1.4 建筑维护与更新

建筑使用寿命周期内，为保证建筑处于满足全部功能需求的状态，为此进行必要的更新和维护、设备更换等。计算材料和设备的寿命与更新及维护间隔频率，计算所有建筑使用周期内需要更换的材料设备的种类能耗消耗，对比相关数据库，可以得到建筑在使用寿命周期内维护与更新过程中的碳排放量数据。

5.1.5 拆除与重新利用

将建筑达到使用寿命周期终点时所有建筑材料和设备进行分类，分为可回收利用材料和需要加工处理的建筑垃圾。对比相应的数据库，可以得到建筑拆除和重新利用过程中的碳排放量数据。建筑拆除回收建造新的房屋，其 CO_2 排放量就会大为减少。在建筑设计过程中考虑到未来建筑的拆除和材料分类，以尽可能减少建筑拆除过程中建筑垃圾的产生，在建筑设计、构造设计方面，使之有利于今后建筑材料的分离，有利于不同利用价值材料的分类处理和再回收利用。这种建筑材料的重新回收和利用可相应计算出减少的碳排放量，通过循环利用建筑材料，最终有效降低建筑建造过程中的 CO_2 排放总量。

5.2 数据运用与共享

把采集的数据进行处理，进而开发与项目设计、施工、运行、拆除相结合的建筑物碳排放计算软件，并用于建筑项目的设计阶段、施工阶段、运行阶段的碳排放计算，使各阶段的碳排放量化。也可用在项目各个阶段的方案比较，建筑材料选择，施工工艺选取等。同时为建材生产提供有效的降碳技术指标，鼓励建设单位及生产企业采用先进的节能减排技术和材料。可建立有利于建筑业低碳发展的激励机制，鼓励先进成熟的节能减排技术、工艺、工法、产品向工程建设标准、应用转化，降低碳排放量大的建材产品使用，逐步提高高强度、高性能建材使用比例。推动建筑垃圾有效处理和再利用，控制建筑过程噪声、水污染，降低建筑物建造过程对环境的不良影响。开展绿色施工示范工程等节能减排技术集成项目试点，全面建立房屋建筑的绿色标识制度。

6 结论

本文通过以国家对碳排放相关政策及大数据发展相关信息为支撑，讨论如何在互联网＋大数据＋建筑背景下建立建筑全生命周期碳排放数据库。通过收集分析相关研究资料，得到以下结论：

（1）我国在降低 CO_2 排放量上向世界作出了相关承诺，建筑碳排放是控制 CO_2 排放的重要环节，研究建筑全生命周期的 CO_2 排放，降低建筑耗能，控制建筑碳排放有着关键作用。

（2）我国大数据发展迅速，建筑碳排放核查需与大数据对接，建立建筑全生命周期各阶段 CO_2 排放量数据库，对控制建筑碳排放有重要作用。

（3）建筑全生命周期碳排放包括建筑材料生产、建筑施工过程、建筑运营与维护更新、建筑拆除和重新利用，需对各个阶段 CO_2 核算边界确定、排放因子选取、活动数据采集进行研究分析。最终建立建筑全生命周期 CO_2 排放量数据库，为建筑设计、施工、运营、拆除各个阶段提供碳排放计算依据。

参考文献

[1] 蔡琦斌．浅议工程项目全生命周期管理[J]，厦门科技，2007(5)：53-54.

[2] 卢求．德国 DGNB——世界第二代绿色建筑评估体系[J]，世界建筑，2010(1)：105-107.

[3] 中华人民共和国住房和城乡建设部．建筑业发展“十二五”规划．2011.

[4] 莫争春．大数据时代下的建筑节能新思路[J]，城市住宅，2015(8).

基于 BIM 技术的建设项目工程造价精细化管理

仲江民　黄东兵

（贵州财经大学管科学院，贵州　贵阳 550025）

【摘　要】 把制造业中成熟的精细化管理，融入建设项目中的建筑信息模型 BIM，将工程造价管理精细化作为目标，构建了以 BIM 技术为基础的工程造价精细化管理框架。本文在工程造价精细化管理研究的基础上，分析了 BIM 的应用价值和在造价管理上的具体应用；构建了基于 BIM 技术的建设项目工程造价精细化管理框架。本文的探讨有助于造价管理实现精细化、标准化、流程化，有效解决信息不对称的问题。

【关键词】 BIM；工程造价；精细化管理

Fine Management of Construction Cost Based on BIM

Zhong Jiangmin　Huang Dongbing

（School of management science and Engineering，
Guizhou University of Finance & Economics，Guiyang 550025）

【Abstract】 The manufacturing of fine management is integrated into building information modeling in construction projects. Taking the project cost management refinement as a target，establishing project cost of fine management based on BIM. On the basis of engineering cost the elaborating management，analyzing the BIM application value and its concrete application. Fine management of construction cost based on BIM technology is helpful for refinement，standardization and routing in cost management.

【Keywords】 BIM；project cost；delicacy management

工程造价管理是综合运用管理学、经济学、工程技术等方面的知识技术，对工程造价进行预测、计划、控制、核算等的过程[1]。在工程项目建设的不同阶段，工程造价管理有不同的具体工作内容，但共同点都是在合理确定工程造价目标值的基础上，有效地控制建设项目实际费用支出。合理确定工程造价、有效地控制工程造价[2]。

当前，建设项目技术日新月异，新材料的使用也逐渐涌现，管理方式日趋复杂，这样翻天覆地的变化往往导致工程量计算的繁琐与精度不高，工程造价数据庞大不易于使用分析，工程信息不能有效共享。存在的这些问题影响了建设各个参与方的效益，造成了资源的浪费，降低了建设项目的价值。同时，在错综复杂的国内外环境以及经济压力下行的新常态下，对建设项目的造价管理提出的要求也将更为苛刻。坚决贯彻“适用、经济、绿色、美观”的建筑方针，严格建设项目造价管理，实现工程造价的精细管理，将会推进工程造价行业健康发展。

1 工程造价精细化管理

1.1 工程造价精细化管理的概念

工程造价精细化管理是通过精准细严的基本原则，提升现有造价管理过程中对工程造价的各个阶段的精细化程度，实现由粗放型管理向集约化管理转变，从传统经验型的管理向科学化管理转变，确保工程造价管理落到细处和实处，全面提高业主的工程投资效益和施工企业的利润目标，实现资源优化配置[3]。

1.2 工程造价精细化管理具体内容

工程造价精细化管理的主要目标就是增强管理效力，改善造价管理中存在的问题，从项目决策、项目设计、项目招投标阶段、施工阶段、竣工阶段（图 1）等细化阶段出发，从工程造价的确定与造价的控制两个关键入手，利用新技术新方法，快速精准确定工程造价，实现工程造价管控流程精细化、标准化、流程化，提高造价管理效率[4]。总体而言，投资估算要保证设计概算比投资估算更加精准，投资估算指导设计概算。施工图预算是对设计概算的进一步细化。对合同价的管理，主要是沟通并处理承包商和建设单位的招投标价格。预付款和进度款符合前期方案与施工环节。结算和决算是对建设项目各个阶段的控制。

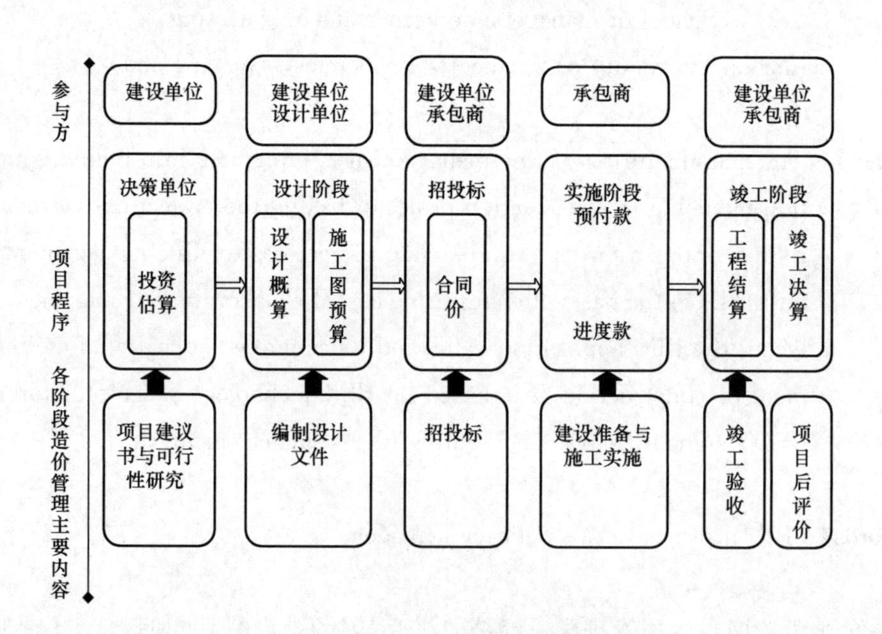

图 1 工程造价各阶段的管理

2 工程造价精细化管理过程中存在的主要问题

2.1 设计阶段

设计阶段的工程造价管理，既要体现经济的合理性，也要体现设计的先进性。但是在一般的情况下设计阶段的概算缺少类似工程的概算指标，需要局限性地套取概算指标得到的结果。编制施工图预算是因为时间紧迫导致算量不够紧，人工、材料、机械价格缺乏时效性，从而不能准确评价设计方案。而且由于设计阶段的不稳定性导致的更改也会对设计产生影响。在设计阶段不同专业不能准确审图，由此产生的专业碰撞也会对后期变更产生影响。

2.2 招投标阶段

招投标阶段分部分项工程算量并不精准，这样的后果影响了建设项目的实际规模，巨大的工程量偏差会让投标人的不平衡报价乘虚而入。贬值控制价的依据往往是不具时效性的行业定额，并且较难获取准确的市场信息，这也会影响招标控制价。

2.3 施工阶段

施工阶段的造价管理往往只是局限于对已经实施的工程的统计，或者对已经发生的签证变更出具一份价款变更的文件，并没有体现造价管理预测控制的作用。并且因为项目实施阶段的参与方信息不对称导致信息不能有效共享，从而工作效率低。

2.4 竣工结算阶段

竣工阶段最重要的工作就是工程量的审核，但是由于资料庞大，工程周期长等特点，实际工作中工程量的审查往往由于缺乏更为有效的工具，从而导致耗时长、工作量大、效率低下等问题。在双方核对工程量的过程中，常常因为双方的计算差异导致效率低下。

3 BIM 在工程造价管理上的价值分析

3.1 精准算量提高效率

首先，使用 BIM 三维建模可以提高工程量的计算效率。在造价管理过程中，管理人员可以通过 BIM 中的参数化构件，赋予构件以属性模型，BIM 会运用关联性运算，计算出对应工程量，提高算量效率。又或者将已经形成标准格式的设计文件直接导入造价软件，造价管理人员按照构建项目特征，选取计算规则汇总工程量即可。通过标准格式减少了造价人员对施工图的误差以及数据二次输入的误差，大大提高了算量的精准性及效率。

3.2 数据集成管理

基于 BIM5D 模型，实际上就是在三维模型的基础上集成了工程的时间以及成本信息。按照 BIM5D 所提供的建设数据，可以查询任意时间段的造价信息，并且能够提供相应的人、材、机的耗量，对资源进行安排。并且由于模型对各项数据的统计，可清楚地知道各项工程指标，从而与相似工程进行对比，作为经济评价的参考。

3.3 信息互用、共享

BIM 本质上是建设项目的数据库。这个数据库存储了与工程相关的各种数据，包括人、材、机等。造价管理机构按照 BIM 标准设立一个平台，将市场询价结果以及通过信息平台直接采集的价格信息归类整理，定期发布于信息平台，项目参与方可以在平台上实时更新 BIM 模型中的信息价，减少人工量。工程造价信息管理机构可基于这样的云平台形成大数据，采集各个已完工程指标指数，更好地为政府有关部门和社会提供公共服务，为建筑市场各方主体计价提供造价信息的专业服务。基于BIM的建设项目大数据，作为可储存计算的结构化信息，提高了其在造价行业的高效共享性，大量减少了信息传输上所需的人力成本，体现了信息的价值，提高了工作的准确性（图2）。

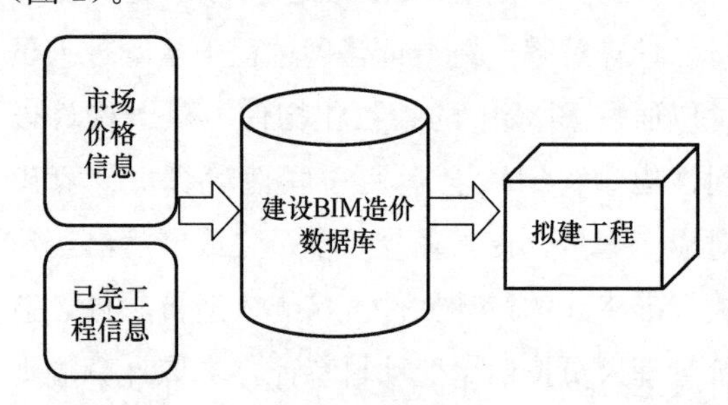

图2 信息共享

4 基于BIM的工程造价精细化管理框架的构建

4.1 设计阶段

4.1.1 提前碰撞检测降低成本

项目的设计阶段，不同专业通过BIM建立相应的模型以后，将不同专业的模型导入BIM中，通过BIM直观检测出不同专业的碰撞，提高了管理人员审图的效率，实现不同专业的协同管理。通过提前碰撞检测，可以从源头上降低设计变更，从而降低成本。

4.1.2 设计与造价的协同工作

造价专业人员将结构、机电专业BIM模型导入BIM造价软件进行二次加工便可获得准确的工程量基础数据，使更多的人力物力投入数据分析工作中，利用价值工程等方法从经济角度解读设计阶段造价经济数据，并通过提取BIM数据库所储存的相似工程项目历史数据指标进行对比，将最终经济指标反馈于设计人员开展优化设计用于多方案设计比选。

4.1.3 基于BIM的造价管理流程

基于BIM技术的设计阶段造价管理流程体现各参与方成本数据的交流。基于BIM技术的数据产生、分析、使用使造价与设计结合，方便设计优化，提前进行造价控制。BIM技术还可检测专业碰撞，预防变更，实现成本管理前置的目标（图3）。

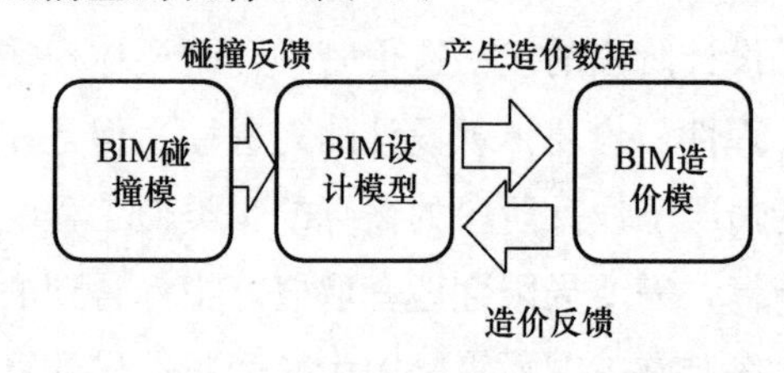

图3 数据的相互反馈

4.2 招投标阶段

4.2.1 高效率编制招标控制价

利用设计BIM模型建立BIM工程量，招标人完成工程量清单及招标控制价的编制。通BIM数据库对比已完相似工程数据来检查工程量清单的有效性，分析单价构成，来确保招标控制价的有效性。精准的工程量清单和控制价降低了招标人风险。

4.2.2 投标人运用BIM进行投标报价

投标方通过招标人提供的BIM模型对清单工程量进行复核，加快了投标报价的进程。投标人通过企业BIM获取市场价格进行投标报价分析，提高企业竞争力（图4）。

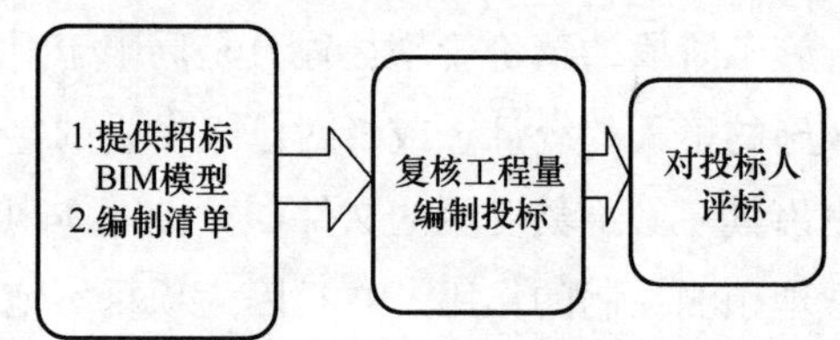

图4 招投标流程

4.3 施工阶段

4.3.1 计算工程量、合同价款

通过BIM5D参数化特性，能够根据任一时段或者任一施工面拆分原有BIM模型，得到相应工程量，因此发包人与承包人都可以快

速准确调取BIM数据库中已有的价格信息，直接汇总出相应阶段的工程进度价款，使得施工阶段造价管理的工程量及进度款的确定更为高效。

4.3.2 造价信息数据实时跟踪

项目参与方按规定时间通过BIM模型中心录入准确的造价相关信息，动态实时地维护相关造价信息，避免了数据信息在施工建造过程中的流失。

4.3.3 施工过程中工程造价的动态管理

通过BIM5D模型模拟工程并汇总工程量，利用存储在BIM中的计划单价形成BC-WS（计划工作预算费用）。然后通过BIM模型中输入已完工程量及实际单价，即可获取已完工程实际费用（ACWP）及已完工程计划费用（BCWP），通过BIM相关软件内置数学模型，便可快速进行费用偏差及费用绩效指数的分析，获取最为直观准确的比对结果。并且基于BIM技术对数据的有力支撑，偏差分析不再仅限于重点项目上，对于每一项分项工程项目都可以及时获取偏差分析结果。从而使工程造价管理人员有充足的时间分析偏差原因及提出解决偏差方案。

4.3.4 签证变更

将签证变更的信息录入BIM信息中心能够方便项目参与各方的调用，签证变更往往引起费用的变化，特别是针对设计变更的创新，将变更方案输入BIM，设计、施工、造价三方可以进行方案的比选。造价管理人员可通过BIM计算与变更相关工程量，核实变更方案引起的费用变化，从而提供经济性参考。三方人员通过以BIM模型为媒介对变更方案进行技术性、经济性、可操作性多方论证，选择最优方案。

4.3.5 基于BIM技术的施工建造阶段造价管理流程

以设计阶段建立的BIM模型为基础，结合施工建造阶段动态变化的工期、价格、签证、变更、索赔等信息建立起动态的施工建造BIM模型，利用BIM技术参数化、数据化等功能，快速准确调取动态造价控制所需的相关工程量、成本费用等数据，进行费用偏差分析、测算签证变更费用等，真正实现动态造价的有效管理。避免了工程造价前期阶段与施工阶段的割裂式的管理模式（图5）。

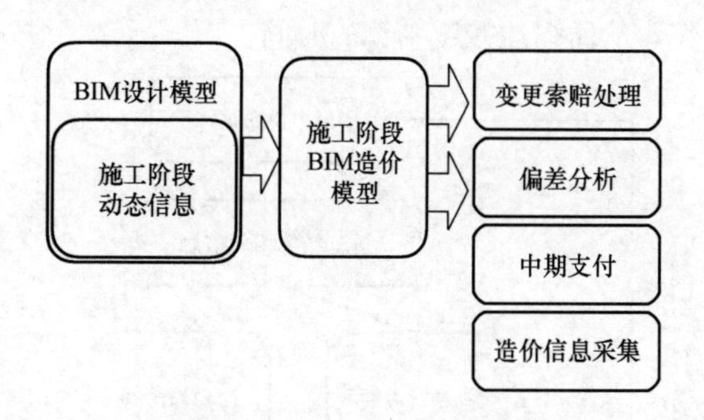

图5 施工阶段的造价管理

4.4 竣工阶段

4.4.1 结算资料审核

BIM技术提供了一个合理的技术平台，使从业人员对工程资料的管理工作融合于项目过程管理中，实时更新BIM中央数据库中工程资料，参与各方可准确、可靠地获得相关工程资料信息。按工期，或分构件任意调取BIM数据库中的资料，提高结算工程的效率及质量。

4.4.2 利用BIM技术进行竣工结算工程量审核

在竣工结算的工程量审核过程中，能够利用招投标过程中的工程三维模型，直接对原设计图变更部分进行修改，BIM软件通过布尔计算，同步关联计算因改尺寸变更引起的其他结构构建的工程量。另外，还可利用通用格式文件储存下的竣工图信息，直接导入该格式竣工图，软件即可自动生成竣工工程三维模型及相应工程量信息。在工程量核对过程中，建设单位和施工企业可将各自的BIM三维模型置于BIM技术下的对量软件中，软件自动分析出差异工程量并做标记，提高了核对的效率。

4.4.3 竣工结算阶段造价管理流程

在竣工结算阶段从 BIM 模型中调取相关竣工结算资料，结合合同约定，形成竣工结算 BIM 模型，利用 BIM 相关自动计算功能复核竣工结算工程量、费用等。基于 BIM 数据库对实施过程中数据全面集成，将提高竣工结算的准确性，大幅度减少竣工结算中的基础工作，从而缩短竣工结算的时间（图 6）。

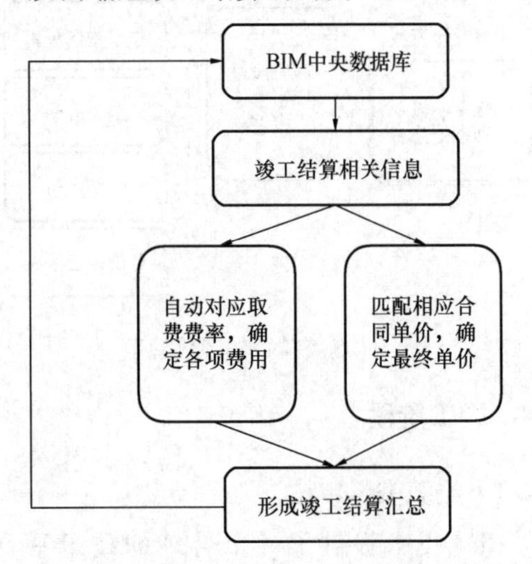

图 6　竣工结算阶段造价管理流程

5　结论

工程造价精细化管理对于工程项目造价管理实现精细化、标准化、流程化是有益的，但是精细化管理的过程中仍有预测准确性低、信息处理速度迟缓、参与方数据变化快、阶段信息传递失真的问题，建筑信息模型 BIM 的出现和应用，顺应了建筑行业的发展，BIM 技术以建立建筑信息模型为基础，集成了建筑全生命周期中的构件几何模型信息、构件功能信息，并整合建设过程信息如工程进度、工程费用、运营维护等信息，适应了不同阶段的造价精细化管理要求，避免了不同专业的信息不对称，提高了信息处理效率，提供参与方数据共享平台，维护信息传递。所以 BIM 在工程造价精细化管理中的应用能够为建设项目工程造价的精细化管理的实行提供解决方案。

参考文献

[1]　董士波．全生命周期工程造价管理研究[J]．哈尔滨：哈尔滨工程大学硕士论文，2003.

[2]　尹贻林．工程造价计价与控制[M]．中国计划出版社，2009.

[3]　尹贻林．工程造价管理相关知识[M]．中国计划出版社，2009.

[4]　尹旭．我国建筑企业施工项目成本精细化管理研究[J]．合肥工业大学，2008.

施工现场智能化安全管理应用研究

李 迥

（舜元建设（集团）有限公司，上海 200050）

【摘 要】 本文通过基于智能安全巡检技术上的施工现场智能化安全管理系统在工程项目上的应用，介绍了智能化安全管理安全体系在促进施工现场安全管理、方便管理人员进行安全管理、提升安全管理水平等方面有着重要应用价值。

【关键词】 智能安全巡检技术；智能化安全管理系统；安全管理

Research on the Application of Intelligent Safety Management in Construction Site

Li Jiong

（Technology Center of Sunyoung Construction（Group）Co.，ltd.，Shanghai 200050，China）

【Abstract】 Based on the application of intelligent security inspection technology on the construction site intelligent security management system in engineering project，this paper introduces the intelligent security management security system in the promotion of the construction site safety management，convenient management personnel safety management，enhancing the safety management of water equal has important application value.

【Keywords】 Intelligent safety inspection technology；Intelligent security management system；Safety management

1 引言

随着智能信息化技术不断取得进步，智能信息化技术应用越来越广泛，近至日常生活的智能家居，远至智能信息化管理住宅小区、智能化管理楼宇、无人驾驶技术等，智能信息化技术越发走进我们的生活。智能信息化技术应用到建筑技术领域可以追溯到智能信息化项目管理，至于智能信息化现场安全管理是近年来基于智能安全巡检技术下发展起来的建筑施工安全管理新技术。

建筑工地门禁考勤管理系统是企业为了实

现员工上下班考勤刷卡、数据采集及记录、信息查询和考勤统计；是实现建筑工地人员管理、工地有序运转、人员安全生产的基本功能。传统的考勤管理系统多数采用主动式刷卡，即需要员工拿着工作卡主动在读卡器前刷卡，这种传统的考勤管理系统存在很多弊端：

（1）对于中大型建筑工地，存在卡片遗失，补发不及时，工人无法正常上班引起的矛盾和安全隐患；

（2）刷卡时，必须把卡掏出，刷完卡后再放回口袋，不仅容易造成磨损，卡片容易损坏，而且容易丢失；

（3）卡片和人的身份无法紧密绑定，对工地启用其他更多的安全管理功能存在不确定因素；

（4）卡片可以随意互换，因此存在代打卡的现象。

为了解决上述问题，研发出一套智能型道闸管理系统，及工地巡查手持系统。此系统以RFID技术为基础，结合自动控制技术、计算机技术、无线通信技术，为工地安全管理工作提供一套切实可行、经济高效、安全可靠的管理方案。

2 工程概况

上海某科创园重建、扩建项目位于上海市长宁区天山西路799号，处于上海临空经济园区内，整个项目用地面积9975m²，建筑面积29350.66m²，其中地下建筑面积12280.92m²，地下2层，项目南面紧临河滨，北紧邻上海轨道交通2号线，地下室外墙离轨道交通2号线地铁隧道外壁仅6m，属于特别重要的管制范围，由于地下室建筑面积大，整个场地全地下室，施工空间极为有限，施工难度较大，项目安全创优目标高：上海市示范性观摩工地。为提高项目安全管控效率，项目安全管理采用了先进的智能化安全管理体系的新方法。

3 智能安全巡检实现方案

施工现场智能安全巡检技术就是通过一种智能软件将施工现场考勤管理、现场违章管理等揉和进去。其中施工现场考勤管理是将无源标签通过注塑的方式嵌入安全帽中，每位员工都需要一顶带有标签的安全帽来标识身份，作为进出施工现场的数据载体。其具体操作是先要把员工信息存储到数据库里，并与其相应的安全帽标签进行配对（同时通过WIFI一键导入手持机），在工地门口安装闸，系统将自动记录考勤信息，将员工重信息显示在门口的大屏幕上，员工不需要停留排队，对于没有戴定制安全帽的员工或外来人员将会被拒之门外，以免给工地现场造成不必要的安全麻烦。

对于施工现场违章管理方面，在工地安全巡查人员进行检查时，对工人现场违章行为进行实时取证（拍照记录），并对违章员工进行身份核实、信息记录，并在巡检结束后传到数据库上，从而实现对施工班组的安全状况进行有效监管。也能通过随时盘查进出人员，发现有工人私自替班或外来人员进入可随时记录下来。从而实现对施工现场的违章情况进行有效监管。

具体见图1。

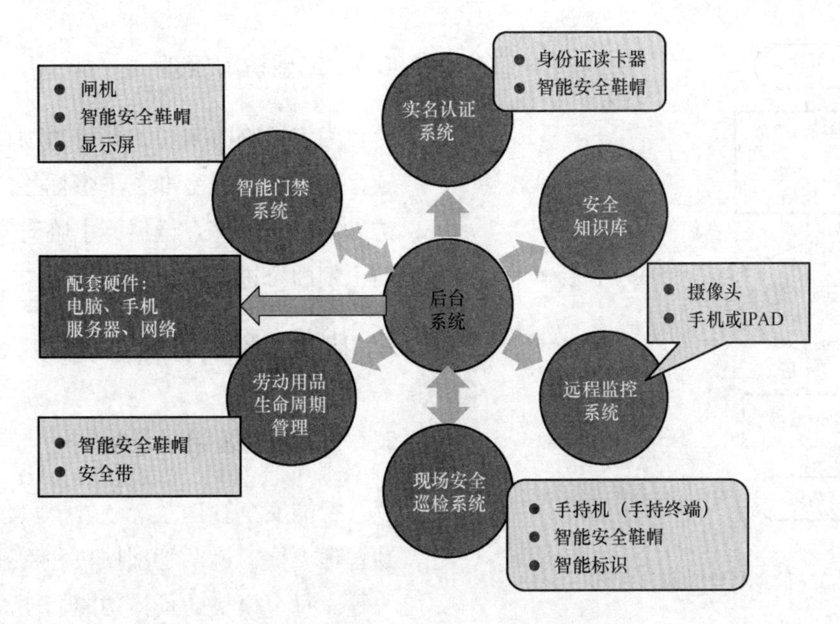

图1 智能安全管理实现系统图

4 重要实现措施

4.1 智能考勤

把无源标签通过注塑的方式嵌入安全帽（安全鞋）中，每位员工都需要一顶带有标签的安全帽（安全鞋）来标识身份，作为进出工地的数据载体。先要把员工信息存到数据库里面，并与其相应的安全帽标签进行配对（同时通过WIFI一键导入手持机）（备注：安全帽和安全鞋均有芯片配置，对人员进行双重监管，设计不同的情形，在进出闸机时，仅需要匹配其中之一即可放行，但在后台系统有记录，通过巡检手段确认该工人的信息身份及遵守安全规程的程度）。流程如图2所示。

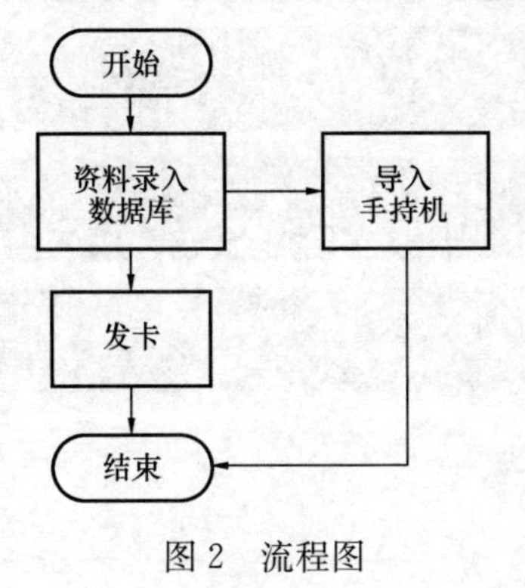

图2 流程图

4.2 封闭管理

在工地门口安装翼闸，员工上下班通行，系统将自动记录考勤信息，并将员工信息显示在门口的电视屏幕上，员工不需要停留，不需要排队。不戴定制安全帽亦不穿定制安全鞋的员工以及外来人员将会被拒之门外，以免给工地安全管理造成不必要的麻烦。

4.3 信息异常管理

针对信息数据反馈鞋子和帽子两者中有一个信息不吻合的，则手持机得到相关数据，由工地巡查人员针对性的对相关人员进行检查核对。流程如图3所示。

4.4 工地安全违章检查

日常工地巡查则是在工地安全巡查人员进行例行检查时，对工人现场违章行为进行实时取证（拍照记录），并对违章员工进行身份核实、信息记录，并在巡检结束后传到数据库上，从而实现对施工班组的安全状况进行有效监管。也能通过随时盘查进出人员，发现有工人私自替班以及外来人员进入等情况随时记录

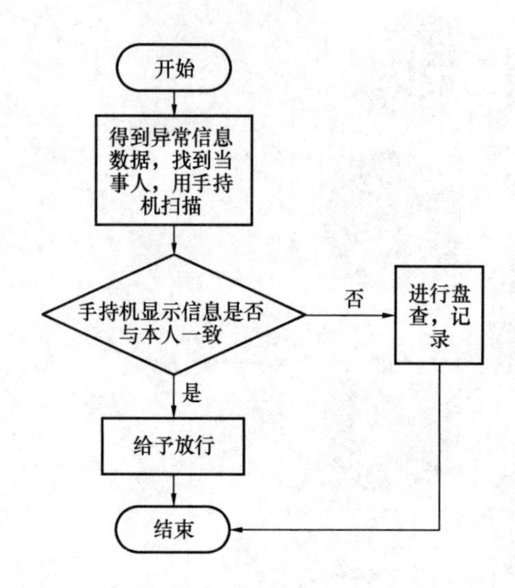

图 3　信息异常管理流程图

下来。流程如图 4 所示。

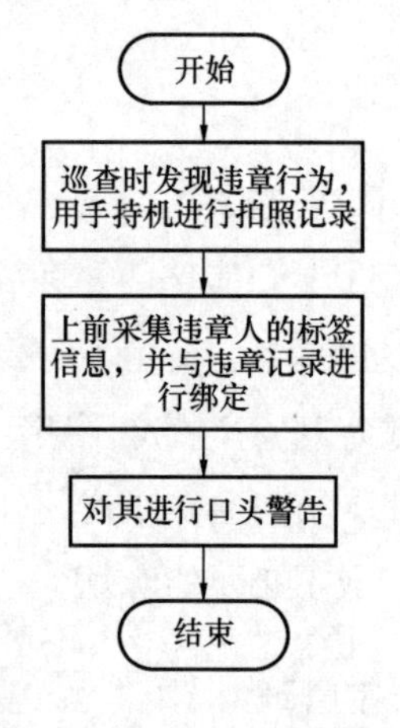

图 4　工地安全违章检查流程

4.5　工地访客管理

为方便临时来访人员进出项目管理封闭系统，我们在门卫室准备了带标签的安全帽，来访人员到门卫室登记后戴上临时安全帽通过砸到识别即可进入工地现场。

5　应用的配套软件系统

5.1　软件系统组成及功能

智能安全管理系统软件模块包括：智能考勤管理模块、违章管理模块和考勤异常处理模块等。每个模块的具体功能如下。

（1）智能考勤管理模块功能，见图 5。

（2）违章处理模块

违章管理模块实现方式主要采用手持机与系统管理软件实现违章监管，通过手持机可以实现违章取证、违章盘点、违章进驻现场的非正常行为，主要功能模块如图 6 所示。

（3）考勤异常处理模块

基于现场 WIFI 基础上，将手持终端与总控数据服务器之间实现数据正常交换与信息联通，其主要功能模块如图 7 所示。

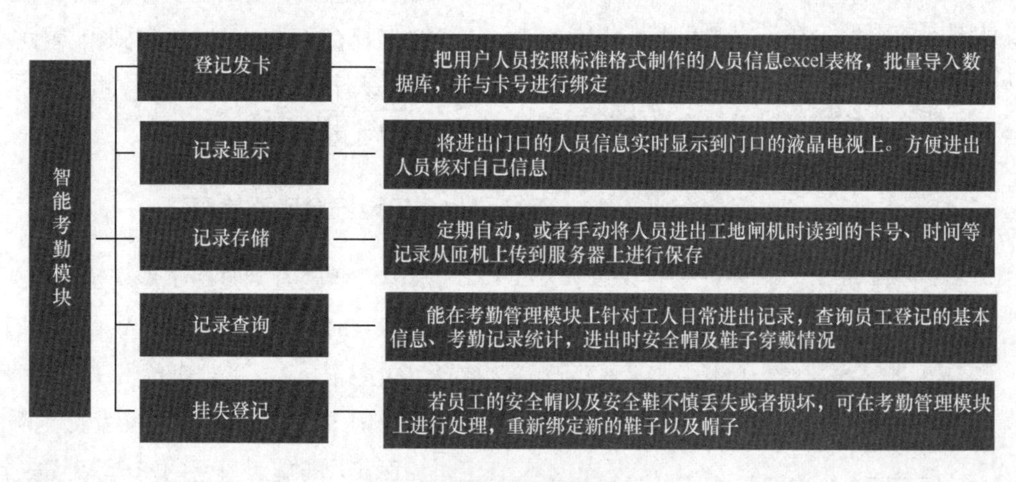

图 5　智能考勤管理模块示意

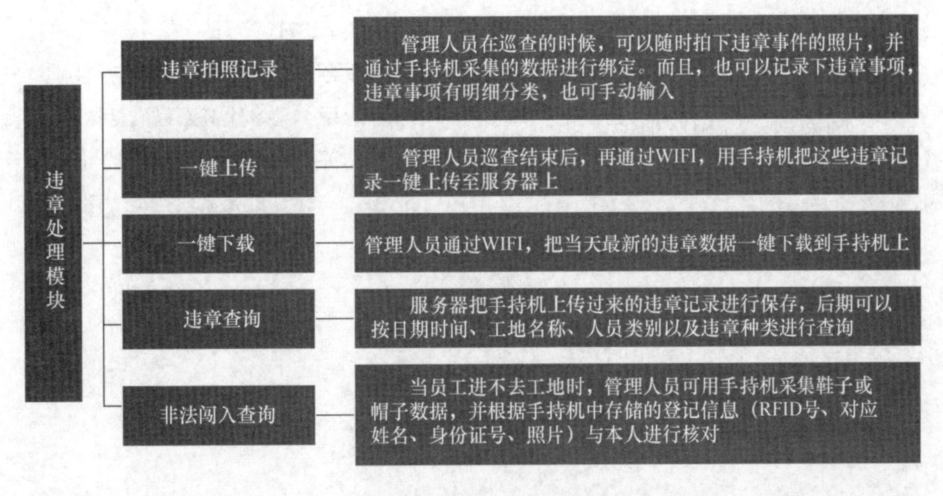

图 6　违章处理模块示意

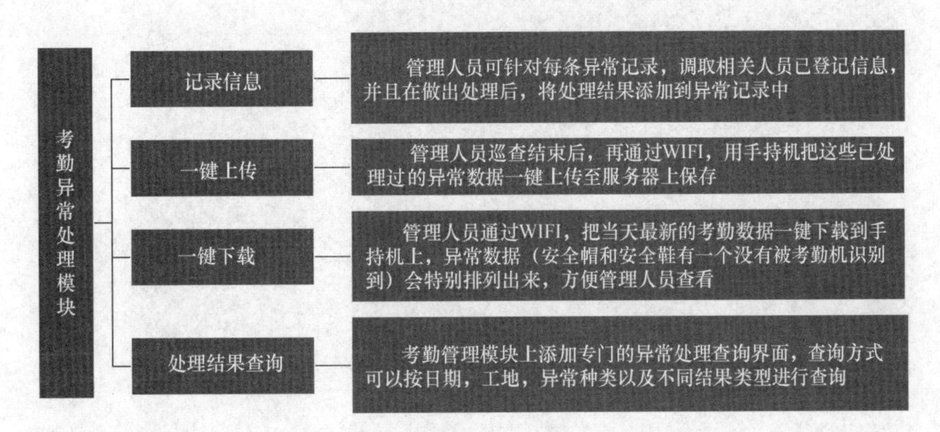

图 7　考勤异常处理模块

5.2　主要优点

5.2.1　操作简单

考虑用户在使用时的便捷要求，采用全中文的操作界面，完善的说明文档和简洁的操作界面，只要具备基本电脑操作常识即可胜任该管理工作。也使得操作者在交接管理工作时方面、快捷，同时也使得培训工作变得轻松快捷而卓有成效。

5.2.2　使用安全

所有操作程序的进入均设有密码保护，避免非授权人员操作和篡改数据，保证数据的安全性和可靠性。

5.2.3　功能强大

通过本软件可以实现施工现场安全智能化管理信息，即通过安全鞋帽、闸机识别系统实现智能考勤，通过手持终端与无线网络及总控终端实现现场安全违章、违规监管信息化，安全违章处罚记录信息化，且实时保留自动累计，达到规定违章次数自动关闭此人进场权利。

6　结语

通过施工现场智能安全巡检系统的应用能实现进出施工现场人员动态智能管理，对于施工现场违章管理方面，在工地安全巡查人员进行检查时，对工人现场违章行为进行实时取证（拍照记录），并对违章员工进行身份核实、信息记录，并在巡检结束后传到数据库上，从而实现对施工班组的安全状况进行有效监管，真正实现无纸化安全监管，相对于传统安全管理更加方便、实时，从而使施工现场安全管理更加高效，具有广阔的推广应用价值。

参考文献

［1］ 董大旻．物联网技术在建筑施工安全管理中的应用．2011，7月．

［2］ 郑夏翔等．物联网技术在项目质量安全管理上的应用．土木建筑工程信息技术，2013.

［3］ 林丽芬．物联网技术在安全生产与管理中应用探讨．计算机光盘软件与应用，2012，16期．

香港借鉴外地成功立法经验解决建造业付款的问题

孙家盈　曾文凤　陈乐敏　倪灏恒

（中国港湾工程有限责任公司，香港）

【摘　要】 根据2011年进行的业界调查，建造业普遍存在付款问题和争议。近年来，香港建造业界和工人拖欠的问题越趋严重。文章旨在探讨现时香港特区政府借鉴外地立法经验解决建造业付款问题的对策能否解决该行业的历史付款问题。

【关键词】 建造业；付款问题；付款申索；付款保障

Hong Kong Resolves Payment Issues in the Construction Industry from Successful Foreign Experience in Legislation

SuenKa Ying Carol　Tsang Man Fung　Chan Lok Man　Ngai Ho Hang

(China Harbour Engineering Company Limited, HK)

【Abstract】 According to a research of construction industry conducted in 2011, there has been widespread payment problems and disputes within the field. In recent years, these payment problems are increasingly serious within the industry in Hong Kong. This article aims to explore whether or not Hong Kong Government can be able to resolve the problems by learning from successful foreign experience in legislation.

【Keywords】 Construction Industry; Payment Problem; Payment Claims; Security of Payment

1　香港建造业付款存在问题

长久以来，香港的建造业界普遍采用“分判作业模式”，好处是令工程项目的采购工作更富弹性。但是，位于供应链上、下游的总承包商、分包商、供货商和顾问公司不时在完成工作或提供服务后，因付款问题起争议，继而影响公司的现金流，工人亦受到连累而被拖欠工资。此情况在世界各地的建筑界都很常见，内地与香港亦面对一样的问题。要解决此难题，政府与建筑业界一定要得到共识并且紧密合作，相信随着立法的实施，问题亦会得到彻底解决。

在 2011 年，香港特区政府联同建造业议会就本地建造业的付款概况进行全面的业界调查，对象包括建筑工程公司、顾问公司、物料及机械供货商等。结果显示，建造业界因争议而出现拖欠工程款的情况颇为普遍，涉及总额超过 200 亿元，其中俗称“判头”的分包商所面对的情况尤其严重，被拖欠 99 亿元，占其年度营业额约 12%。现时工人追讨欠薪的方法第一步会先向劳工处寻求协助，劳工处会召开劳资调解会议。如未能成功调解，个案会转介至劳资审裁处，而劳资审裁处作为仲裁者的角色。按照《雇佣条例》亦规定建造业的总承包商（俗称“大判”）须负责代其属下的分包商（俗称“判头”）垫支该判头拖欠工人的工资，以欠薪期最初的两个月工资为限。根据建筑地盘职工总会统计数字[1]，建筑工人追讨法定权利的过程从到劳工处落案起计算，至转交劳资审裁处处理到案件完结，平均需时 6.5 个月，单在劳资审裁处就平均需时 4 个多月。有些被欠薪的工人需时大半年，甚至超过一年。

香港特区政府一直致力解决上述问题，制定了认可承建包名册和分包商的注册制度，承包商或分包商必须符合既定的财务、技术及管理准则，才可获准名列上述认可名册，或保留名册上的资格，以及获批公共工程合约，因欠薪而被定罪的注册承包商或分包商有机会受到相关委员会的规管行动，包括书面警告，暂停或吊销其注册。在投标过程中，政府要求总承包商必须制备分包商管理计划，增加承包商管理分包商的透明度和加强总承包商对政府的问责性，强化各工务部门对承包商的监管。同时，在近年政府工程合约中增订了一系列条款，任何政府工程地盘需增设劳工关系主任岗位，职责包括监察总承包商及其所属分包商有否向工人准时支薪及强积金供款、操作工人注册系统、处理工人投诉，及向政府部门呈交有关发薪及强积金供款文件等，大大提升政府部门对工程的监管力度。总承包商亦需在工地提供及操作一个指定的电子考勤系统，其中包括 SMART 及生物辨识系统，用以记录及核实工地人员的出入情况，减少工资纠纷。

相对政府工程合约对建筑业付款的规范，私人工程合约相关规定比较宽松，未能有效解决建筑业付款问题。发展局在 2012 年底联同业界成立了工作小组，探讨制定付款保障条例的可行性及拟定法律框架。经研究后，现时业界普遍出现拖欠工资的其中一个成因，在于建造业界由上游至下游的工程合约，常有“先收款、后付款”的条款，即是下游分包商尽管已完成工作或已提供服务，但上游承包商仍可以自身未收到工程合约款项为理由，而不付款于下游分包商。因此，往往面对不少问题和争议，令工人未能依时依期收取工资，衍生社会问题。

另外，根据香港建造业议会于 2009 年委托香港大学民意研究计划进行上述调查，以识别出建造业存在已久的付款问题的所有主要原因。有关调查涵盖了不同类别，包括：业主、顾问公司、承包商、分包商及供货商。结果显示私营界别的付款问题较公营界别的更为严重。问题包括：

（1）解决纠纷时被拖延；

（2）欠款未缴，但仍需继续工作；

（3）拖延作最终账目结算；

（4）延迟核对中期付款；

（5）在收取款项时遇到的其他阻碍。

2 香港借鉴外地成功立法经验

就上述问题，香港建造业议会工程分判委员会建议设立以下小组：

（1）自选分包合约标准合约条款专责小组，以制定一套标准条款纳入自选分包合约中（视乎自选分包合约而定）；

（2）解决争议文件专责小组，以界定不同类型建造合约的建议争议解决机制的覆盖范围及程序流程；

（3）付款保障立法专责小组，以考虑是否有必要在香港为付款保障立法。

因此，政府计划制定《建造业付款保障条例》（后称《付款保障案例》），规范建筑工程款项的支付，降低拖欠工程款项问题及业界相关争议。于2012年发展局与业界持份者成立工作小组进行条例草拟及商讨，并就在香港制订相似条例的方案和注意事项提出建议如下：

（1）涵盖范围（即拟议条例的适用范围）；

（2）付款；

（3）禁止先收款、后付款和有条件付款；

（4）因不获付款而暂时停工的权利；

（5）审裁及执行。

经详细研究及参考其他地区的做法，工作小组建议为建造业付款设立法律保障。法律框架如下。

2.1 涵盖范围

（1）《付款保障条例》将涵盖为香港的工程所提供的建造工程、顾问服务、物料和机械供应合约。《付款保障条例》对公营及私营界别的涵盖范围将会不同。

（2）在公营界别，所有由政府和指定的法定及（或）公共机构及企业所采购的建造及工程的建造、顾问公司、物料供应及分包合约，不论合约金额，都会被《付款保障条例》涵盖。《付款保障条例》将适用于公营界别所有建造活动及保养、修复及翻新工程。安装设备的工程，例如冷气及防盗装置。建造活动或有关服务亦将被涵盖。建议指定法定及（或）公共机构及企业。

（3）在私营界别，条例会涵盖根据《建筑物条例》（第123章）所规定“新建筑物”的工程合约或相关的专业服务、物料或机械的合约，而该合约的原金额超过500万港元；或专业服务合约和只提供物料合约，而该合约的原金额超过50万港元。在制订《付款保障条例》私营界别的涵盖范围时，工作小组考虑到私人物业的小业主、立案法团和中小企业未必拥有管理工程合约的经验和知识，亦没有足够的知识来判断工程的必要性和价格的合理性。为避免加重他们的法律责任，工作小组建议条例豁免私人楼宇或设施的翻新、保养或修葺合约，及价值500万港元以下的小型新建造工程合约。

（4）当总承建合约受《付款保障条例》规管，建议同一供应链下游所有的分包合约也受《付款保障条例》规管。

（5）在香港，最需要条例保障的小型承建商和分包商最有可能是以口头协议或局部口头协议方式承接工程。所以工作小组建议条例应涵盖书面及口头合约。

2.2 付款

（1）缔约各方仍可自由议定“申索付款相隔期”，亦可自由议定估算工作价值的方法和付款方式，例如工作小组建议可不受限制地采用收费率、固定价格、目标成本、退还成本，以及其他付款或风险模式等。

（2）为促使现金流随合约链迅速由上层达至下层，在条例生效后，“进度付款”和“最终付款”的可议定最长付款限期分别为60历日和为120历日。相比现行业界惯例，所订的最长限期略长于香港现有大部分合约常设的限期。

(3) 如有关各方没有就可申索付款的时间及（或）付款额的计算方法及（或）付款一方可于何时和如何响应及（或）付款限期等作出明确协议，则会通过付款保障条例采用下列条款：

1）承办工作或提供服务、物料或机械的有关各方有权于按历月计算的“申索付款相隔期”提出“付款申索”。

2）到期应付的款项会根据已进行的工作和已提供的服务、物料或机械计算，并按相关合约所订的价格或定价估值；如合约没有相关条款，则按照合约订立时的市价计算。

3）付款一方有权在收到“付款申索”后的30历日内送达“付款回应”。

4）“付款期”定为收到“付款申索”后的60历日（“进度付款”）或120历日（“最终付款”）。

2.3 “先收款、后付款”条款

(1) 现时有部分付款方会根据“先收款、后付款”条款，以自己尚未从另一份合约获得付款为由，拒绝向已执行工作或提供服务、物料或机械的一方付款。

(2) “先收款、后付款”这不公平的条款一直被认为对现金流转造成妨碍，并可能对较小型分包商和贸易商造成损害，因为他们通常难以承受长期垫支和被拖欠款项的负担。发展局调查亦已确定，分包商、顾问公司和供货商都因“先收款、后付款”条款而被拖欠款项，而且这问题在私营界别的工程项目中尤其普遍。

(3) 付款保障条例将规定“先收款、后付款”条款无效。

2.4 因不获付款而暂时停工的权利

(1) 此外，不获付款一方可能仍须按照合约规定，继续执行工作并垫支相关费用，令他们承受更大的财政压力和风险。他们只可根据普通法行使合约所订的终止条款（如有的话），或将不获付款当作违反合约，其严重程度相当于在普通法之下废除合约。

(2) 建议《付款保障条例》订立权利，使有关各方可在不获付款的情况下暂停所有或部分工作或减慢工作进度。因不获付款而暂时停工或减慢工程进度的一方，将会就停工造成的延误和干扰而有权享有额外工期以完成其合约，以及获付合理的费用和开支。

(3) 不获付款的各方如有意暂时停工，必须以书面通知不付款一方和（如知悉的话）将会付款于不付款一方的人士（“主事人”），以及工地业主。在很多情况下，发出有意停工的通知，可能已足以促使付款一方履行责任。此外，业主或主事人可能会采取行动，促使各方解决付款争议。即使业主和主事人无法阻止停工，但仍可妥善管理余下工程，尽量减轻停工的影响。

2.5 审裁及执行

(1)《付款保障条例》亦提供将争议提交审裁的法定权利。相比法庭及仲裁，审裁程序更为便捷及更具成本效益。

(2) 缔约方将有权根据付款保障条例把下列事项的争议提请审裁：

以付款申索追讨已完成的工作或提供的服务、物料和机械的估值；及（或）根据合约条款并已以付款申索追讨的其他金钱申索；及（或）在付款申索所列的到期应付款额作出的抵销和扣减；及（或）按合约工作或提供服务、物料或机械的工期或按合约应享有的延长工期。

(3) 建议的审裁程序有以下主要特色：

1）申索一方应在争议发生的28历日内启动审裁程序，向另一方送达审裁通知书，陈述有关各方的资料、争议性质和所寻求的纠正。

2）在启动审裁后的5个工作日内，由各方协议并委任审裁员，或由协议提名团体或（如没有的话）由香港国际仲裁中心提名审裁员。

3）在委任审裁员当日或之前，申索一方应向答辩一方送达申述书和所援引的所有支持证据（可包括文件、照片、证人供词及专家报告），及在委任审裁员当日或之后1个工作天，送达审裁员。

4）由收到申索一方申述书的日期起计，答辩一方有20个工作日提交申述书和所援引的所有支持证据，作为响应。

5）审裁员应于收到答辩一方申述书后20个工作日内作出并公布其裁决。该限期可以由审裁员延长，即由审裁员获委任日期起计最多55个工作日；如双方同意，限期可再延长。

6）有关各方应各自承担审裁的讼费，而审裁员的费用和开支，可由审裁员裁定由哪方支付，或由各方共同支付并订明摊分比例。

（4）缔约方如不满审裁结果，仍然有权把争议提请法庭或仲裁（如合约中有相关规定），但审裁员的裁决在法庭或仲裁作出裁决前，仍属有效，并对缔约各方具有约束力。

香港特区政府已在2015年6月1日～8月31日就拟议条例进行公众咨询。现正就条例进行业务影响评估，并计划展开条例的草拟工作。条例还引入审裁制度迅速解决争议，从而改善建造业供应链的资金流动。

草拟中的《付款保障条例》内有清晰界定适用范围，包括由政府、指定公共机构、因采购建造活动或提供专业服务所订立的分包合约。条例内亦提及应用细节，包括缔约双方的权利与义务、收取未偿付款的途径等。为确保条例的公平性，缔约双方都有权将争议提请审裁，保障各方在提供服务后能准时获得报酬。由于小型承包商和分包商普遍会以口头协议承接工程，容易产生付款问题争议，建议特区政府应在建造业界推广使用书面标准合约表格，详情可参考由建筑及工程界别专业学会撰写的《标准合同》，以供业界在承接工程时使用。

不少人乐见有关条例将适用于所有公营界别建造项目，但对于私人合约及订定数额的门槛（500万元以上工程合约；顾问及物料供应合约则为50万元以上），部分人士仍有保留；另外对于在私营界别合约只适用于有限范围的“新”建造项目，不少人士认为较难就“新”建造项目确立清晰定义，以及改建及加建工程是否涵盖。同时，不少人认为特区政府提出的《建造业付款保障条例》主要是针对建造业界内因付款问题而衍生的争拗，订明合约内不得存在“先收款，后付款”形式的条文，并规定付款期不能多于60日（中期付款）或120日（最终付款），避免出现拖延付款问题。然而，现时虽无法例限制，但建造业界一般遵循60日（中期付款）或120日（最终付款）的期限，若制定法例后仍遵循同一期限，又是否对于加速解决付款争议有实际帮助呢？

另外条例容许合约缔约双方均有权将拖延付款争议交付审裁员处理；如有到期而不付款或不遵照审裁结果执行的情况，不获付款一方将被赋予减慢工作进度甚至暂时停工的权利。值得留意的是，有建筑师参与的工程，建筑师不仅需要对于工程质量方面作出专业判断，亦须对付款的数额或应付数额的更改进行把关，这亦牵涉建筑师本人的可信度；若日后拖延付款争议交付审裁员处理，审裁员的决定是否会凌驾于建筑师的专业判断？这样又是否会影响建筑师的专业责任呢？这是不能忽略的问题。

3 总结

建造业供应链长期以来面对完工后难以或无法取得款项的问题。工人付出辛劳，理应及时获得报酬，但近年的拖欠工资情况，不但对工人极其不公，亦加剧建造业人手短缺的困境。各项调查的结果反映出有关情况，香港建造业界明白有需要制定付款保障的法例，与合约及临时行政措施与之并行。

适当的立法规管当然有其重要性，但有关条例除为工程付款流程定下规范，令业界对资金的收付有更准确预算，清晰列明各分包商、服务及原料供货商之间何时清付款项，减少纠纷外，业界专业责任及角色亦需考虑，这样才会有利建造业界的营运与长期发展。香港一向有赖建造及基建工程来促进社会发展，在经济好时能起稳定作用，在经济不好时更是动力源头。从其他国家或地区立法后的执行情况来看，香港应该能够借由《建造业付款保障条例》而解决拖欠工程款的历史问题。

参考文献

[1] 发展局．拟议建筑业付款保障条例：咨询文件．政府物流服务署，2015.

[2] 发展局．拟议建筑业付款保障条例：摘要和指引．政府物流服务署，2015.

[3] Development Bureau. Report on Public Consultation on Proposal Security of Payment Legislation for the Construction Industry，2016.

[4] 发展局．立法会四题：政府高度重视建造业工人被拖欠薪酬问题．2004-12-08，https：//www. devb. gov. hk/filemanager/article/tc/upload/4382/lcq4-c. txt.

[5] 立法会人力事务委员会．建造业的欠薪问题(二零零二年十一月二十一日议)．2002-11，http：//www. legco. gov. hk/yr02-03/chinese/panels/mp/papers/mp1121cb2-381-5c. pdf.

[6] Building and Construction Authority. Building and Construction Industry Security of Payment Act 2004：A Brief Introduction to the Act，2004.

[7] 国务院．国务院办公厅关于全面治理拖欠农民工工资问题的意见：国办发［2016］1 号．2016.

[8] 香港职工会联盟．工会批评劳审处纸老虎：未尽责任为工人讨回欠薪．2011-08-21，http：//www. hkctu. org. hk/cms/article. jsp? article _ id＝631&cat _ id＝42.

专业书架

Professional Books

行 业 报 告

《中国建设年鉴 2015》

《中国建设年鉴》编委会　编

本年鉴力求综合反映我国建设事业发展与改革年度情况，属于大型文献史料性工具书。内容丰富，资料来源准确可靠，具有很强的政策性、指导性、文献性。2015卷力求全面记述2014年我国房地产业、住房保障、城乡规划、城市建设与市政公用事业、村镇建设、建筑业、建筑节能与科技和国家基础设施建设等方面的主要工作，突出新思路、新举措、新特点。

征订号：28081，定价：300.00元，2016年3月出版

《中国建筑业改革与发展研究报告（2015）——结构调整与组织优化》

住房和城乡建设部建筑市场监管司　住房和城乡建设部政策研究中心　编著

本书由住房和城乡建设部建筑市场监管司和政策研究中心组织，围绕“结构调整与组织优化”这一主题进行编写。全书共四章，分别从中国建筑业发展环境、中国建筑业发展状况、着力深化改革推进行业发展、“新常态”下建筑需求结构及应对策略四方面进行了详细的阐述。附件给出了2014～2015年建筑业最

新政策法规概览、贵州省人民政府关于加快建筑业发展的意见、四川省人民政府关于促进建筑业转型升级加快发展的意见、陕西省人民政府关于推进建筑业转型升级加快改革发展的指导意见、吉林省人民政府关于加快发展建筑支柱产业的意见及部分国家建筑业情况。

本书对于建筑业企业领导层及管理人员确定建筑业的发展方向有很好的参考作用。

征订号：27790，定价：32.00元，2015年10月出版

《中国建筑节能年度发展研究报告2016》

清华大学建筑节能研究中心　著

本书共分两篇：第一篇给出了我国建筑能耗现状，包括实际的建筑总量数据，能源消耗数据，给出了我国建筑真实可靠的实际建筑用能情况。第二篇主要介绍了我国农村建筑能耗的现状、对环境的影响；农村建筑用能可持续发展理念、农村建筑节能适宜性技术，最后给出了农村建筑节能最佳实践案例。

征订号：28496，定价：45.00元，2016年3月出版

《2014－2015 年度中国城市住宅发展报告》

邓 卫 张 杰 庄惟敏 编著

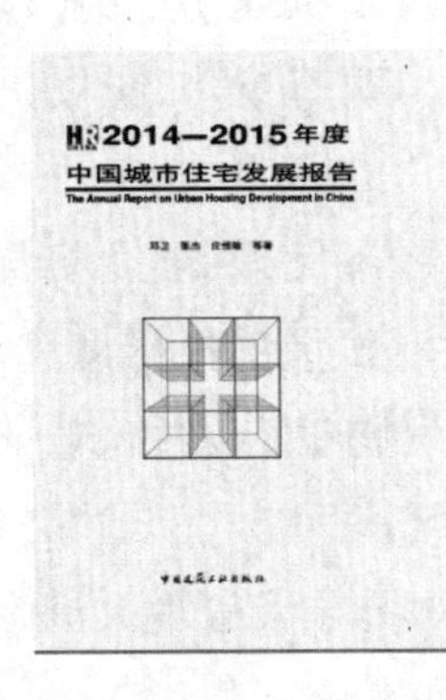

本文主要研究2014至2015年度中国城市住宅发展概况和热点问题。以国家统计局、住房和城乡建设部等政府部门发布的权威统计数据为基础进行科学分析，从实证的角度反映2014年全国城市住宅的发展状况，数据翔实、图表丰富、行文简明、语言朴实、表述明了，是从事住宅规划设计和开发建设工作者可参考借鉴的工具书。本书主要研究2014至2015年度中国城市住宅发展概况和热点问题。涵盖的内容包括住房需求与金融、住房交易状况、住房相关政策、住房价格影响因素和住房技术创新五大板块。住房供需与金融从住房需求与存量、住房土地供应、住房金融市场三方面来展开。住房交易状况从一首住房、二手住房、租赁住房三方面来展开。房地产政策从国家、城市两个层面展开，并且着重对当年重大政策对房地产市场的影响进行分析。房价影响因素从经济学视角切入，对房价上涨的原因、影响和调控手段进行综合分析。住宅技术阐述当年与住宅相关的重要技术进展。

征订号：28248，定价：30.00 元，2016 年 4 月出版

《中国工程造价咨询行业发展报告（2015 版）》

中国建设工程造价管理协会 主编
武汉理工大学 中国建设银行 参编

我国工程造价咨询业已取得了长足发展，形成了独立执业的工程造价咨询产业。工程造价管理的业务范围得到较大扩展，推行了工程量清单计价制度。但是也依旧存在工程造价专业人才缺乏，学历教育的知识体系还不能适应行业发展的要求等问题，需要我们在工程造价管理的内涵与任务、行业发展战略、管理体系等多个方面进一步深入思考。据此中价协计划每年出版《中国工程造价咨询行业发展报告》。

本报告基于2014年中国工程造价咨询行业发展总体情况，从行业发展现状、行业发展环境、行业标准体系建设、行业结构分析、行业收入统计分析、行业存在的主要问题和对策展望等6个方面进行了全面梳理和分析。此外，报告还就工程造价咨询行业诚信体系建设、新常态下工程造价咨询企业发展战略、工程造价咨询行业信息化建设和行业高等教育等4个专题进行了研究，并列出了2014年大事记、重要政策法规及行业重要奖项与表彰名单。

征订号：28333，定价：75.00 元，2016 年 3 月出版

工程管理与数字建造

《建筑市场经济学研究》

王孟钧 戴若林 著

建筑市场不同于一般商品市场，其交易方式、运行机制和管理模式均有特殊性，需要进行系统而深入的研究。建筑市场经济学是一门新兴的学科，它以建筑市场经济关系及运行规律为研究对象，以政府主管部门、建设单位（业主）、勘察设计单位、施工单位、监理单位、材料设备供应商、中介服务机构等诸多市场主体的行为和活动为研究内容。

本书是在作者多年研究和教学基础上形成的，是关于建筑市场经济学的深入思考和探索，提出了建筑市场经济学的理论框架，包括：建筑市场体系与运行机制、建筑市场供需与价格、建筑市场结构、建筑市场行为与绩效、建筑市场交易与交易制度、建筑市场信用与信用制度、建筑市场监管等。

征订号：27920，定价：50.00 元，2016 年 3 月出版

《工程项目成本管理实论》

鲁贵卿 著

本书不但有深厚的理论基础，也有鲜活的实践做支撑。主要研究对象是工程项目成本管理的“商务成本”。笔者结合自己从业近 40 年

的工作经历，提出了“方圆理论”的概念，初衷是想把中国传统的方圆之道运用到现代企业管理的实践中，尤其是运用到我国社会转型期的工程项目管理的实践中，以丰富项目管理的理论研究成果。外圆内方、虚实结合的“方圆图”，将建筑施工企业的接项目、干项目、算账收钱的全过程，将法人管理项目的要求，将责权利相结合的现代管理理念全都清晰地囊括，是建筑企业成本管理的理论指南和降本增效的有力武器。

本书可供建筑工程承包企业管理参考，也可为地产开发企业参考；即可用于房屋建筑工程项目，也可用于基础设施建设项目；即可供企业管理者阅读，也可供项目管理者学习，亦可供大专院校相关专业师生使用，具有广泛的可读性和可操作性。

征订号：27671，定价：60.00 元，2015 年 11 月出版

《建设工程人文实论》

鲁贵卿 著

当前，我国正处在人类历史上规模最大、速度最快的城镇化进程中。“工程”作为城镇化的重要基础，“人”作为城镇化的核心，越来越被世人所关注。

本书立足于作者在工程领域 30 余年的实践，在挖掘工程的“以人为本”、“天人相宜”

等人文思想内涵的基础上，对工程人文的概念、工程与人居、工程艺术、工程文化等进行了演绎分析，对当前工程建设中存在的“人文”迷失现象和原因进行了思考，对中国城镇化的“人文”路径进行了探索研究，以期唤醒城镇化建设中的“人文”意识，呼吁人们尊重自然、延续历史、回归人性，为新型城镇化建设提供一定的思路。

全书共七章，涵盖了工程人文概论、工程与人居、工程的艺术特性、工程文化与工程建设企业文化、人文视角下的中国工程建设实例分析、人文视角下的西方国家城镇化建设实例分析及中国新型城镇化进程中工程建设的人文思考等内容。

征订号：28185，定价：50.00 元，2016 年 1 月出版

《PPP 项目法律实务解读》

丛书主编 张正勤

本书主编 易 斌

本书从结构上分为两大部分。第一部分是以本书笔者及丛书其他编者在各类针对 PPP 项目的法律讲座及培训中解答学员现场提问的记录为基础，整理编纂而成的 PPP 项目法律实务问答。此部分的特色在于不囿于形式的桎梏，以精简的表达直接点明问题的关键点，并相应地给出具有操作性的建议。第二部分是对政府和社会资本合作项目通用合同的指南解读。在此部分内容中，笔者对发展改革委发布的《政府和社会资本合作项目通用合同指南（2014 年版）》进行了逐条的解读和说明，并从实际操作层面给出建议，同时提供了由笔者结合专业研究及实务经验拟写的建议条款，以资读者在进行 PPP 合同编制时参考。

本书适合于从事 PPP 项目的工程管理人员、技术人员以及政府行政管理人员参考使用，也适用于土木工程相关高等院校师生使用。

征订号：28492，定价：55.00 元，2016 年 5 月出版

《PPP 项目策划与操作实务》

杨晓敏 主编

政府和社会资本合作模式（PPP 模式）是国家的一项治国战略举措。本书作者为国信研究院的副院长，是该领域的资深专家，而国信招标集团在行业内也是实力雄厚、久负盛名，因此本书具有相当高的权威性。读者可以从本书了解与 PPP 项目直接相关的国家政策、法律法规和项目实施的基本流程，并且结合国信招标集团在 PPP 项目咨询领域的大量实际案例，深入浅出，帮助读者更快更好地了解 PPP 项目的全流程操作。本书出版后深受读者欢迎，供不应求，截至目前该书已重印 5 次，对我国的 PPP 模式发展起到了积极作用。

征订号：27795，定价：60.00 元，2015 年 10 月出版

《城市基础设施投融资理论与实践》

丁向阳 编著

城市基础设施和公共服务设施投资规模

大、建设周期长、使用期限长、投资回报率低。与城市基础设施建设、经营所需的大量资金相比，财政投入仍显不足，传统的以政府投入为主的城市基础设施投融资模式已经难以满足社会经济快速发展的需要。因此，必须加快推进城市PPP模式探索和基础设施、公共服务设施投融资体制改革，通过市场化的途径，大力吸引社会资本，参与城市基础设施、公共服务设施建设和运营，彻底转变主要靠政府背债投入的局面，以促进城市基础设施可持续发展。

本书重点介绍了多年来北京市和国内城市基础设施投融资改革所做的探索与实践案例，系统地总结了城市基础设施市场化改革的方向、途经和做法，理论与实践并重。对于从事PPP模式探索，以及基础设施、公共服务设施投融资、建设和运营研究与实践者极具参考价值。并附近年来国务院以及相关部门在推进城市基础设施建设，尤其是PPP方面的政策文件，以帮助读者更好地了解国家政策。

征订号：27430，定价：55.00元，2015年12月出版

《房屋建筑与装饰工程工程量计算规范图解》

吴佐民　房春艳　主编

本书依据《建设工程工程量清单计价规范》GB 50500—2013、《房屋建筑与装饰工程工程量计算规范》GB 50854—2013以及地方定额等，用图解的方式对房屋建筑与装饰工程

各分项的工程量计算方法作了较详细的解释说明。通过典型实例，说明实际操作中的有关问题及解决方法，详细阐述了房屋建筑与装饰工程工程量清单及其计价编制的方法及注意事项，集标准与实务讲解于一体，兼顾工程量清单单价的组价与分析，是进行房屋建筑与装饰工程招标控制价和投标报价、工程结算编制与审查的实用工具用书。本书内容深入浅出，从理论到案例，内容全面，针对性强，便于读者有目标性地学习与理解，提高实际操作水平。

本书图文并茂，易学易懂，也适宜作为高等院校工程造价专业和工程管理专业进行教学的参考书。

征订号：27785，定价：80.00元，2016年1月出版

《建筑工程绿色施工实施指南》

陕西省土木建筑学会
陕西建工集团有限公司　主编

本书主要介绍了建筑工程绿色施工技术和管理措施，从施工管理、环境保护、节材与材料资源利用、节水与水资源利用、节能与能源利用、节地与土地资源保护等六个方面，列举了近二百项绿色施工技术和管理措施，突出了“小、实、活、新”的特点，图文并茂、直观明了、便于理解，实用性和可

操作性强。对建筑工程施工现场管理人员和操作人员推行绿色施工具有一定的指导借鉴和推广应用意义。

征订号：28519，定价：45.00 元，2016 年 5 月出版

《绿色施工示范工程实施指南》

陕西省建筑业协会　编著

本书由陕西省建筑业协会组织编写，从申报、管理、技术、评价、成效、检查与验收等方面，对绿色施工示范工程提出了更为具体的系统要求，将进一步规范建筑业绿色施工示范工程的立项、实施、检查和验收等程序，促进绿色施工的良好实施，对我国绿色施工的推进起到指导和借鉴作用。

本书适用于土木工程施工单位技术人员、管理人员，以及高校师生参考使用。

征订号：27311，定价：42.00 元，2015 年 6 月出版

《施工起重机械安全管理实操手册》

中国建筑业协会建筑安全分会
北京康健建安建筑工程技术
研究有限责任公司　编写

本书分三大部分，分别对塔式起重机、施工升降机和物料提升机，从进场查验、安装拆卸、顶升作业、作业区管理、日常检查、维修保养等关键环节入手，采用图文并茂的方式，

阐述了安全注意事项、危险源辨识及事故隐患排查处理等，力求使全书通俗易懂、形象直观且实用性、可操作性强，以帮助广大建筑业企业安全管理人员及施工人员学习掌握相关安全知识，促进提高建筑安全监管机构有关人员的相应监管能力，更好地保障施工现场安全生产。

征订号：28431，定价：36.00 元，2016 年 4 月出版

《建筑安全管理与文明施工图解》

赵志刚　主编

本书内容共分 8 章，包括安全管理与文明施工；脚手架安全检查；基坑工程、模板支架与高处作业；施工用电、物料提升机与施工升降机；塔式起重机、起重吊装与施工机具；模板施工；建筑施工消防平面布置；建筑工程典型安全事故案例解析。本书系统介绍了建筑安全管理与文明施工所需掌握的基本技术知识及注意事项。重点突出、针对性好、实战性强，可供建筑行业技术管理人员学习使用。

征订号：27311，定价：42.00 元，2015 年 6 月出版

《数字建构文化——2015年全国建筑院系建筑数字技术教学研讨会论文集》

全国高校建筑学学科专业指导委员会
建筑数字技术教学工作委员会
华中科技大学建筑与城市规划学院　主编

本论文集为“2015年全国建筑院系建筑数字技术教学研讨会”会议论文集。此次研讨会的主题为“数字建构文化(Digital Tectonic Culture)”。这是自2006年举办首届“全国建筑院系建筑数字技术教学研讨会”以来的第十届。论文集主要包括5个部分：A 数字建筑与教学，B BIM和参数化设计，C 数字技术应用，D 数字化建筑设计，E 城市设计数字化研究。研讨会秉承历届会议的精神，为从事建筑学教育的同仁提供有关数字化理论及实践信息的交流平台，共同探讨当今和未来数字化建筑教学研究的新动向、新方法、新技术、新案例，彰显数字技术对于建筑设计未来发展的影响及重要性。

征订号：27422，定价：49.00元，2015年6月出版

《新建构——迈向数字建筑的新理论》

刘育东　林楚卿

由于数字科技的发展，数字建构研究觉察到传统建筑建构已有剧烈改变，直到今日，我们迫切需要有系统的结合一些数字与古典元素及过程的新建构想法，以便继续发展建筑的数字理论。本书结合第七届远东国际数字建筑设计奖获奖作品，探讨了建筑的数字理论，以及建构与设计过程的关系，设计方法和设计思考，提出了结合数字与古典元素及过程的新建构的想法。

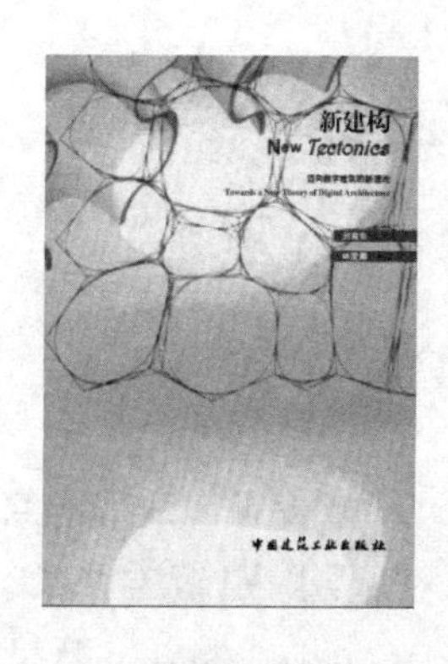

征订号：21351，定价：128.00元，2012年1月出版

《数字建筑+生态模型——R&Sie(n)的设计与研究》

仇宁等　主编

R&Sie(n)以其广泛涉及的实验性项目而著称。在其众多的设计项目中，R&Sie(n)均在高度关注地脉和文脉的基础上，以其结合当代科技的创造，打造具有先锋姿态的虚拟形式，包括建筑、住宅、展览中心以及其他一些公共项目。本书主要分两部分介绍了其设计与研究，其中“我听到点什么”更是综合了各个方面成就的大型项目，其无尽探索必将为在21世纪的建筑理论与实践打开新的大门。

征订号：20721，定价：58.00元，2011年6月出版

《数字营造——建筑设计·运算逻辑·认知理论》

陈寿恒 等

该书由美国麻省理工学院建筑学系 Computation Group 提供学术论文，由世界华人建筑师协会——数码建筑学术委员会负责中文翻译。麻省理工学院建筑数字化运算设计研究小组（MIT Computation Group）是当今世界建筑界引领建筑设计技术进步的重要研究机构之一。同时它又以学术的理论深度和严谨性，技术的原创性和多样性而著称。本书收集了 14 篇该研究所的研究论文。这些论文涵盖的范围非常广泛，从数字工具的开发应用到背后的逻辑思维模式到教学的各个方面都有代表性的描述和论证。本书三个章节的分类也体现了对建筑数字化运算设计理论、实践和教育三个方面的全面描述。本书概念新颖，课题全面，有理论深度。同时为了便于各个层面上不同的读者，在编写这本书的时候译者非常注意用词和表达方法，尽量通过浅显的语句结构和表达方式来讲解这些全新的概念。再者，本书为中英文对照版，为比较阅读提供方便。

征订号：18600，定价：36.00 元，2009 年 10 月出版

《数字化信息集成下的建筑、设计与建造》

俞传飞 著

数字化技术对社会各方面，包括建筑学专

业的影响，一直是专业人士关注的对象。这种关注多集中于具体的技术应用层面，鲜有对专业现状与走向较为全面的理论探究。有鉴于此，本书对数字化技术与信息集成下的建筑、设计与建造进行较为系统的理论分析和总结，从建筑学专业的研究客体——建筑、设计主体——建筑师、设计与表现、设计与建造等主要方面，及各方面之间相互影响的关系，对数字化技术与信息集成下建筑、设计与建造的现状与走向进行总结、剖析与展望，并在此基础上探寻其中所蕴含的分化、整合与集成等主要特征的来龙去脉。希望能藉此对当代建筑行业体系在数字化技术影响下已经和将要发生的变化进行初步研究，为进一步的深入思考和技术实施提供基础性资料。

征订号：16285，定价：32.00 元，2008 年 1 月出版

《数字城市》

郝 力 等

随着当前信息化建设的深入发展，数字城市已经成为覆盖城市生活方方面面的重点工程。本书重点围绕数字城市建设，结合我国当前社会发展形势，从速数字化生活、数字化管理、数字化企业以及数字城市的可能未来等方面进行了全面介绍和探讨并在此基础上对数字城市的建设进行了深入思

考。

征订号：19238，定价：36.00 元，2010 年 6 月出版

《数字城市导论》

本书编委会

数字城市是城市信息化发展的崭新阶段和热点。数字城市将深刻地影响甚至是改变城市规划、建设和管理的思维方式、工作方式和工作习惯。因此，了解和学习数字城市有关的科学知识、技术知识和管理知识，是摆在我们面前的一项紧迫的历史性任务。本书重点围绕数字城市建设的基本问题展开。全书共分 6 章，第 1 章介绍了数字城市产生的社会与技术背景；第 2 章给出了数字城市的概念和框架以及我国数字城市建设的主要特色；第 3 章和第 4 章分别简要介绍了城市规划、建设与管理领域数字城市的核心应用系统和数字城市的关键技术；第 5 章讨论了数字城市建设中的政策法规和实施方案；最后一章列举了数字城市的主要应用领域和未来前景。

征订号：10293，定价：20.00 元，2001 年 9 月出版

《数字城市的实施策略与模式研究》

薛 凯

数字城市是工业时代向信息时代转变的一个基本标志，是人类社会发展和前进的历史阶段。

数字城市不是一个纯粹的理论或技术问题，而是受科技、政府和市场等多重因素影响和制约的一项复杂的系统工程。本文力求通过这一“城市神经系统工程”的实施，实现城市管理、服务、运行的便捷、顺畅、高效，使“城市有机体”更加健康的发展。即通过信息化应用与共享提升城市的“智慧化”程度，提高城市的生活质量，促进经济社会环境的全面发展与变革，实现城市的可持续发展。

本书可供城市管理者、规划师、建筑类院校师生等阅读参考。

征订号：25893，定价：45.00 元，2014 年 10 月出版

《智慧建造理论与实践》

李久林 魏 来 王 勇

本书由中国城市科学研究会数字城市专业委员会智慧建造学组组织编写，为最近几年我国在智慧建造方面的理论研究和应用成果，系统阐述了智慧建造理论、描绘智慧建造发展蓝图，力求推动智慧建造事业的健康快速发展。全书共 9 章，分别为：智慧城市的发展与建设现状，从数字化建造到智慧建造，基于 BIM 的工程设计与仿真分析，现代测绘技术与智慧建造，大型建筑工程的数字化建造技术，工程安全与质量控制监测技术，基于三维 GIS 技术的铁路建设管理

应用，基于 BIM 的机电设备运维管理实践，常用 BIM 平台软件及应用解决方案。本书内容新颖，系统全面，可操作性强，既可作为工程建设企业在智慧建造方面的操作指南，也为相关专业人员提供学习参考。

征订号：27392，定价：45.00 元，2015 年 7 月出版

《竖向工程：智慧造景、3D 机械控制系统、雨洪管理》

［瑞士］彼得·派切克　李　雰　郭　湧　著

郭　湧　许晓青　译

本书是瑞士 HSR 拉帕斯维尔应用科学大学景观学系与东南大学建筑学院景观学系的合作成果。

竖向与种植一样是风景园林师最为重要的设计手段之一。风景园林师必须掌握运用等高线表达设计构思和进行方案推敲的能力，能够运用等高线对设计、生态、经济和工程技术等多方面的因素进行检查。这就需要地形塑造的知识。本书不仅对台地、坡地、高程点、等高线和土方量计算等基础知识进行了讲解，还介绍了包括景观的稳定加固、道路和停车场的竖向设计、地形塑造的现场工等专题，而且还给读者带来了利用数字地面模型（DTM）构建“智慧造景”工作流以及 3D 机械控制系统等新技术应用的全面见解。

雨洪管理的基本原理、工作流程和计算方法在书中有详细的论述。大量的国内外竖向工程案例被收录在书中。竖向设计练习题和术语表也是本书的特色内容。有助于读者熟练掌握所习得的竖向工程知识。

征订号：26901，定价：98.00 元，2015 年 10 月出版

《智慧建筑、智慧社区与智慧城市的创新与设计》

广东宏景科技有限公司、广东省建筑智能工程技术研究开发中心

本书以智能建筑、绿色建筑、智慧建筑、智慧城市理念的提出、内涵与特征、创新设计与应用为主线，坚持理论与实践相结合，坚持取材源于公司的设计、产品研发、课题研究、各种会议、杂志、PPT 及论文资料，坚持实用为主，坚持概念清晰、思路清楚、逻辑与系统性强。本书共分六章，主要从智慧城市的理念、内涵和特征、顶层设计、应用以及标准研究等几个方面展开。

征订号：26876，定价：50.00 元，2015 年 4 月出版

《智慧地推进新型城镇化发展——智慧城市创建案例》

住房和城乡建设部建筑节能与科技司

创建国家智慧城市工作，是部重点工作之一，也是我国城镇化建设过程中的开创性工作之一，目前已经在多个部委的联动下推进，并且取得

了很大成就。本书结合第一批智慧城市试点过程，以案例集的方式，选择了15个城市的建设经验进行总结与点评，力求为进一步的智慧城市创建工作提供实践参考，这使得本书具有一定的独特性和开创性。

征订号：25240，定价：42.00元，2014年8月出版

《业主方怎样用BIM?》

中国中建地产有限公司课题组

BIM技术因其协同性、模拟性、可视化等特点而带来了建筑行业以及地产行业的价值链条的再造革命。本书以价值链重新分配为契机，以BIM落地如何为住宅建设的业主带来最大价值为旨归，以住宅投资开发为龙头，通过BIM在设计、营销、建造、运营重点环节的应用示范实施，论证BIM在住宅建设全产业链中的应用价值；通过BIM在住宅产业链条中的技术实施路线，建立住宅开发过程中标准体系、BIM数据信息管理平台作为支撑工具，重点实现基于BIM模型各阶段不同参与方规范的“数字化移交”。本书是业主、开发商的BIM全生命周期使用指南。

征订号：27954，定价：58.00元，2016年5月出版

《节地　节能　节水　节材——BIM与绿色建筑》

冯康曾　高海军　鲍　冈　彭海忠　于天赤

本书从建筑节水节地节能节材和BIM技术入手，讲述了建学设计研究院在设计的过程中不断总结经验力求用心的技术、材料，来带动建筑业、建材业的发展，探索一条实际应用的发展的道路。

征订号：27071，定价：46.00元，2015年4月出版

《机电安装企业BIM实施标准指南》

清华大学BIM课题组

上安集团BIM课题组　编著

中国工程建设行业是我国国民经济的支柱产业，但其发展长期受到工业化和信息化程度偏低的制约。在国家提出以工业化和信息化为主要手段，加快产业升级的背景下，各专业领域积极运用建筑信息模型技术（BIM）提高产业效益。机电安装领域由于细分专业多，交叉作业、相互干涉繁杂，通过充分利用BIM技术，在机电施工图深化、施工方案优化等方面都取得了重要进展，初步体现了BIM的应用价值。上海市安装工程集团有限公司近十年来积极探索BIM技术应用，专门成立了BIM课题组，并与清华大学BIM课题组紧密合作，取得了一系列研究成果。这本以本企业工程实例为对象，以CBIMS理论为基础，从机电工程的准备、施工、成果交付三个阶段总结归纳，编写完成的《机电安装企业BIM实施标准指南》一书，作为CBIMS体系的机电施工BIM实施标准指南的专业分册，对广大机电

施工企业的 BIM 应用会有较强的实践指导作用。

征订号：27148，定价：78.00 元，2015 年 4 月出版

《设计企业 BIM 实施标准指南》

清华大学 BIM 课题组

上安集团 BIM 课题组　编著

本企业级 BIM 标准实施指南是企业级实施 BIM 的应用指导手册，是中国 BIM 丛书中的一个分册。它遵循 CBIMS 标准框架的理论和方法，归纳和总结了当前国内外的应用实践，针对中国民用建筑设计单位，给出了企业级 BIM 实施的定义、规范和通用原则。这些标准和规范的建立，将是企业基于 BIM 技术实施信息化的重要基础条件之一，也将指导建筑设计单位建立企业的 BIM 实施标准和细则，以推进企业的 BIM 应用和实践。企业级 BIM 实施标准是指企业在建筑设计各阶段的生产过程中，基于 BIM 技术所建立的相关资源、业务流程、交付物等的定义和规范。依据 CBIMS 中 BIM 实施的过程模型，设计单位的企业级 BIM 实施标准包括三个子标准：设计资源标准、设计行为标准和设计交付标准。它们是企业级 BIM 实施标准的三个基本方面，其中，每个方面还包括更为具体的节点标准和定义，并由此形成完整的企业级 BIM 实施标准体系。

征订号：23267，定价：59.00 元，2015 年 4 月出版

《大力推广装配式建筑必读——制度·政策·国内外发展》

住房和城乡建设部

住宅产业化发展促进中心　编著

“十二五”以来，装配式建筑呈现快速发展的局面，突出表现为以产业化试点城市为代表的地方，纷纷出台了一系列的技术与经济政策，制定了明确的发展规划和目标，涌现了大量龙头企业，建设了一批装配式建筑试点示范项目。

本书就是在装配式建筑方面，对行业制度、发展政策以及国内外发展情况作了系统的阐释。内容包括 19 个专题，既有装配式建筑的发展介绍，也有现存政策、监管机制、发展目标方面的系统论述，并着重介绍钢结构、木结构、全装修等内容，梳理日本、美国、德国等发展国家和地区的装配式发展情况。

对于政府管理人员、装配式建筑从业企业具有重大的参考价值。

征订号：28696，定价：58.00 元，2016 年 5 月出版

《大力推广装配式建筑必读——技术·标准·成本与效益》

住房和城乡建设部住宅

产业化发展促进中心　编著

“十二五”以来，装配式建筑呈现快速发展的局面，突出表现为以产业化试点城市为代表的地方，纷纷出台了一系列的技术与经济政

策，制定了明确的发展规划和目标，涌现了大量龙头企业，建设了一批装配式建筑试点示范项目。

本书就是在装配式建筑方面，对相关技术、行业标准以及成本与效益作了详尽的分析。内容包括12个专题，涵盖了装配式建筑技术、建筑标准规范、建筑设计、建筑施工安装，预制构件生产、运输、生产线、质量控制与标准化、通用化，装配式建筑人才培养、企业发展，建安成本增量分析、综合效益分析，这些全方面的内容。

对于政府管理人员、装配式建筑从业企业具有重大的参考价值。

征订号：28697，定价：38.00元，2016年5月出版

城市管理与房地产

《陕西省城乡风貌特色研究》

陕西省住房和城乡建设厅

塑造城乡风貌特色是城镇化发展的重要任务和本质要求，城乡风貌始终是建筑与城乡规划领域重要而又难解的课题。陕西省住房和城乡建设厅针对城乡风貌总体构建、建筑风貌引导等重点内容组织开展了系列研究，从总体层面对全省风貌特色构建框架蓝图，引导与优化全省城乡空间风貌，取得了阶段性成果形成本书。

本书以陕西省城乡空间为研究范围，针对关中、陕北、陕南三大区域，立足城市、小城镇、乡村三大对象，运用宏观意向、中观景象、微观形象三大方法，形成“三个三”的分层次风貌特色方法论构建体系，探索具有民族性、地域性、时代性的陕西城乡风貌建设模式，提出了城乡空间风貌特色构建策略。

征订号：28324，定价：130.00元，2016年2月出版

《未来城市》

［荷兰］斯蒂芬·里德［德国］约尔根·罗斯曼［荷兰］约伯·范埃尔迪约克 编著

曹 康 张 艳 朱 金 陈 宇 译

《未来城市》是一本关于城市——未来主流人类定居形态——的书，内容是关于城市正在进行的转型，以及城市的塑造——利用规划和设计来影响、甚至决定城市未来的能力。本书由3部分构成：10篇城市案例研究，从高度规划的（荷兰兰斯塔德三角都市群）到高度自发的（贝尔格莱德）都有；几篇理论性文章，讨论当代城市社会和城市化的基本概念；一篇由“下一代建筑师”(NEXT Architects）所作的图像性文章。

征订号：27455，定价：58.00元，2016年4月出版

《大规模城市开发的风险管理》

夏南凯

作者从风险的视角引入大规模城市开发项目，分析了大规模城市开发的复杂性，深入阐述了政府在大规模城市开发过程中的风险评估与调控体系，提出了多层面应对与实施的策略，为大规模项目提供一定的决策参考依据和预警技术工具。

征订号：25089，定价：48.00 元，2016 年 2 月出版

《城市·建筑绿色低碳发展研究》

住房和城乡建设部科技与产业化发展中心

本书收录了住房和城乡建设部科技发展促进中心（住房和城乡建设部住宅产业化促进中心）的部分最新研究与实践成果，并按照能源消费现状与趋势，发展思路，控制增量、降低新建建筑能耗，优化存量、提升建筑品质，推广可再生能源建筑应用，住宅产业现代化，城市减排及建筑节能体制机制创新这一脉络进行了分类归纳。书中系统地呈现了我国建筑节能与绿色建筑工作的发展思路、举措与成效，为从事绿色建筑和低碳城市工作的研究人员、工程技术人员全面了解我国建筑节能与绿色建筑发展现状、发展方向提供了渠道和参考。

征订号：27524，定价：75.00 元，2015 年 8 月出版

《当苏州园林遇见北美城市》

徐 侃 陆 庆

本书是一本独特的书，书中有很多美丽的照片插图，向我们展示了苏州古典园林的设计，给我们身临其境的感受，同时也表达我们对于自然的共同热爱，在我们讨论区分，消除距离感，融合差异，以及追求宁静、平和的美好愿望和期许，希望这些园林能够为我们提供一些参考与借鉴的意义。

本书列举这几个有代表性的北美城市中的苏州园林。将这些北美城市和这些苏州园林予以某种特质上的解构比对，希望以随笔的形式带给读者一点比较文化上的思索和想象，书中还有大量的配图，供读者阅读。本书可供对园林文化感兴趣者使用。也可供大专院校师生使用。

征订号：26909，定价：98.00 元，2015 年 4 月出版

《房地产估价钥匙》

章积森 著

本书共分上下两篇：上篇以《房地产估价规范》GB/T 50291—2015、《房地产估价基本术语标准》GB/T 50899—2013 和《房地产估价报告评审标准》（中房学 2014 年征求意见稿）为依据，针对不同类型的房地产和估价目的设计了可供参考的 11 种较常见的房地产估

价报告撰写模板；下篇选编了44篇“有关估价方面关键点解析”的“发表论文与授课讲义”。

本书上篇在一定程度上具有普遍使用性、参考性和指导性，下篇可为读者带来估价理论与经验方面的启迪和帮助。适用于房地产、土地、资产估价行业以及金融机构、本专业院校师生、司法工作者和各类房地产投资者等有关人士。

征订号：28455，定价：79.00元，2016年4月出版

《商业地产实战精粹——项目规划与工程技术》

邓国凡 杨明磊 杜 伟 编著

本书作者根据多年从事地产业所积累的实战经验，并参考国内外知名地产的行业建造标准，从规划设计、施工、成本控制、招商、运营管理等方面综合阐述了商业地产项目的规划设计和工程技术问题，可作为商业项目从业人员的技术标准或设计指导之用。

本书主要包括：商业地产规划设计总述，建筑、结构设计和施工控制，装饰装修设计与施工控制，机电系统的实施要点，商业项目交房条件，部分租户的租赁条件和交房要求参考，参考资料等内容。

本书可供商业地产从业人员及设计、成本控制、施工管理人员使用和借鉴，也可供有志于从事商业地产的人士参考。

征订号：27663，定价：48.00元，2015年11月出版

《房地产项目工程管理策划导引》

刘宏峰

本书为作者多年相关工作经验的总结。主要讲述了房地产项目工程管理策划的过程、范围、应注意的问题等内容。全书共11章，书中所讲内容重点突出、详略得当，非常适合广大房地产工程管理从业人员阅读，也可以作为施工企业、项目管理公司、监理人员、投标人员、造价人员及相关专业院校的师生阅读。

征订号：27682，定价：39.00元，2015年12月出版

《房地产渠道管理一本通》

唐安蔚

移动互联网迅速崛起，改变了房地产业的传统推广模式，渠道营销迅速崛起，一线房企依靠特有的渠道模式迅速扩大市场份额，在房地产市场中表现不俗，并将彻底改变房地产营销的格局。本书详细讲述了房地产渠道管理为什么做，怎么做，共分七章内容：房地产渠道团队的组建；房地产渠道拓客思路；房地产渠道拓客手法与技巧；房地产渠道与策划的结合；

渠道的过程管控与结果管控；豪宅项目的渠道管理；商业项目的渠道管理。

本书适合房地产开发、营销、策划企业从业人员学习借鉴。

征订号：27623，定价：36.00 元，2015 年 10 月出版

《解读物业管理常见疑难法律问题》

杨晓刚

物业管理规范化日益受到重视，物业管理水平也日渐提高。在业主普遍关心物业管理质量和水平的同时，物业公司提高自身管理水平和精细化程度的需求也进一步加大，同时，物业管理双发产生的问题和纠纷也层出不穷。作者团队从这些年公众咨询的众多法律问题中精选出大家提问最多的问题，分门别类，详细解答，汇集成此书，内容贴合生活，文笔生动，解释全面，这样一旦遇到类似的情况，就可以按图索骥，方便地找到答案了。

征订号：28035，定价：50.00 元，2016 年 5 月出版